生命と科学技術の倫理学

デジタル時代の身体・脳・心・社会

森下直貴【編】

粟屋　剛
稲垣惠一
大林雅之
久保田進一
倉持　武
霜田　求
松田　純
三谷竜彦
美馬達哉
村岡　潔【著】

丸善出版

まえがき
──本書の位置づけ

　今日、先端科学技術のニュースに接しないような日はほとんどない。それは例えば、タンパク質の発現や代謝を解析するバイオ技術であったり、脳の内部をイメージングする技術や、身体の組織や器官の再生・サイボーグ技術、各種のロボット技術、ナノテクノロジーであったりする。これらの科学技術は現在、コンピュータ技術を通じて相互に連結される中でデジタル化されている。「**デジタル化**」とは、例えば文字と画像が情報として互換されるように、あらゆる物事が二値でもって一元的に並列化され、転換される事態を指している。これについては後述することにしよう。ともかくその結果として、ＩＣタグを装着した人工物や自然物がコンピュータに接続され、それらがビッグデータとして管理される（IoTといわれる）事態が広がり始めている。いや、もの同士の間だけではない。このような相互接続の事態はいまや、人間の心と身体の間から、人間・動物と機械・ロボットの間にまで及んでいる。そしてその延長線上に、そう遠くない将来、ものと人間と動物と機械やロボットがデジタル回線でつながる世界が到来することだろう。

　本書は、近未来のいわばデジタル世界を先取りし、生命（バイオ）技術を含めて人間に関連する先端科学技術のもたらす効果もしくは負荷に対して、私たちの社会がいかに対応したらよいかを探究する倫理学の本である。

　ここで「**科学技術**」という言葉について説明しておこう。実用の次元において設計したものを実現するのが「技術」であり、反省の次元において新たな知識を獲得するのが「サイエンス（科学）」の営みである。両者はもとより異なる営みである。そのためか、両者が相互に滲透し合うような複雑な事態に対しては、多様な捉え方が生じることになる。それは例えば、「科学と技術」や、「科学・技術」、「科学－技術」、「科学技術」、「技術科学」、「テクノサイエンス」といった具合である。本書では「産業・政治・科学・教育等の多様な領域（システム）と連結して組織化されたテクノロジー」のシステムという意味で「科学技術」を用いる。なお、「倫理」と「道徳」や「倫理学」についても解説が必要であるが、その他の重要なタームを含めて後段の中で詳しく説明するので、それまでお待ちいただきたい。

　さて、生命技術を含めて先端科学技術の倫理を論じた類書（科学技術倫理学）にはいくつかある。そこでまず、それらに対比することで本書の特徴を明確にしてみよう。容易に入手できる邦語文献のうち主要なものは、A『科学技術倫理を学ぶ人のために』、B『技術の倫理学』、C『科学技術倫理学の展開』、D『科学技

術の倫理学』、E『科学技術研究の倫理入門』である*。

　最初は、A『科学技術倫理を学ぶ人のために』(新田孝彦・蔵田伸雄・石原孝二編、世界思想社、2005年) である。「総論」の枠組みはカントや哲学的人間学流の人間主義の立場である。これに依拠した市民的自律主体と世界市民の視点が「各論」の基盤にあるといえよう。それと同時に強調されているのが、科学技術のもつ「魔性」の側面であり、そこに現代的な危機意識が示されている。なお、倫理については、個人道徳に対する社会規範という常識的な捉え方をしている。「各論」は、科学技術者倫理(したがって工学倫理)と、社会や文化との関係に注目する科学技術倫理とに分かれる。そしてこの両者が最終的に、参加型のテクノロジーアセスメント(例えば哲学カフェやコンセンサス会議)へと収束している。

　次に、B『技術の倫理学』(村田純一、丸善出版、2006年) に移ろう。Aが欧米の教科書の標準的な路線上にあったとすれば、Bはそれとは一線を画している。とりわけ次の2点が注目に値する。1点目は倫理学の枠組みに関わる。村田によれば、技術(工学)には「不確定性」が内在しており、そのかぎり技術者は結果に対する責任をとれない状況の中で応答を迫られる。このような倫理的ジレンマを正面から扱うことは従来の倫理学にはできない。なぜなら、その「意図／行為／結果」という枠組みでは、行為の下に確定された技術(手段)しか想定されておらず、その結果、技術の倫理学が「応用倫理」または「後始末の倫理」に止まってしまうからである。新たに必要とされるのは探究・発見の倫理学であるという村田の指摘は、倫理学の枠組みそのものを問い直している。2点目は「技術者倫理」と「技術倫理」の区別に関わる。従来、前者は技術者個人のミクロレベルにあり、後者は技術と社会の関係のマクロレベルとされ、両者は切り離されていた。しかし、レベルの混同は避けるべきだとしても、両者の背景には共通して「組織」とその文化がある。さらにその背後に政治や文化のシステムも横たわる。この村田の指摘は、社会レベルの間の区別と連関をどのように理論づけるかという問題を提起している。

　続いて、C『科学技術倫理学の展開』(石原孝二・河野哲也編、玉川大学出版部、2009年) を見よう。執筆者の一部はAと重なるが、ここにはAにはなかった

---

*その他の関連文献のうち二つだけに言及しておく。一つは山脇直司編『科学・技術と社会倫理』(東京大学出版会、2014年) である。これは池内了氏の提唱する「等身大の科学」をめぐるワークショップの記録であり、3.11後の危機意識の高まりを受けたものである。ただし、その提唱の内容はいくぶん中途半端な印象があり、科学技術に対する「社会倫理」による「統合」という視点も一面的である。しかも類書と重なる部分も多いため、あえてとりあげなるに至らなかった。もう一つは松本三和夫『テクノサイエンス・リスクと社会学』(東京大学出版会、2009年) である。これは社会学からの科学技術論であり、「倫理」や「コミュニケーション」といった多くの類書が採用する視点とは一線を画している。それゆえ、倫理学としてはとりあげなかったが、理論モデルとしては検討に値するため、この場所ではなく「リスクをめぐる対立」に絡めて結章で言及することにした。

各論(「領域」)の具体的事例が扱われている。焦点は科学技術者の倫理ではなく、科学研究の倫理と先端科学技術の倫理である。各論の共通項は、科学技術すなわちテクノロジーという見方と、個人の行動と社会の在り方に関わる規範としての倫理という枠組みだけである。このCはAを補完する位置にある。なお、科学技術倫理をめぐる欧米の議論の紹介によると、いわゆるELSI(科学技術の倫理的・法的・社会的問題)以前の第二フェーズにおいて、「テクネシックス」や「テクノエシックス」という包括的で文明論的な観点が出されていた。この点は各論の細部にこだわって政策を志向する昨今の傾向と比較すると興味深い。

さらに、D『科学技術の倫理学』(勢力尚雅編著、梓出版社、2011年)に目を転じよう。ABCがおもに科学哲学・科学技術社会論畑の研究者の手になるものであったのに対して、Dは和辻倫理学の系統に属する若手研究者たちの論集である。出発点は「人と人の間」、したがってコミュニケーションにおかれる。倫理学の試みとして科学技術を取り込もうとする点でたしかに意欲的ではあるが、残念ながら具体的事例に乏しく(しかもABCに依拠して二番煎じである)、一般論に終始している。科学技術をめぐるコミュニケーションの対立に関して、対立の解消を志向しつつも、モデルの理論化にまで至っていない点は惜しまれる。

最後に、E『科学技術研究の倫理入門』(M・フックス編著、松田純監訳、知泉書館、2013年)をとりあげよう。これはドイツの科学技術倫理分野の教科書(2010年)の翻訳である。ここにはカント哲学を咀嚼した明確な理論的枠組みがある。また、専門家の職業倫理もあれば、科学技術と社会との関係の論述もあり、そのうえ事例も揃っているから、教科書として全体のバランスがとれている。ただし、そこでふまえられている古典的な「動機／行為／結果」の枠組みには問題がある。この枠組みでは個人の行為の規範の視点から多様な倫理が捉えられ、そしてその捉え方にはそれなりの切れ味もあるとはいえ、その反面、対面的な人間関係と組織と社会全体の間のレベルの相違が不明瞭にならざるをえない。なお、倫理と道徳の関係については、ハーバーマスと同様に、共同体の特殊な倫理(エートス)に対して、それらを共存させる普遍主義的な枠組みとしての市民(個人)の道徳という捉え方をしている。

以上の類書に対して本書の特徴は以下の4点にまとめられる。

その第1は、科学技術が「全体社会との連動」において捉えられていることである。現代社会において科学技術は産業・政治・教育等の分化した機能システムとの相互連関のうちにある。科学技術の内部で生じた変容は、相互に連関するその他の機能システムに影響を及ぼし、それらに変容を促す。続いて相互連関する機能システム同士の相互変容を介して、組織・最大の組織である国家・社会運動・家族まで含めた社会システムの総体(全体社会)に甚大な影響を与え、それがさらに社会システムの外部にある人間や自然環境にまでも及んでいく。例えば、後述するように、医療システムにおける「デジタル医療化」は、社会の多くの領域

や組織や個人を巻き込んで進行する。ここに生じている複合的な事態は「環境倫理」、「生命倫理」、「情報倫理」として部分的に際立たされてきたが、従来の科学技術倫理学では、科学技術者倫理（専門職・職業倫理）であれ、科学技術倫理（科学技術と社会との関係）であれ、全体社会との連動というマクロな枠組みが欠けているか、そうでなくてもきわめて貧弱であったといえる。

　第2は、そのマクロの枠組みを構築するために、「倫理の根本」に立ち返っていることである。その際の基本的視点は〈意味コミュニケーション〉論である。この考え方によれば、コミュニケーションとは意味解釈の変換過程であり（村田の指摘では見落とされているが、そこには技術と同様の偶発性や不確実性が含まれる）、社会とはそのようなコミュニケーションのシステムとみなされる。この観点からすれば、「**倫理**」とは、多様なレベルの社会システムの内部で特定の意味解釈の接続回路を方向づける「構造ないしは構造化」として捉えられる。多様なレベルの構造は異なりつつも同型的である。他方、「道徳」とは、社会システムを支える人間の意識における自己内対話の構造（生き方を意味づける信念）として位置づけられる。これに対して、従来の科学技術倫理学では、個人道徳対社会倫理であれ、特殊共同体倫理対普遍主義的道徳であれ、個人の行為に対する規範主義的な枠組みを踏襲するだけに止まり、個人から対面的関係や組織をへて全体社会にまでわたる多レベルの倫理を包括的に捉えることができていない。

　第3は、人間・動物の改造やロボットの製造という切り口から先端科学技術の広範な影響を具体的に論じていることである。今日の科学技術では冒頭で言及した「デジタル化」すなわち0／1の二値的な一元化が進行している。このデジタル化の方向として、一方には情報の「デジタルネット化」があり、他方には人間の「デジタルサイボーグ化」がある。本書ではとくに後者に焦点を絞り、その具体例を提示しつつ問題点を浮き彫りにする。とりあげる事例を本書の展開に沿っていえば、予防医学の先制化、新しい健康観とデジタル技術の応用、バイオ医療化としての身体エンハンスメント、道徳性をめぐるバイオ・モラルエンハンスメント、反社会的パーソナリティ障害者の自由意志、犯罪者への医療的介入、動物エンハンスメント、人間の欲望を映し出すヒューマノイド・ロボット、科学技術のリスクをめぐる対立構図、倫理基準としての「全能性」の根拠、研究倫理の規制と展望、である。以上から見られるように、それらは生命倫理から、脳神経倫理、エンハンスメント倫理、動物倫理、サイボーグ倫理、ロボット倫理などの多分野にまたがっている。これに対して、従来の科学技術倫理学の「各論」において専ら扱われているのは、工学倫理、環境倫理、生命倫理、情報倫理の事例である。本書の事例はそれらと一部は重なりつつも、大部分は本書で初めてとりあげられ、しかも（ここが重要な点だが）連関づけて論じられる。

　そして第4は、科学技術倫理の諸問題を包括して**一つの根本問題**と**三つの基本課題**に絞り込み、しかもそれらに対応するための理論モデルを提案していることである。先端科学技術をめぐる倫理学の根本問題とは過剰化する欲望の自己統治

であり、三つの基本課題とは新たな共同関係の創出、科学技術にともなうリスクをめぐる正義の対立の解消、それに人間観の再構築である。これらに臨むための基本的視座は、意味コミュニケーションの視点から導かれる〈**自己変容システム**〉である。この視座から一貫して提案されるのが、高齢者世代を担い手とする老成社会モデル、リスク対立の移動をめざす両側並行モデル、そして人間・動物・ロボット・物体の再分割モデルである。根本問題への接近はこれら三つの方向から拓けていくことだろう。以上のような課題設定およびモデル提案は、従来の科学技術倫理学の枠をはるかに越えたものである。

　以上を要するに、本書は、バイオ技術を含めて人間に関連する先端科学技術の効果・負荷に対して、近未来を見すえつつ現代社会の全体の連動を見渡すような倫理学、あえていえばシステム倫理学の試みである。ここまでの大きなスケールをもつ本はおそらく欧米でも類例がないはずである。構成は以下のようになる。まず序章では倫理の根本を押さえつつ、現代社会の中の科学技術システムの位置、科学技術倫理学とその根本問題および三つの基本課題を説明する。これを受けて第1章から第11章までの各論では、上述したような具体的事例をとりあげる。そして最後の結章では、三つの課題に対応する理論モデルが提案される。
　なお、本書のベースは四年間にわたる科研費研究（基盤研究(B)：先端科学技術の「倫理」の総合的枠組みの構築と現場・制度への展開、課題番号22320004、研究代表者・森下直貴）の共同成果である。したがって、それをまとめた学術論文であるため、本書には全体として一定の知識水準を要求するような難解な部分がどうしても残る。しかし同時に、教科書として読んでもらいたいと願って、解説的な部分をあえて織り込んでもいる。その点を読者にはご理解いただきたい。「二兎を追うもの一兎も獲ず」にならないことを祈るばかりである。

2015年12月吉日

森　下　直　貴

目　次

序　章　科学技術の倫理学への導入（森下直貴）……………………… 1
　１．倫理学の基本的な枠組み……1
　　　1.1　コミュニケーションと自己解釈／2
　　　1.2　意味と区別（分割線および境界線）／4
　　　1.3　システムと三つのオーダー／6
　　　1.4　意味コミュニケーションシステムとしての社会／9
　　　1.5　システムの構造としての倫理／11
　２．現代社会と科学技術システム……13
　　　2.1　機能分化と技術／13
　　　2.2　機能システムと組織／15
　　　2.3　全体社会と機能システム連関／16
　　　2.4　科学技術システムとデジタル化／19
　３．科学技術倫理学とその課題……21
　　　3.1　全体社会の中の科学技術倫理／21
　　　3.2　科学技術の「倫理問題」／23
　　　3.3　科学技術倫理学の三つの基本課題／25

第１章　予防医学の最高段階としての「先制医療」（村岡 潔）…… 34
　１．予防医学とは……34
　２．「先制医療」とその理論的脆弱性……35
　３．「先制医療」と生活習慣病との関連……38
　４．生活習慣病から見た予防医学のしくみ……40
　５．「先制医療」の可能性・将来性について……46
　　　5.1　過剰診断──発症前診断のフラクタル化／46
　　　5.2　予防医学（１次予防）の効果判定はアポリア（難題）／47
　６．「先制医療」への期待と宿題……50

第２章　新しい健康概念と医療観の転換（松田　純）………………… 57
　１．WHOの健康定義の弊害……58
　２．健康の新たな定式化が求められる……60

3．新しい健康概念の理論的背景……61
　　3.1　健康と病気との連続性／61
　　3.2　首尾一貫性感覚（sense of coherence：SOC）／62
　　3.3　ナラティブによる意味の再構成と緩和ケア／63
　　3.4　概念的枠組みとしての「健康」／63
　4．HALによる改善効果と健康概念……65
　5．iBF仮説と脳・神経可塑性……67
　6．先端医療開発のあるべき方向性……68

第3章　スポーツを手がかりに考えるエンハンスメント（美馬達哉）…72

　1．正常と異常……74
　2．アノマリーと病理……79
　3．エンハンスメントとパーフェクトであること……81
　4．エンハンスメントとアチーブメント……83
　5．エンハンスメントを超えて……86

第4章　モラル・バイオエンハンスメント批判（森下直貴）………90
　　　　──「モラル向上のために脳に介入すること」をめぐって

　1．モラルエンハンスメントからモラル・バイオエンハンスメントへ……91
　2．モラル・バイオエンハンスメントに対する3つの反論群……94
　3．道徳性とシステム間の〈変換構造〉……95
　　3.1　諸システムの交錯・交流とその結節点／95
　　3.2　変換構造の理論化へ向けて／97
　　3.3　人間システムと社会システムの間の変換（転換）／99
　4．グローバルな危機と道徳心理……100
　5．介入による実現可能性と自由の問題……103
　　5.1　前　提／103
　　5.2　検　討／104
　　5.3　小　活／106
　6．モラル・バイオエンハンスメントに対する限界の画定……107
　7．再び、モラルエンハンスメントへ……109

第5章　反社会性パーソナリティ障害者と自由意志（久保田進一）…112

　1．脳神経科学の成果からの脳神経倫理学……113
　2．刑事責任能力……114
　　2.1　犯罪とは／114

2.2　精神障害者の犯罪における責任能力／115
　3．反社会性パーソナリティ障害者について……117
　　　3.1　反社会性パーソナリティ障害者とは／117
　　　3.2　反社会性パーソナリティ障害者への治療／118
　　　3.3　サイコパスの様々な捉え方／118
　4．反社会性パーソナリティ障害者の責任能力という問題点……120
　5．脳神経科学と自由意志……122
　6．自由意志における自律性と自発性……124
　7．自由意志にもとづかない社会制度を構築する前に考えること……127
　8．倫理学の概念を変えうる脳神経科学……128

第6章　犯罪者の治療的改造（稲垣惠一）……………………… 132

　1．犯罪者への薬物投与というエンハンスメント……133
　2．日本の刑務所では何が行われているのか？……134
　3．刑務所は受刑者を矯正しているのか？……134
　　　3.1　自立できないようにしつける刑務所生活／134
　　　3.2　働けなくさせる刑務作業／135
　　　3.3　反省を促さない刑務作業と反省教育／135
　4．ジェームズ・ギリガンの犯罪防止プログラム……136
　5．経済発展と教育による犯罪防止……138
　6．懲罰から教育矯正へ……140
　　　6.1　作　業／140
　　　6.2　改善指導／141
　　　6.3　教科指導／141
　7．治療的改造は教育矯正に代替しうるのか？……142
　8．モラル・バイオエンハンスメントの利用できる対象と限界……145

第7章　動物に対するエンハンスメント（三谷竜彦）……………… 149
　　　　　──その是非をめぐる考察

　1．ペットの美容整形……151
　　　1.1　解　説／151
　　　1.2　考　察／152
　2．競走馬のドーピング……153
　　　2.1　解　説／153
　　　2.2　考　察／154
　3．ペットのモラルエンハンスメント……155

3.1　解　説／155
　　　3.2　考　察／160
　4．動物に対するエンハンスメントのゆくえ……160

第8章　欲望の中のヒューマノイド（粟屋　剛） ……………………… 160
　1．なぜヒューマノイド開発か……161
　　　1.1　特定の目的があって開発するのか／161
　　　1.2　ヒューマノイドは人間と共通の道具が使え、かつ人間の環境にフィットする、ということは開発の理由・根拠になるか／163
　　　1.3　人間を知るためにヒューマノイド開発を行うのか／164
　　　1.4　動機は研究者の好奇心等ではないのか／164
　2．ヒューマノイドにニーズはあるか……165
　　　2.1　民生用ヒューマノイド／166
　　　2.2　災害現場用ヒューマノイド／168
　　　2.3　軍事用ヒューマノイド／168
　3．ヒューマノイドは何を意味するか……169
　　　3.1　ヒューマノイドはあくまで人間のための「道具」か、それを超える存在か／169
　　　3.2　ヒューマノイド開発に見る人間のエゴと傲慢／170
　4．ヒューマノイドは脅威か……171
　　　4.1　テクノロジーの脅威とヒューマノイドの脅威／171
　　　4.2　何が真の脅威か／172
　5．人間とヒューマノイドの近未来シナリオ……173
　6．ヒューマノイドの誘惑……175

第9章　リスクをめぐる対立構図（霜田　求） ……………………… 183
　　　──「リスク論言説」とその批判的検討
　1．リスク論言説とは……184
　　　1.1　リスク論の枠組み／184
　　　1.2　リスク論言説の哲学的前提／185
　2．リスク論言説の主要な論法……186
　　　2.1　「グレーはシロ」論法／187
　　　2.2　リスクの「相対化による矮小化」論法／189
　　　2.3　リスク／ベネフィット分析／189
　　　2.4　リスク／コスト分析／191
　　　2.5　「ゼロリスク」、「ストレス」、「不安」／191

2.6　「風評被害」／193
　3．リスク論言説の解読……194
　　　3.1　リスク論言説は「科学的」か：因果関係と不確定性／194
　　　3.2　リスク論言説は「中立公正」か：リスクとベネフィット・コストの算定／196
　　　3.3　リスク論言説は「客観的」か：リスク認知とリスク・コミュニケーション／198
　4．構造的無責任からの脱却に向けて……200

第10章　「全能性」倫理基準の定義をめぐって（大林雅之）……205
　　　　　――再生医療とくにiPS細胞研究の場合

　1．「全能性」とは何か……206
　　　1.1　「全能性」概念の歴史／206
　　　1.2　再生医療研究における「全能性」の生物学的意味／207
　2．欧米における「全能性」を倫理基準とする議論……208
　3．日本における「全能性」への問題意識の希薄性……210
　　　3.1　再生医療法および実験指針等における言及／210
　　　3.2　幹細胞研究者による言及／212
　4．「全能性」の生物学的意味とは何か……214

第11章　研究等倫理審査委員会の位置と使命（倉持　武）……216

　1．医学研究の義務・目的・必要性……218
　2．人を対象とする研究の必要性と人権の保護……218
　3．人を対象とする研究の分類……219
　　　3.1　医学研究の一般的分類／219
　　　3.2　医学研究の旧倫理指針に従った分類／219
　　　3.3　規制（倫理審査および成果公表機会）の観点から見た医学研究（medical reseach）の分類／219
　4．世界の研究倫理指針……221
　5．日本の医事関係法・政令・省令・告示・通達・通知・決定……224
　　　5.1　医療の基本に関する法律／224
　　　5.2　個人情報の取り扱いに関する法／224
　　　5.3　「動物の愛護及び管理に関する法律」（1973年10月1日、最終改正2014年5月30日）／225
　　　5.4　日本の研究倫理に関する政令・省令・告示・通達・通知（省令は名称のみ）／228

6．医学系大学倫理委員会連絡会議……229
7．各研究施設における研究倫理に関する諸規定……229
8．研究倫理指針の改定……230
9．「研究活動における不正行為への対応等に関するガイドライン」……231

結 章　三つの基本課題に対する理論モデルの提唱（森下直貴）……237

1．新たな共同関係の創出：〈老成社会〉モデル……238
2．リスクをめぐる正義の対立の調整：〈両側並行〉モデル……240
3．人間・動物・ロボットおよび胚・成体の分割線：四原理モデル……245
　　3.1　実践的観点と理論的観点／245
　　3.2　新たな理論的観点：システム構造のオーダー／247
　　3.3　比較：尊重の原理と配慮の原理／249
　　3.4　価値システムと非システムの価値：背後の原理／250
　　3.5　胚と成体：準位の原理／252

索　引……255

執筆者紹介……261

序章
科学技術の倫理学への導入

森下 直貴

1. 倫理学の基本的な枠組み

　「倫理」という言葉は、他の日常語と同様に多義的に用いられている。例えば、「生きる意味の探究」から、「心の構えやもち方」、「品位」や「徳」、「人間関係の規範」、「守るべきルール」、「人の道」、「世の中の常識」、「社会秩序」等まで、受けとめ方や力点の置き所の違いによって多様である。「道徳」についても同様であろう。いや、日常語ばかりではない。多義的な曖昧さという事情は学術語においても大差ないといえる。例えば、新聞記事で検索したところ、「生命倫理」という術語によって28個の異なるテーマがカバーされていたという。とはいえ、それでもそこに一定の共通了解がないわけではない。

　例えば、近代社会の倫理の土台の一つになっているカント倫理学では、内的動機に関わる道徳（Moral）と外的行為に関わる法（Recht）が区別され、この両者が倫理（人倫 Sitte）に包摂されている。このような用法は現代のドイツでも受け継がれている。「まえがき」で紹介した科学技術倫理学の文献Eのように、特殊な共同体の慣習（エートス）が「倫理」とされる一方で、多元的な倫理を共存させる普遍主義的な枠組みが「道徳」であり、これを個人（市民）が担うとされる。

　他方、英国（したがって英米）の伝統では、自然領域と対比される広義の精神領域（人文学・社会科学全般）をカバーするのが「モラル」という言葉である。したがってこの「モラル」には、人間の品性や行為が焦点とされつつも、意志や人生の理想に止まらず、個々人の習慣をこえた共同体の慣習までも含まれる。そしてこのモラルの領域を対象とする学が「道徳哲学（moral philosophy）」または「倫理学」である。

　あるいは、別の文化の例として日本（東アジア）の伝統的な用法に目を向けてみよう。そこには大まかに捉えるなら、「人の道」とされる宇宙大の規範・法則を共通の土台にしつつ、一方に個人の心構えとしての道徳（誠意正心、無我、無私）があり、他方に人間関係におけるふるまい方の規範としての倫理（五倫五常）がある。この区別は今日でもおおむね通用しているようである。

　以上で見たように、大局的に捉えるかぎり、焦点のぼやけた「倫理」の用法に

あっても、個人道徳と社会倫理という区別だけは少なくとも共通しているといえる。とすれば、ここで問われるのは、人間と社会の連関ならびに社会の諸レベルの連関を捉えつつ、それらを区別するような統一的な枠組みの有無であろう。実際、従来の倫理学に欠けていたのはまさにその種の枠組みであった。その結果、個人の内面と社会との間の関係のみならず、社会の各レベルの間の関係もまた漠然としたままに止まっていた。そこにこそまさしく、「倫理」が多義的であり、曖昧であると感じられる根源があったといえるだろう。この根源から生じてくるのは、すべてを個人の心構えに帰着させる「道徳主義」や、その逆の「政治主義」といった短絡的な倫理的思考であり、さらにその種の短絡的な思考に反発してときおり表明される、倫理や道徳に対する根強い反感や否定的な評価である[2]。

この1では、倫理と道徳に関してその種の統一的な枠組みを設けるために、回り道のように見えても、あえて「倫理」という事柄の根本に立ち還ってみたい。そのための手がかりは〈意味コミュニケーション〉という視点である。この視点から「道徳」を含めて「倫理」を、システムの「構造」(構造化)として捉える見方を導入してみよう。

1.1 コミュニケーションと自己解釈

コミュニケーションをめぐって二つの対照的な見方がある[3]。その一つは「情報伝達」という主流の見方である[4]。ここでは送り手の誠実さが前提され、一義的な情報がそっくりそのまま受け手に伝わることがめざされる。もう一つは「意味解釈」という見方である[5]。ここでは受け手による解釈が前提され、多義的な意味がやりとりされる。

さて、どちらが日常のコミュニケーションに近いであろうか。あるいは、いずれがコミュニケーションの実相に届いているといえるのか。その点を確かめるために、ここで童謡「やぎさんゆうびん」(まど みちお作詞、團伊玖磨作曲)に登場してもらおう。

　　白やぎさんから　おてがみ　ついた
　　黒やぎさんたら　よまずに　たべた
　　しかたがないので　おてがみ　かいた
　　さっきの　てがみの　ごようじ　なあに

　　黒やぎさんから　おてがみ　ついた
　　白やぎさんたら　よまずに　たべた
　　しかたがないので　おてがみ　かいた
　　さっきの　てがみの　ごようじ　なあに

ここに描かれているのは、情報の共有や分かり合いがないまま、ただひたすら

エンドレスに続くやりとりである。これはコミュニケーションの失敗であろうか。いや、そうではあるまい。むしろ、相手の心が分からないからこそ手紙のやりとりが続いている。手探りのやりとりを続けさせるのは、どんなに逆説的に映るとしても、意味の多義性であり、接続の未決定性なのである。そしてここでのやりとりの中にこそ、コミュニケーションの実相が露呈しているとみなせるならば、二つの見方のうちの前者は後者の特殊なケースにすぎないことになろう。

手探りでやりとりをする双方の心の内部で起こっている事態を少しクローズアップしてみよう。そこで生じている他者理解のプロセスはおおむね以下のように考えられる。なお、「心」については三重のサブシステムとして後述するので、それまでお待ちいただきたい。

まず、相手側の見える記号・言動・態度を通じて「情報」が観察される。次に、伝達行為のやり方を通じて相手の意図・気持が推測される。その中にはもちろん伝達の意図のない情報もある。さてその上で、両者を合わせて相手の行為の意味が解釈され、こうして相手の心の理解に到るとされる。大まかではあるが、以上が他者理解のプロセスであり、実際にもそのように進行するとすれば、観察と推測と解釈の間の接続はけっして因果的でもなければ、必然的でもなく、したがって一義的でもないことになろう。それどころか、偶発的であり、選択の余地（自由度）があり、不確定ということになる。それでは続いて、理解から次の行動へと移るプロセスではどうであろうか。

ここで、今度は古典派経済学の父と称されるＡ・スミスに登場してもらおう。彼の『道徳感情論』は近代社会を支える市民道徳の基準の一つになっている。その彼によれば、人の心の中では、一方に他者の心に関する客観的な観察にもとづく理解があり、他方に他者との想像上の立場交換において生じる自分の心の主観的理解がある。そしてこの両者が比較され、そこから生じた一致・不一致の感覚が評価の基になって次の行動が起こるとされる。

しかし、ここで疑問が生じる。はたして他者の心の観察は「客観的」であろうか。むしろそこで比較されているのは、実際には、他者の心についての主観的な自己解釈と、他者と立場交換したときの自分の心についての主観的な自己解釈、つまりは二つの主観的な自己解釈（理解）ではなかろうか。Ａ・スミスの構図との違いを**図 序-1** に示してみた。もし後者の構図のとおりなら、二つの主観的な自己解釈の比較の上で、そこに生じる情動絡みの評価にもとづいて、他者に対する何らかの行動・態度が続くことになろう。したがって、理解から次の行動へと続く接続もまた因果的に決定されることなく、選択される行動も複数あることになる。

以上のような自己解釈の比較によって、意味の多義化と接続の方向の変更が避けがたく生じる。そして変更された接続方向を継続することを通じて心の自己変容が生じることになる。**自己変容**は、外部（他者、広くは環境）からの刺激を心の内部で変換し、接続する意味を多義的に解釈する中で生じる。そして解釈され

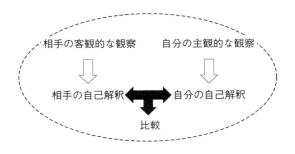

図 序-1　心の中の自己解釈の比較

た意味が再び表出され、外的刺激となって相互の間を行き交う。解釈しつつ自己変容する者同士が行う「意味」の接続のつながり合い、これが「**コミュニケーション**」にほかならない。

　この意味でのコミュニケーションはいつ立ち消えてもおかしくない。実際、無数のコミュニケーションがある瞬間に発生しては、いつの間にか消えている。しかし、それでも継続しているコミュニケーションは無数にある。とすれば、何がコミュニケーションを継続させるのであろうか。その答えは、双方ともに相手の心が読めない手探り状態の中から次第に生じてくる「予期」や「期待」である。そしてそのような予期や期待に勢いづけられ、接続が経路依存的に（つまりエピジェネティクに）方向づけられることによって、やがてそこに一定の接続パターンが形成されるようになる。そこに形成されたパターンを「**構造**」と名づけよう。この「構造」は接続を方向づける働きであるから、より正確には「**構造化**」といわれるべきである。とにかく、そのような構造（構造化）がひとたび形成されると、コミュニケーションは特定の接続方向へと条件づけられることになる。

　その際、重要なことは、「構造」を解釈するのが、あくまで意味解釈しつつ自己変容する個々の人間だということである。したがってその結果、構造の有する意味は、共通のシンボルによって固着されて一定の重なりが保障されているとはいえ、個々人の間でその解釈を微妙に異にすることになる。

1.2　意味と区別（分割線および境界線）

　ここまで「意味」についてはあえて不問にしてきた。ここであらためて正面から考えてみたい。分かりやすいのは外国語の場合である。日本の子どもが英語の「apple」について「この言葉の意味は何か」と発問し、それに応えて大人が「りんご」という事物を指し示しながら、「apple」とは「りんご」であると説明したとしよう。そのとき、「apple」は例えば「orange」に対して言葉同士の区別連関のうちにあり、同様に「りんご」のほうも「みかん」に対して事物同士の区別連関のうちにある。この例から分かるように、言葉と事物の関係は、特定の区別連

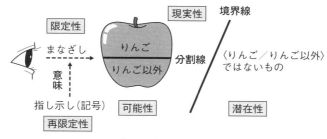

図 序-2　意味と区別

関に対する別の特定の区別連関の関係である。したがって、「**意味**」を一般的に定義するなら、特定の区別（*distinction*）を別の特定の区別によって指し示すこと（*indication*）、つまりは、そのような指し示しの関係ということになる。あるいは、一つの区別を別の区別へと接続する働きといってもよい。

　一歩進めよう。そのような「意味」を広く捉えて区別同士の指し示しの接続とするなら、それは必ずしも人間の世界に限定されないだろう。他方、それを狭く捉えて記号的区別による指し示しとするなら、思考し推理する人間の世界に限定されることになろう。いずれであっても、「意味」の前提には「**区別**」（区切り・区分・線引き・分割・差異、等）がある。それでは、記号的区別を含めて「区別」とはそもそも何であろうか。視覚を例にとって考えてみよう。**図 序-2** を見てもらいたい。

　目の前に「りんご」が見えているとする。「りんご」が見えているということは、りんごの形を含めて多様な形で溢れかえる外的刺激の集合——これはしばしば「混沌」とも表現される——のうちから、「りんご」の形をなぞる視線によって、それが選び出されているということである。その際、「〈りんご／りんご以外〉ではないもの」や、「りんご」に注目する視線そのものは隠れていて見えない。

　ここで重要なことは、「りんご」という特定の形を指し示す視線によって、潜在的で多様な区別連関の世界のうちから、「りんご／りんご以外」という区別のみならず、同時に、この区別連関と「〈りんご／りんご以外〉ではないもの」との間の区別もまた生じていることである。ここには二重の区別がある。前者の区別を現実的な〈**分割線**〉と名づけるならば、後者は潜在的な〈**境界線**〉としての区別である。特定の視点（の視線）は特定の区別をつくり出す。明示的に見えている「りんご」とは、りんごでないすべてのものたちとの間の区別（分割線や境界線）のこちら側、つまり注目された側面にほかならない。無数の特定の区別（分割線および境界線）のこちら側をつなぎ合わせるとき、私たちの見慣れた日常世界が万華鏡のように立ち現れてくる。

　人間が〈もの〉（事物や事象）に接触する具体的な場面では、以上のような区別連関が大前提としてあり、その中で特定の連関のうちにある区別が別の区別に

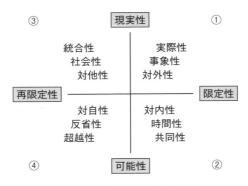

図 序-3　意味の基本構造（四分割）

よって指し示される。「色」を例にとると、光（無色）の波長の区別（物理的区別）が、生理フィルターとして作動する生体分子の区別によって変換・縮減され、これがさらに一定の身体的にまとまった三色のイメージの区別連関へと変換される。つまり、物理的区別→生体分子的区別→身体イメージ的区別になる。このような多重の区別の変換の上で、記号的区別による変換と指し示しの接続という日常の言葉が流通している。

　さて、以上の説明をまとめると、「意味」をめぐって交差する二つの関係が浮かび上がる。**図 序-3** を見ていただきたい。広義の意味（区別の接続）は、定義上、限定とその再限定の関係にある。それと同時に、特定の限定はつねに見える表側に対する裏側をもつ。これは現実性に対する可能性の関係である。したがって、〈限定性／再限定性〉と〈現実性／可能性〉という二つ軸から意味が構成され、四象限（quadrant）に分割されることになる。四象限とは、すなわち、①対外性、②対内性、③対他性、④対自性である。結局、以上のような四象限の連関もしくは四次元の連関が「**意味の基本構造**」である。事象の同時的全体性がしばしば「四分割」でもって捉えられる理由は、意味の基本構造が背後で働いているからだと考えられる。

　この序章では以下、意味の基本構造をふまえながら説明を加えていく。その際、四次元のそれぞれの特性が意味の文脈の違いに応じて変化する点には留意が必要である。例えば、観察の文脈では、①事象性、②時間性、③社会性、④反省性になり、価値理念の文脈では、①実際性、②共同性、③統合性、④超越性になる。ただし、四次元の各特性の関係は文脈の違いに関わりなく、同型的なままで変わらない。

1.3　システムと三つのオーダー

　「コミュニケーション」や「意味と区別」に続けて、「もの」と「システム」の

説明に移ろう。

　まず、「もの」という言葉によって物や者を含めた事象・事物一般を指すとしよう。前節で描いたように、人間と関わるかぎりでの「もの」は特定の区別（区別連関）として立ち現れる。日常的に見れば、区別（分割線と境界線）のこちら側、つまり注視された側面が「もの」である。しかし、これを事態に即していえば、こちら側と向こう側とを区切る「区別」そのものが「もの」ということになる。この点は人間が関与しない場合でも同様である。「もの」と「もの」とが接続（接触）するとき、そこに新たな区別をもった「もの」が出現する。いや、そこに出現するのは、特定の「もの」としての新たな区別である。

　さて、特定の区別が接続する中から、一定の接続パターンすなわち「構造」が形成され、こうして形成された構造によって個々の接続が方向づけられるとき、そこに自己同一性をもつ「もの」が生成する。これを**システム**と名づけよう。例えば、「りんごの木」はそのような自己同一性をもつ一個の生物システムである。あるいは、「人間」もまたそのような別の生物システムである。このように、システムの基礎はあくまで個々の同一の区別が接続する動きであるが、システムの自己同一性を支えているのは「構造」なのである。

　それにしても、ここでなぜ「システム」という用語を導入して、説明をわざわざ複雑にするのであろうか[19]。その理由は、システムという視点をもつことによって、あらゆる「もの」を一般的な水準で捉えて比較することができるからである。例えば、動物とロボットのように異質に見えるもの同士であっても、システムとして両者を捉えるかぎり、同一の尺度で比較することができる。あるいは、人間における生理と心理と自己意識や、人間と社会、それに種々の社会組織のように、異なるレベルの諸連関同士の関係についても、システムの視点をもつことによって関連させて捉えることができる。さらにいえば、システムとして捉えられた事象世界のうちにシステムの視点もまた再帰的に位置づけられるから、認識論的な枠組みとしても徹底している。

　システムについて二つの重要な点をとりあげて説明を続けよう。一つは、「システム」が一定の構造を通じて特定の同一の区別を接続し続けるかぎり、他の「もの」がその外部に同時に成り立つという点である。**図 序-4**を見ていただきたい。システムが成立するということは、「システム／外部（環境）」の区別が成立するということである。自己同一性をもつ内部としてのシステムは、その外部（環境）との間の区別（境界線）をひたすら維持する。とすれば、この「内／外」の境界線はどうやって維持されるのであろうか。その答えは、外部の複雑な区別の接続を刺激として受け入れつつ、それらを内部の単純化された区別の接続へと変換することによって、である。つまり、システムは外的刺激に対していつでも「開かれている」が、変換による区別接続に関してはつねに「閉じている」。一定の変換によって、内部における区別の接続と外部における区別の接続との間の同型性が保たれると同時に、複雑な接続は単純化される。このような区別の変換によっ

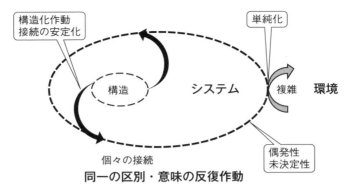

図 序-4　接続・構造・システム

て外部（環境）との境界線が不断に再生産され、維持されているのである。

　もう一つは、システムの構造におけるオーダー（階）の違いである。この点は以下の論述全体に関わる重要なポイントである。システムにおける「構造」は、特定の同一の区別の接続の動きに対してそれが続行するよう不断に方向づけている。つまり「構造化」として働いているが、その働き方には三つのオーダーがある。**図 序-5** を見ていただきたい。

　まず、システムの基底で動いている個々の接続をともかくも続行させるのは、ファーストオーダーの構造である。ところがしばしば、接続と接続の間で否定・矛盾・対立が生じ、既存の構造ではうまく接続できない事態（危機＝岐路）が発生する。そのとき、個々の接続の中から構造そのものを再帰的に形成し直すような接続の動き、すなわち「**再構造化**」が生じる。ここに成立するのがセカンドオーダーの構造である。そしてさらに、そのような再構造化に対して距離をとって観察・記述・比較するような再帰的な視点も生起する。これが知として働くサード

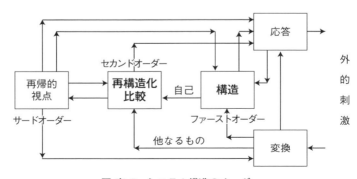

図 序-5　システム構造のオーダー

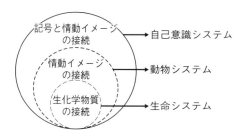

図 序-6　人間システムのサブシステム

オーダーの構造である。
　具体例を出してみよう。生命システムは、特定の同一の区別をもつ（信号・材料・代謝の）生体分子を接続し続けるだけでなく、それと同時に、その内部にポジティヴ・フィードバックの調節機構を備えている[20]。調節するとは、外部（他者）と内部（自己）とを内部で比較することであり、外部が比較されるのは変換されて内部に取り込まれるからである。したがって、内外の比較ができるかぎり、生命システムは発生の最初からセカンドオーダーの構造を有している。同様に、ポジティヴ・フィードバック機構を備えるサイバネティク機械もまたセカンドオーダーのシステムである。ただし、ここでは調整の目標としくみは外部から導入される。なお、ここで混乱を避けるために付言すれば、システムとしての生命システムはセカンドオーダーにあるが、平常時における構造の働き方はファーストオーダーのレベルにある。
　それでは、人間というシステムではどうであろうか。人間システムの内部には三つのレベルのサブシステムがある。**図 序-6** を見ていただきたい。まずは特定の生化学物質を接続する生命システム、次に特定の情動イメージを接続する動物システム、そして三つ目が情動イメージに特定の記号を接続する自己意識システムである。サブシステムのそれぞれの「構造」にあたるものは、生命システムではさしあたりゲノム（遺伝子セット）、動物システムでは本能（情動・行動連関）、そして自己意識システムではさしあたり言語規則、になろうか。自己意識システムでは、セカンドオーダーの情動イメージに対して、事物を指し示す名詞をさらに指し示す代名詞のようなセカンドオーダーの記号が接続される。**1.2**で説明したような狭義の「意味」が生起するのはこのオーダーの接続においてである。情動にともなわれながら意味を生成するかぎり、ということはつまり、セカンドオーダーに別のセカンドオーダーを接続させるかぎり、人間はサードオーダーの構造を有している[21]。

1.4　意味コミュニケーションシステムとしての社会

　人間というシステムは、外的刺激を変換して意味を解釈しながら自己変容す

図 序-7　人間システムと社会システム

る。そして複数の人間システムの間でそれぞれに解釈された意味がやりとりされ、そのやりとり（コミュニケーション）の中から一定の意味パターンとしての「構造」が形成される。このとき成立するのがさしあたりファーストオーダーの「社会システム」である。これこそがじつはいわゆる「**社会**」なのである。

　従来、「社会とは何か」という問いに対していくつかの解答が出されてきた。その代表が「人間関係」であり、「行為連関」であり、「相互作用」である。しかし、そのいずれであれ、そこで実際に接続されているのは、つまるところ「意味」にほかならない。例えば、「手を上げる」という一連の動作の場合、それを「（疲れをほぐす）体操」とするか、「（タクシーを呼び止める）合図」とするか、「（賛否を意思表示する）挙手」とみなすかは、文脈に応じた意味づけによって決まる。このような意味の接続を遂行するのが個々の「人間」であり、意味づけされる対象が個々の「行為」である。そうであるとすれば、「社会」とは、意味を接続するコミュニケーションがつながって接続するシステム、つまり、意味コミュニケーションシステムということになる(22)。

　意味のコミュニケーションを担って遂行するのは、人間システムのうちでもとりわけ自己意識システムであり、ここでは記号と記号とが、また記号と情動に裏打ちされたイメージとが接続される。人間の個々の意識において意味が多義的に解釈される中で、自己との対内的な自問自答（意識内コミュニケーション）は、他者との間の対外的なコミュニケーション（社会システム）と交差しつつ接続している。人間システムと社会システムという異なる二つのシステムは、意味の多義的解釈を通じて相互に交錯し交流する(23)。

　さて、ここに成立する**社会システム**は、**図 序-7** に示すように、個々の人間の自己内コミュニケーションとの交錯・交流を土台にしつつ四つのレベルに分かれる。すなわち、(a) 対面する人間同士のコミュニケーション、(b) 組織や社会運動の内部や間のコミュニケーション、(c) 分化した機能システム内の意味コミュニケーション、(d) すべての社会システムを包括する全体社会、の四つである。このうち、相互連関する機能システムの意味コミュニケーションを担うのが、直接的には組織（例えば、家族、企業、病院、学会、国家）であり、実質的には組織

内外で繰り広げられる対面的コミュニケーションである。

　各レベルの社会システムは人間システムと同様にそれぞれ「構造」をもつ。社会システムの土台となる人間の意識システムにおいて、時々刻々と次から次に湧き起こるイメージの接続を構造化するのは「信念」や「流儀」である。それと同様に、対面的コミュニケーションにおける接続を構造化するのは「信頼」である。組織では「設立目的」を織り込んだ「慣行」や「伝統」が構造として働く。機能システムにおいては特定の「機能目的」や「二分割コード」、「プログラム」が構造になるだろう。そして全体社会の場合は、これまた後述するように、「環節分化」・「中心／周縁分化」・「階層分化」・「機能分化」といった社会編成に対応する包括的な原理が構造として束ねている。なお、この編成原理は「思想（イデオロギー）」と呼ばれる理念的コミュニケーションにおいて解釈されるが、この点についても後述しよう。

1.5　システムの構造としての倫理

　以上を前提にして「倫理」を捉え直してみよう。「倫理」の用法をめぐる多義的な曖昧さの背景にあるのは、人間と社会の連関や社会の諸レベルの連関を把握すると同時に、それらを区別するような統一的な枠組みの欠落であった。その結果、個人の内面と社会との間の関係づけのみならず、社会の各レベルの間の関係づけも不分明なままに止まっていた。しかし、ここまでの論述をふまえて〈意味コミュニケーション〉の視点から人間と社会を捉え直すとき、要請される倫理の統一的な枠組みが浮かび上がってくる。

　「倫理」を意味コミュニケーションシステムにおける「構造（構造化）」とみなしてみよう。まず、人間システムの自己内対話のコミュニケーションにおける「構造」が「信念」にあたるとすれば、この「信念」が「倫理」として働く。ただし、この場合はとくに「道徳」と呼ばれる。続いて社会システムに目を転じると、対面的コミュニケーションにおける構造が「信頼」であるかぎり、「信頼」が「倫理」である。あるいは、組織的コミュニケーションにおける構造が「設立目的」や「伝統」であるかぎり、それらが倫理として働く。同様に、分化した機能システムにおける構造としての「機能目的」、「二分割コード」、「プログラム」も「倫理」である。最後に、全体社会の構造が「編成原理」であるならば、身分制のような編成原理だけでなく、それを解釈して映し出す「思想（イデオロギー）」もまた「倫理」ということになろう。

　システムの構造としての倫理という視点に立てば、異なるレベルの「構造＝倫理」は互いに異なりつつも同型的に捉えられる。このような同型性と差異性に照らすかぎり、例えば「道徳」の観点から社会システムの構造のすべてを一律に評価する「道徳主義」や、人間システムと社会システムとを混同する「人間主義」といった単純化がなぜ、どのようにして生じるのかを説明することができる。もちろん逆に、「システム主義」とか「経済主義」や「政治主義」の類いの単純化

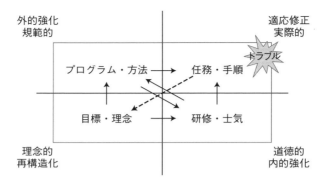

図 序-8　組織の構造（倫理）的対応

についても同様である。

　ここで一例として、組織の構造的対応（構造作動）をとりあげてみよう。何らかのトラブルが接続において発生した場合、その際にとられる種々の対応には、実際的な適応修正、道徳的な内的強化、規範的な外的強化、理念的な反省（再構造化）の四つがある。従来、それらは連関づけられることなく不統一なままに留め置かれていた。ここに構造化としての倫理という視点を導入するなら、それらは四次元の作動として統一的に連関づけられることになる。すなわち、①対外性・事象性は実際的対応、②対内性・時間性は道徳的対応、③対他性・社会性は規範的対応、④対自性・反省性は理念的対応のようにである。

　図 序-8 を見ていただきたい。この図が示しているのは、何らかの研究不正が発覚した際、研究組織によってとられる構造的な対応のフローチャートである。まずは実際的な対応から始まり、これがうまくいかない場合に理念的な反省へと到るが、それがさして突き詰められることなく、規範的しくみの強化と個々人の動機づけの強化に収束する。理念的な反省が組織の構造の再構造化をもたらすかどうかは、同業組織や組織外からの種々の影響に左右される（この点については結章を見ていただきたい）。

　最後に、社会システムの構造としての「倫理」にも三つのオーダーがある点に言及しておこう。まずは、平常時の構造（構造化）としてのファーストオーダーの倫理である。これは日常ふだん意識されることがなく、生きられた倫理（習慣、慣習、秩序意識）として働いている。次に、日常の倫理では対応できないような危機の際、既存の構造を再構造化するセカンドオーダーの倫理である。これがいわゆる「倫理問題」、すなわち問題として取沙汰される倫理である。そして三つ目が、再構造化を反省する再帰的なサードオーダーの倫理である。これがここで論じられる倫理学ということになる。

2. 現代社会と科学技術システム

 1では、「倫理」の統一的な枠組みを設定するために、コミュニケーションの根本（つまり複数の人間の間でやりとりされる意味の接続）にまで立ち戻り、これを一般的な水準で考えてきた。この2ではそのコミュニケーションを限定し、科学技術（テクノロジー）と科学技術倫理学について説明していきたい。「まえがき」で言及したように、本書において「科学技術」とは、科学だけでなく他の領域との連関の中で「組織化された技術」システムを意味している。この「技術」はそもそもコミュニケーションとどのように関わるのであろうか。それを解明するための鍵は意味の接続の〈仕方〉にある。まずは「機能分化」から説明を始めよう。

2.1 機能分化と技術

 コミュニケーションは、最初の未分化な状態、つまり、例えば労働も教育も祭り事も芸術も一緒になった状態から始まり、しだいに特定の目標とこれをめざす機能に応じて分化していく。前述のように、意味の基本構造が四象限に分かれているかぎり、目標・機能もまた四象限に沿って分岐することになる。この分岐の仕方については以下のように考えられる。一般にコミュニケーションにおいて双方の側が対称的であることは稀であり、例えば男女の性差や年齢差があるように、双方の側は通常なら非対称の関係にある。そこで、接続の結節点（先行する目標・後続する手段）に注目し、これを〈能動／受動〉の軸で捉えてみよう。**図序-9** を見ていただきたい。ここで「能動」とは積極的な働きかけ（行動）であり、「受動」とは受け身の状態（体験）を意味する。このとき次の四群が得られる。すなわち、①先行する能動に別の能動が後続する群、②先行する受動に別の能動が後続する群、③先行する能動に別の受動が後続する群、そして④先行する受動に別の受動が後続する群である。(24)

図 序-9 コミュニケーションの分化

図 序-10　機能分化と価値理念

　各群の例を挙げてみよう（**図 序-10**）。①〈能動→能動〉では、支払いに別の支払いが接続する「経済」や、事物の因果的連関に介入する作業に別の作業がつながる「労働」がその例である。同様に、②〈受動→能動〉では、子どもの未熟な状態に大人・教師が介入して成長させる「教育」や、困窮した人を援助する「福祉」、傷病で苦しむ人に癒しの専門家が介入して回復をめざす「医療」がその例である。また③〈能動→受動〉では、集合的な拘束力の遂行を正当なものとして承認する「政治」や、秩序を維持するルールを尊重する「法」がその例である。最後に、④〈受動→受動〉の例は、知識（真理）に新たな知識を積み重ねる「科学」や、例えばフォルムに対する感動が呼応し合う「芸術」、究極的真理に対する信仰を共有する「宗教」である。
　機能分化の以上の四群はそれぞれの究極目標である「価値理念」に包摂される。まず①群では、接続上のトラブルを臨機応変に解消する〈**実際性**〉がそれである。つまり、経済でも労働（そして労働が組織された産業）でも、この群のコミュニケーションは〈実際性〉をめざしている。同様に②群では、自他の間の結びつきや一致を強調する〈**共同性**〉である。また③群では、自他の間の対立や争いを種々のしくみを設けて調整する〈**統合性**〉になる。そして④群では、真理や美をめぐる理念的コミュニケーションを究極的に包括し統一する〈**超越性**〉である。これら四つの価値理念が四極一組の連関を構成する点は、他のコンテクストの四次元と同様である。
　さて、それでは、問題の「技術」はどこに位置づくのであろうか。技術は通常、事物（物質）同士の因果的な過程に関与することとみなされている。つまり、実際性の次元において上位にある目的・手段の過程のうちの手段に介入し、これを下位で支える事物間の因果的過程を操作することとされる。しかし、これはあまりに狭い見方といわざるをえない。むしろ、技術とは広義には、（意味の接続を含めて）区別の接続の〈仕方〉全般に関わる介入と捉えるべきであろう。つまり、化学反応のような物質同士の因果的な接続であれ、心のイメージの接続であれ、

記号や概念の接続であれ、より上位にある目的・手段の意味接続を進行させるために、その手段を多レベルで下支えする接続の仕方一般を操作する介入である。その際、手段が複数の接続の仕方の間の選択であるかぎり、技術にはつねに試行錯誤的な偶発性と不確定性と創発性がともなうことにもなる。[28]

要するに、**技術**とは、目的・手段によって分岐する意味の接続の〈仕方〉に関与し、これを「手段」として多水準で支える接続に対する介入である。そのかぎり技術はあらゆるコミュニケーションに組み込まれている。したがって、システム外部の自然的な因果連関に介入する「労働」や、その組織化である「産業」に対してだけ技術やテクノロジーを限定する通常の狭い捉え方は、ここにいう広義の技術のごく一部にすぎないことになる。工業技術だけでなく、化粧術や、会話術、思考の技法、等々もまた立派な技術なのである。以上をふまえた上で、以下では実際性の次元における狭い意味での技術に限定して話を進める。

2.2 機能システムと組織

分化した機能システムは以上のような機能分化の延長線上に登場する。**図 序-11**を見ていただきたい。機能システムにおいて接続するのは特定目標の方向に限定された意味（区別）である。これもまた「システム」であるかぎり、外的刺激には開かれているが、特定の意味に関してだけは閉じている。システムのうちでも機能システムの特徴は、接続される意味が「二分割コード」という特殊な形態をとるところにある。医療システムを例にとってその点を説明しよう。

医療の起点は病む人の痛み・苦しみの体験にあり、これに向けて癒しの行動（配慮や世話）が接続される。こうした接続の延長線上において医療の意味は、「病気／健康」または「異常／正常」という特殊な「二分割コード」へと限定される。医療システムでは、この二分割コードとこれを具体化する「プログラム」を通じて、病む人は患者（治療可能性）として捉えられ、専門家は診断を行って、回復

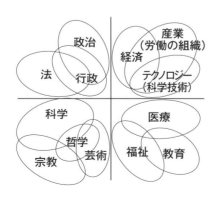

図 序-11　機能システムの分化

を目標とした介入を遂行する。癒しの技術（医術）を方向づけるのが〈共同性〉の価値理念であるかぎり、医療は福祉・介護や教育と同じ群に属している。

別の例として法システムをとりあげてみる。法システムの前提には人間同士の争いや対立を調整する仲裁の営みがある。その延長線上において、バランスを志向する正義がルールとして創設され、このルールを遵奉する精神が要請される。ここでの二分割コードは「合法／不法」であり、これによってすべての行為が法的に意味づけられる。法システムを究極的に方向づけているのは〈統合性〉の価値理念である。

狭い意味の技術システムについても同様のことがいえる。技術もまた未分化な状態から機能分化し、機能システムへと分出する。科学や産業や教育や政治といった他の機能システムと連関する中で、技術は組織化された科学技術（テクノロジー）のシステムになる。ここでは事物・動作・記号・意味の接続の〈仕方〉が「実行可能／実行不能」という二分割コードによって選別される。

ここまで機能システムについて見てきたが、それと一緒になって現代社会と特徴づけているのが「組織」である。対面的コミュニケーションを担うのが「人間」であるように、分化した機能システムを担うのは組織である。組織によって担われてはじめて、機能システムは社会システムとして影響力をもつ。組織はたんなる人間の集合体ではなく、特定の設立目的によって意味・方向づけられた集団的コミュニケーションである。この組織を実質的に支えているのは組織内部の小集団の対面コミュニケーションである。また、この対面的コミュニケーションの背後には、相互に意味を交錯・交流させ合う個々の人間（自己内対話的コミュニケーション）が控えている。なお、組織ではない集合的コミュニケーションの代表が「社会運動」である。

組織の形態もまた四象限に振り分けられる。すなわち、①〈実際性〉の価値を志向するコーポレーション（企業）、②〈共同性〉の価値を志向するコミュニティ（共同体）、③〈統合性〉の価値を志向するパーティ（政党、結社）、そして④〈超越性〉の価値を志向するアソシエーション（学会、愛好会）である。

特定の組織は特定の機能システムを専一的・一次的に担う。例えば、医療システムを担う組織は病院やその他の医療機関である。ただし、医療の組織は医療以外に科学・教育・経済・政治といった他の機能システムをも二次的に担っている。1.5で組織の四つの構造的対応について見たように、実際の組織はその内部に四象限のサブシステムを抱えている。ちなみに今日、最大して最強の組織が「国家」である。これは一次的には政治システムを担っているが、二次的にはすべての機能システムを包括しているため、現代社会においていまなお特別の地位を占めている。

2.3 全体社会と機能システム連関

1.4で言及したように、すべての社会システムを包含するのが「全体社会」で

ある。この全体社会においてもこれを束ねる編成原理としての構造がある。社会編成の原理に注目して人類の全体社会の変動を展望する中で、現代社会の特徴を押さえておこう。なお、社会の編成原理とは社会システムの内側の現実的な区別、すなわち〈分割線〉のいわば総元締めである。したがって、1.2で説明したような現実性と潜在性とを区別する〈境界線〉とは位相を異にする。

　原初の人類社会は、固定せずに相互転移する「陰／陽」を編成原理とする「環節分化」の社会である。ここでは未分化な機能を担う親族同士が自給自足的に自律し、連帯・対抗しつつ並列する。この例はレヴィ＝ストロースの『親族の基本構造』や『神話論理』の中に描かれている。次の古代社会は、「清浄／不浄」を編成原理とする「中心・周縁分化」社会である。例えば、日本の『古事記』の中にその種の社会が描かれている。なお、上記二つの社会を束ねているのは「呪術」である。三番目の中世社会は、原始社会と古代社会を土台にして、身分・帰属の「貴／賤」、「上／下」、「高／低」等を編成原理とする「階層分化」社会である。インド社会や日本の徳川社会がその例である。ここで全体を背後から権威づけて束ねているのは宗教である。そしてこれに続く社会が、一定の能力・資格の「適合／不適合」を主導的な編成原理とする「機能分化」社会である。ここでは種々の機能システムが分出し、独立して並列しつつ相互に連関する。そして機能システムの担い手は直接的には組織である。ただし、ここには全体を束ねるような中心はない。その欠如を補うのが後述するメディアシステムである。以上については**図 序-12a、12b、12c**を見られたい。

　現代社会では分化した機能システムが独立・並列しつつ連関している。一つの機能システムの内部で何らかの意味接続に変化が生じたとしよう。この変化によって外部に産出された「効果・負荷」は相互連関の中で他の機能システムに影響を及ぼす。つまり、その効果・負荷が外的刺激となって別の機能システムの内部で変換され、意味解釈を通じて自己変容を起こす。そしてそこから産出された効果・負荷が再び最初の機能システムに反射されるとともに、他の機能システムにも新たな影響を及ぼす。こうして相互連関における相互影響を通じて相互連関そのものが変容することになる。例えば、科学技術システム内部における技術革新が、産業システムや医療システムに影響を及ぼして新たな変容を引き起こし、それらの変容による影響が波及的に社会全体に広がることを想像してみよう。

　現代社会ではまた、自律し並列して連関する機能システム同士を媒介するような機能システムも分出される。それがメディアシステムである。この媒体的な機能システムは、種々の機能システムが産出する効果・負荷を変換し、解釈を加えつつ、「話題」として外部に送り出す。それはさながら鏡（歪んだ鏡）のように機能する。今日ではとりわけ、意味解釈を遂行する人間であれ、特定の機能システムを担う組織であれ、マスメディアを媒介にせずには、外部のシステムや自然環境を観察することも、それについて意味を接続することもできない。このようにメディアコミュニケーションという機能システムは、意味的に閉じたすべての

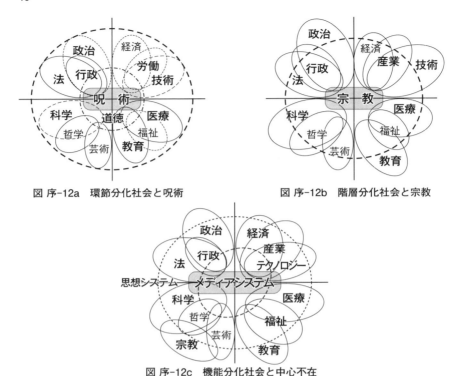

図 序-12a 環節分化社会と呪術

図 序-12b 階層分化社会と宗教

図 序-12c 機能分化社会と中心不在

社会システムに向けて全体社会の全体性を映し出し、意味の公共性を創出している。もう一つ、メディアシステムが〈実際性〉の次元に位置して全体性を映し出すとすれば、〈超越性〉の次元に位置して全体性を志向し、別の公共性を創出する機能システムも分出される。それが「思想（イデオロギー）」と呼ばれる理念的コミュニケーションである。これは全体社会の構造すなわち倫理の危機に立ち向かい、その根源を原理的に問い詰める中で、「問題」を再構成してその「解決」の方向性を指し示す。思想の担い手は、人間でもあれば、組織や社会運動でもある。思想自体が再構造化の動きとなって、全体性（原理的な徹底性と総合的な包括性）に関して、「有／無（優／劣）」を二分割コードとするシステムを形成する。

　思想が全体性を標榜して相争うかぎり原理的な対立を避けられない。その結果、思想上の立場は価値理念の四極に沿って分裂する。**図 序-13** を見ていただきたい。対立し合うのは、①〈実際性〉の極では「専門家・実務家の思想」、②〈共同性〉の極では「反専門家・民衆の思想」、③〈統合性〉の極では「普遍的公民の思想」、そして④〈超越性〉の極では一切の差別の固定化を否定する「無差別者の思想」である。以上については本章の**3**や**結章**であらためて詳しく説明したい。なお、思想もまたいうまでもなく、メディアシステムによって意味変換さ

統合性	
③ 普遍的公民の思想	① 専門家・実務家の思想
④ 無差別者の思想	② 反専門家・民衆の思想
超越性	共同性

図 序-13　思想上の立場

れ、全体社会へ向けて乱反射・拡散される。

2.4　科学技術システムとデジタル化

　全体社会のいわゆる近代化すなわち機能分化が進行する中で、それまで職人集団の伝統として受け継がれてきた「技術システム」は、科学システム・産業システム・教育システム等と連関することを通じて、組織化された技術システムすなわち科学技術（テクノロジー）システムへと変容する。この科学技術システムは19世紀から20世紀にかけて、全体社会に対して大きな影響を及ぼしてきた。とりわけ21世紀の今日、その及ぼす影響は計り知れないほどになっている。

　ただし、科学技術システムの変容がそのままストレートに、全体社会の変容をもたらすわけではない。科学技術を変えるのはあくまで科学技術自身である。変容は自己変容であり、すべてシステムの内部で起こるからである。したがって全体社会を変えるのも、機能システム同士の相互連関を主軸とする全体社会自身である。科学技術システムの変容は、すべての機能システムとの相互連関を通じて、相互連関自体の変容と連動している[34]。

　科学技術（テクノロジー）が計り知れないほどの強力な影響を及ぼしている背景には、種々のテクノロジーの集約という事態（統合科学技術）がある（**第11章**を見よ）。集約されているのは例えば、ナノテクノロジー、バイオテクノロジー、情報技術、人工知能研究、ジェネティクス、ロボット技術、ニューロサイエンス（再生工学）等である。これらは時に略してNBICとかGRAIINと呼ばれる。そしてこの集約化の核となっているのが、コンピュータ技術にほかならない（これは拡大して通信情報技術、CITと呼ばれる）。バイオテクノロジーの場合、DNAのデジタルデータ化によって、遺伝子の発現やタンパク質の合成を操作・改変したり、再生工学と結合して生物が遺伝的にもつ能力の限界を突破したり、人工生命を設計したりすることも可能になっている。コンピュータ技術の原理は、いうまでもなくデジタルである。したがって現在、デジタル化によってすべてのテクノロジーが統合されつつある。

「**デジタル化**」とは、「まえがき」の冒頭で少し言及したように、多様な区別（差異）や意味やシステムがすべて「二値」に変換・還元され、一元化されることである。そしてその上で、多様かつ複雑な「もの」があらためて構成されることになる。従来、画像と記号、精神と物質、生命と機械、人間と動物、人間とロボット等の間には、絶対的な区別があるとされてきた。しかし、デジタル化の二値コード（二分割）によって、それらの絶対的区別は相対化される。なお、デジタル化による還元は、かつて19世紀に問題にされたような物理主義的な還元ではない。なぜなら、物理的区別そのものがさらに二値の区別に解消されているからである。デジタル化とは要するに、究極の還元主義であり、還元主義の極限なのである。

デジタル化には二つの方向がある。一つはデジタル化による情報環境のネットワーク化である。早晩、デジタルネットワーク化を通じて最適環境を自動制御する「ユビキタス社会」が出現することになろう。この社会では何が最適であるかを、ビッグデータを集積したコンピュータが自動的に計算する。人間はそれにすべてを委ねて従うだけである。もう一つはデジタル化による人間のサイボーグあるいはサイボーグ化である。これも現在すでに進行中である。人間の生命・身体・心がデジタル化されて外部へと拡張される。さらに身体や脳と機械の間がデジタル信号によって接続され、時空的に拡大した新たな組織体（サイボーグ）が形成される。こうして人間とサイボーグとロボットとは連続するようになる。「まえがき」で説明したように、本書でとりあげて論じるのはこちらの方向である。

最後に、人間にとって身近な医療のデジタル化に話を向けよう。20世紀後半から21世紀にかけて、医療が介入する守備範囲・領分はますます拡大している。医療的介入は身体から脳のシナプス結合へ、遺伝子の操作からタンパク質の合成にまで及んでいる。この拡大を「**デジタル医療化**」と命名しておこう。デジタル医療化によって、狭義の治療とエンハンスメント（能力増強）との間の境界が曖昧になりつつある。

ちなみに、医療化にはそれ以外に二つのタイプないし段階がある。狭義の「古典的・排除的」な医療化は、正常／異常の医学的な規準によって、異常とされる人々を道徳的または政治的に排除する。また、「日常的・包摂的」な医療化では、健康／病気の科学的な定義づけを通じて、個々人の人生のあらゆる局面が全面的に包摂される。なお、「バイオ医療化」という用法もあるが、これは「デジタル医療化」の分子生物学的な一部である。

ここで四象限の図式を用いて広義の「デジタル医療化」を整理してみよう。**図序-14** を見ていただきたい。①事象性・実際性の次元では、抗加齢医療（アンチエイジング）、美容整形、各種のエンハンスメントが盛況になる（これについては**第3章**で取り上げる。以下同様）。②時間性・共同性の次元では、「利己心」の抑制や、心のカウンセリング、さらに死のカウンセリングにまで医療が及ぶ（**第4章**から**第6章**を見よ）。③社会性・統合性の次元では、生活習慣病をめぐって、

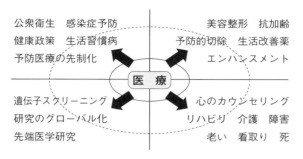

図 序-14　デジタル医療化

自己責任を柱とする健康政策や予防的公衆衛生が張り巡らされる（**第1章**を見よ）。④反省性・超越性の次元では、遺伝子＝環境病に関する研究のグローバル化、医学の産業への組み込みが進行する（とくに**第11章**を見よ）。

　現在、医療の中にデジタル化がますます浸透することによって、治療から、介護、先制的予防、確率情報、サイボーグ化、遠隔医療、情報管理等にいたるまで、あらゆる方面でデジタル医療化が進行している。

3. 科学技術倫理学とその課題

　2では、コミュニケーションにおける技術の位置づけから始めて、機能システムと組織との関連をへて、科学技術システムのデジタル化までを論じてきた。現代社会は機能システムの相互連関を主軸としており、その中で科学技術システムは特別な位置を占める。科学技術システムによって産出された「効果・負荷」は、機能システム同士の相互連関と相互影響を通じて、別の機能システムに影響を与えるだけでなく、機能システムを担う組織や、対面的コミュニケーション、ひいてはそれら一切を包括する全体社会にも影響を及ぼす。そしてその影響はさらに外部の人間システムや自然にまで及んでいく。この**3**では、科学技術システムによる影響を受けて浮上する「倫理問題」を概括しながら、科学技術倫理学の位置づけとその課題を明確にしてみよう。

3.1　全体社会の中の科学技術倫理

　構造としての倫理の視点からすれば、**2**の末尾で指摘したように、科学技術に関わる倫理にも三つのオーダーがある。科学技術システムから影響を受けても、社会システム内部の構造化の働きが妨げられないとき、当該システム内の個々の接続は滞りなく進行する。これが科学技術に関するファーストオーダーの倫理である。このオーダーでは構造としての倫理が特別に問題視されることはない。ところが、科学技術の影響が及んで従来の構造では対応できなくなり、構造自体の

再構造化が求められる場合が生じる。そのとき浮上するのがセカンドオーダーの科学技術倫理である。これがいわゆる「**倫理問題**」である（近年ではELSIとも呼ばれる）。そしてさらに、このセカンドオーダーの科学技術倫理が反省的に捉え返されるとき、サードオーダーの科学技術倫理すなわち科学技術倫理学が登場する。

「まえがき」で言及したように、従来の科学技術に関する倫理学のうち、一方の「科学技術者倫理」学は、科学技術を担う組織に属する科学技術者個人の規範的な行動に焦点を合わせる。他方の「科学技術倫理」学は、科学技術者個人や組織と他の社会システムとの境界面に発生する「倫理問題」に対して、文化的・政治的な関心を向ける。それに対して本書が着目するのは、セカンドオーダーの科学技術倫理の全体である。つまり、種々の機能システムから、組織を含むすべての社会システム、社会システムの外部にある人間システムや自然環境にいたるまでの全体に対して、科学技術システムが及ぼす構造的な影響とその反響に照準を合わせる。

本書において構想される倫理学の特徴を別の角度から際立たせてみよう。既存の「倫理学」がこれまで視野に入れてきたのは、人間個人と人間社会である。そのかぎり従来の倫理学はいわば〈人類〉エシックスの範囲に止まっていた。その後、人類の自然環境が倫理学の視野に加わることによって、倫理学は〈人類＝環境〉エシックスへと拡大した（環境倫理）。そして今日のデジタル化である。デジタル化は、人類の生命と身体と心の人工化・サイボーグ化を推し進めると同時に（生命倫理）、機械体の人工知能の高次化を促進する（ロボエシックス）。こうして一方のバイオネットワーク環境が、他方の情報ネットワーク環境と接続す

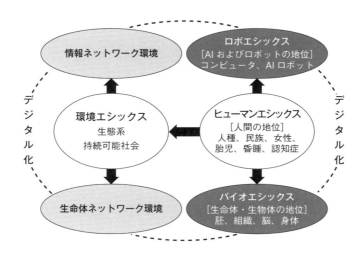

図 序-15　デジタル化と倫理の拡大

る。その結果、〈人類＝環境〉エシックスはいまや、〈バイオ・サイボーグ・ロボット＝ネット環境〉エシックスへと拡大せざるをえなくなっている。**図 序-15**を見ていただきたい。ここに要請されるのが本書の科学技術倫理学である。

　以下、意味の四次元構造を用いながら、エシックスの拡大に伴って生じるセカンドオーダーの科学技術倫理（倫理問題）の全貌を捉えてみよう。

3.2　科学技術の「倫理問題」

　科学技術のデジタル化によって「倫理問題」が発生するのは、まずもって科学技術が位置する〈**実際性**〉の次元である。ここでは科学技術によって実現される利便性の価値が、デジタル化によってますます突出して偏重される。その結果、快適・安全・安心という名の利便性の価値の一元化が進行し、それ以外の多様な価値が消えていく。ここには三つの問題系がある。以下の説明については**図 序-16**を見ていただきたい。

　一つ目は利便性を求める「欲望」の過剰化である。とりわけ欲望の基盤となる健康への欲望（願望）が無際限化する。過剰化する欲望に対応する資金や情報やコンピュータリテラシーの差によって、生活自体の格差が拡大する。二つ目は利便性を志向する科学技術にともなう脆弱性と「リスク」の増大である。テクノロジーへの依存度が高まれば高まるほど、わずかなトラブルが社会全体の機能不全を引き起こす。しかもリスクへの対策はかえって新たなリスクをもたらす。これがリスクのパラドックスである[37]。三つ目が「個人」の無用化である。利便性と引き換えに私的領分（プライバシー）が消え、熟練が不要となり、自主的判断（自律）が薄れていく。

　〈実際性〉の次元で発生した問題群の影響は、次に、自他の結びつきや一体性をめざす〈**共同性**〉の次元に波及する。ここでは、科学技術の利用を通じて自助化と個性化が進行する結果、他者とのつながり方に変化が起こり、以前に見られたような多様な共同関係が貧弱になる。こうしてますます情報・モノ・カネ・人の一極集中が進んでいく。デジタル化による個性化の裏面は一律化である。ここ

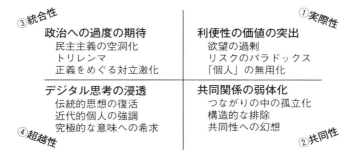

図 序-16　倫理問題の概観

での問題点は次の三点に絞られる。

　一つ目は、共助的関係の解体が人々を孤立させることである。この孤立は互いに監視し合う状況を生み出し、結果として政治システムを担う国家への要求と依存を強めることになる。二つ目は、科学技術をうまく利用できない人々の排除が進行することである。例えば、デジタル医療化の中で専門家集団への囲い込みが起こる結果、専門的情報をもたない人々に対して、システムそのものからの構造的な排除に拍車がかかる。三つ目は、個性化＝自助化＝一律化を推進する科学技術に対する反動として、〈共同性〉を突出させる感情や思想が生じることである。こうして「家族の絆」や「人間主義」が声高に主張され、反テクノロジーを掲げる「反専門家・民衆の思想」がマスメディアに登場する。

　続いて、〈実際性〉と〈共同性〉の次元に起こった問題群は、自他の間に正義を導入することによって調整を図る**統合性**の次元に影響を及ぼす。過剰な欲望、経済格差、リスク不安、「個人」の無用化、共助的関係の崩壊、構造的な排除、等々の解決を求めて人々が向かうのは、事後的で限定的な対応しかできない法廷ではなく、政治家であり、行政組織である。こうして政治家と国家への過渡の期待が生じる。ここでの問題点は次の三つである。

　一つ目は、決定する側のエリートとその決定の影響を受ける側の大衆との分離である。このような分離が固定することによって「民主主義」が空洞化する。二つ目は、国民の規模にまで拡大した欲望、すなわち「国民の欲望」に応えるために国家財政が膨張することである。その結果、財政は破綻の危機に直面し、再配分の不公平感が広がる。ここに生じるのは、国民の欲望に応えると同時に、それを抑制しつつ、しかも排除された人々をも救済するというトリレンマ（三つ巴の難題）である。しかし、これらの難題に応えるべき政治は、事態の困難さを前にしてなかなか「決定できない」状態にある。その代わりにくり返されるのが、リップサービスであり、対策の見せかけであり、課題の先送りである。期待と幻滅のくり返しはやがて国民をして、「強い政治」への期待を強めることになる。三つ目は、政治的正義をめぐる対立の激化である。社会的合理性（公共的な意思決定とそのさいの基準の設定）をめぐって、それぞれの集団的なコミュニケーション同士の溝が深まることになる。

　最後に、〈実際性〉に端を発し、〈共同性〉と〈統合性〉の両次元を巻き込んで複合化した問題群は、社会の全体性を反省する**超越性**の次元にまで及ぶ。ここでの問題の根本は、人間とロボット（機械）との間のデジタル的連続性を推進する言説が蔓延することによって、反省的な視線そのものが弱体化し、利便性以外の価値が不明瞭になることである。ここにも三つの側面がある。

　まず、価値の拠り所が希薄になる状況が広がる中で、従前にもまして伝統的な思想が強調される。他方では近代的な個人の自律が強調される。そして精神の癒しと人生の究極的な意味を求める人々は宗教に引き寄せられる。以上のような〈超越性〉の次元の変容は、〈統合性〉の次元に反射して思想上の対立に拍車をか

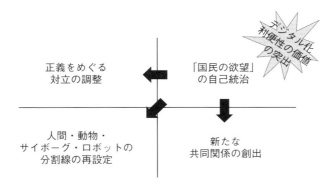

図 序-17　根本問題と三つの基本課題

け、ますます混迷状態に陥れるとともに、さらに〈実際性〉や〈共同性〉にも影響を及ぼす。

これを要するに、デジタル化の進行につれて、実際性の次元（利便性の価値）が突出し、これと連動して他の次元においても一次元化が進行している。しかし、利便性の価値のそのような偏重が将来に渡ってそのまま貫徹するとは想定しにくい。システムの四極連関の観点から見るかぎり、全体社会の連関自体は再びバランスを戻す方向へと移動していくことになるだろう。再構造化による自己変容が避けられないのは、機能システムを担うのが最終的には個々の人間システムだからである。そしてその人間にとって大事なことは、全体社会の自己変容の振幅と振動が比較的穏やかな範囲に収まることである。ここで要請される穏やかな再構造化に応えるのが、全体社会の連関自体に内在する反省的な視線としてのサードオーダーの「**倫理学**」である。

この倫理学は四次元連関のバランスを回復させる方向へと「倫理問題」の再構造化を促す。バランスの再構造化という観点から眺めるとき、科学技術の倫理学の課題は次の四つに絞られる。すなわち、過剰化する「国民の欲望」の自己統治（実際性）を根本問題として、新たな共同関係の創出（共同性）、正義をめぐる対立の調整（統合性）、そして人間・動物・ロボットの間の分割線の再設定（超越性）である。**図 序-17**を見ていただきたい。ただし、根本問題への接近は、三つの基本課題を通路としてはじめて可能になるだろう。以下、三つの基本課題について説明しよう。

3.3　科学技術倫理学の三つの基本課題
3.3.1　課題1：「国民の欲望」の自己統治のための新たな共同関係の創出

「健康」の観念は今日ますます曖昧になっている。もちろん、健康の原点はいつの時代でも、人間個人の主観的な感覚であった。健康感覚が漠然としているの

はその原点に由来する。ところが、機能システムの分化にともなって医療システムが成立すると、健康の意味の客観化が求められ、科学的基準にもとづいた「正常／異常」の数値に対する依存が進むことになる。その結果、健康の曖昧さが消えていく中で、科学的とされる数値を通じて人々は自分の健康を確認するという、逆転現象がかえって生じてくる。さらに客観的とされる基準自体も、種々の関心に応じて変容したり、専門分野の観点の違いによって対立するといった事態まで生じる（以上については**第2章**と**第3章**に詳しい）。以上に加えて混乱に輪をかけているのが、現代における多レベルの社会システムの交錯である。全体社会や制度じたいが健康であるかのような「健全な社会」という表現がそうした交錯の一例である。こうしていまや再び、健康の意味は曖昧になっている。

しかし、話はここで終わらない。健康の観念はたんに曖昧なだけではない。むしろ、ますます曖昧化しているというべきであろう。というのは、以上の事情にも増して、健康の曖昧化を決定的に促進している事情があるからである。それがすなわち「際限のない」欲望である[38]。そしてその背後で欲望を駆り立てているのが、**2.4**で指摘した「デジタル医療化」にほかならない。

医療の原点は言うまでもなく、傷病を抱えて苦しむ者に介入して回復をめざすことにある。この種の特殊な介入は「治療」と呼ばれる。日本を含めた先進工業社会では、1980年代ごろから医療が狭義の治療をはみ出し始める。いわゆる「バイオ医療化」の始まりである。当時は消費ブームの最中にあり、瞬間的な快楽を充実させる個性化への欲望が煽られ、社会に蔓延していた。その中で身体への関心が突出して、外見から脳や遺伝子にまで及ぶようになった[39]。現在では科学技術の進展の影響を受けて、より一般的な「デジタル医療化」が進行している。この医療化によって欲望が駆り立てられ、これが跳ね返って医療の守備範囲がさらに拡大されている。**図 序-14**で見たように、人間システムと社会システムはいまや、拡張した医療のうちにまるごと包摂されつつある。

デジタル医療化の具体例の一つが、確率情報にもとづく治療選択である。医療は呪術の段階に始まり、古代から近世にかけて伝統医療として成熟した後を受けて、近代的な医療システムの段階に到っている。医療システムの変容は特殊な意味コードである「病気」概念の変容と連動する。19世紀において典型的な病気モデルは「急性病」であった。それが20世紀になると「慢性病」に移った。そしてデジタル医療化が広がる21世紀の現在、リスクファクターによって確率論的に構成される「遺伝子＝環境病」が病気のモデルとなっている。このモデルの病気は、もはや個々人の好調・不調の感覚とはつながらず、「現在の個人」単位をはるかに越え、空間的にも時間的にも不可視で不定なものである。この不定な病気に対する不安に押され、ますます先制化する予防医療によって煽り立てられる中で、人々の健康への欲望は際限なく膨らんでいる[40]のである（**第1章**を見よ）。

欲望としての健康はほとんど幸福への願望に重なる。しかも今日、それは個人単位をこえ、すでに国民全体の欲望、すなわち「**国民の欲望**」になっている。

「国民の欲望」は「医療化」と連動しつつ、際限なく膨らみ続ける。そうなると、人口減少・超高齢社会の未来は暗澹たるものにならざるをえないだろう。それを避けるためには、国民の欲望に支えられた要求には一定程度までは応えるとしても、その過剰化を押さえ込むような工夫が必要とされる。しかもそれと同時に、包括的な構造的排除の下にある人々をも救済しなければならない。国民はこのようなトリレンマの解決を国家とエリート集団に期待する。しかし、すでに指摘してきたように、政治家やエリート層がとりうる方策はかぎられており、解決の先延ばし以上のことはできないだろう。解決と称する政策・対策が次々と新たな難題をもたらすからである。

　トリレンマの解消に向けて要請されているのは、個人レベルの自助・自己責任による対応ではなく、「国民の欲望」レベルに対応した全体社会の再構造化でなければならない。そして、それを担うのは個人を超えた何らかの集合体であろう。とすれば、その鍵を握るのはどのような集団であろうか。ここに新たな共同関係の創出という課題が浮上してくる。

3.3.2　課題2：科学技術のリスクをめぐる正義の対立の調整

　科学技術の効果・負荷は、社会システムと人間システムに対して「利便・安全・安心」をもたらし、欲望を掻き立てているが、それだけではない。それは同時に「リスク・危険」をまき散らしては人々を不安に陥れてもいる。それによって煽られる不安の集団的心理は、デジタル化されたテクノロジーであろうと、原子力発電所のようにデジタル化とは直接には関係しない巨大テクノロジーであろうと、基本的に類似している。いずれであっても、確率計算、個人単位を越える広がり、多因子による複合的な低影響、長期的な影響、将来の発症といった「不定性」と「未知」とを共有しているからである。[41]

　人々が欲望によって衝き動かされ、リスク・危険の情報を通じて不安を煽られる結果、社会コミュニケーションの各レベルにおいて対立状況が生まれている。それらの一部は司法の場にもちこまれたり、政治の舞台で華々しく衝突したりしている。そこで基本的に対立しているのは、リスク・危険について語る二つの異質なコミュニケーションである。すなわち、一方に決定する側の人々の間のコミュニケーションがあり、他方に決定の影響を被る側の人々の間のコミュニケーションがあって、この両者が対立しているのである。前者は専門家や政策の決定者・遂行者同士のコミュニケーションである。ここでは専門用語が用いられ、事象の特性とその人体への影響をめぐって計算や予測が行われる（これについては**第9章**を見よ）。これに対して後者は、市民・非専門家・被害者の間のコミュニケーションである。ここでは安心と不安の両極を揺れ動く感情を基盤として、安全か危険かの二者択一の言葉が用いられる。その結果、決定する側に対する過剰な反発や、救済論的な絶対的現在の感覚、過激な原理主義的な主張が生じやすくなる。

　二つの側のコミュニケーションが交流することは基本的にはない。それどころ

か、不定な危険事象が日常化するにつれて、両者の間の亀裂はますます深刻化し、拡大する傾向にある。このとき、深刻な亀裂（矛盾）を修復して対立を解消しようとして登場するのが、全体性の反省を標榜する「**思想**」である。思想については**2.4**の末尾で少し説明しているが、ここで再び詳述しておこう。

まず、①〈実際性〉に軸足をおくのは「専門家・実務家の思想」である。ここには、科学的合理主義、技術的対応論、コスト・ベネフィト論、自己責任論などが含まれる（これについては**第9章**を見よ）。次に、②〈共同性〉を足場にするのは「反専門家・民衆の思想」である。ここでは例えば、民族やジェンダーや障害者などの種々のアイデンティティや、犠牲者への連帯、家族・親密圏のきずなが強調される。他方、③〈統合性〉をめざして政治論議（国民の合意形成という言説）を牽引しているのが、（専門家／反専門家を超える）「普遍的公民（市民）の思想」である。ここには、反省的に成熟した市民（ギデンズ）、理想的コミュニケーションを担う討議主体＝市民（ハーバーマス）、政治的コスモポリン（ベック）などの立場がある。そして最後に、④〈超越性〉に依拠するのが「無差別者の思想」である。ここには、伝統的な宗教思想や、「いのち」というマジックワード、東洋思想の「無」や「空」、差異化の運動を強調する論者たちがいる。

思想のそれぞれの立場は、四極のうちの一極だけに依拠して全体を捉えようとする。その結果、コミュニケーションの二つの側の間の深刻な対立を乗りこえるはずの思想そのものが、分裂するという事態が生じる。この分裂は原理を争うかぎり不可避ではある。しかし、科学技術の利便性・有用性・効率性の価値が突出し、それ以外の価値が消失する一次元化が進行する今日、思想自身が分裂状況を解消しつつ、そのような事態に対応することが要請されている。そして、思想上の対応はさらに、個々人や社会運動や組織の動きを考慮しつつ、争点をめぐる論争の場面へと具体化されなければならないだろう。はたしてそれを可能にするような理論モデルとはどのようなものであろうか。

3.3.3　課題3：人間・動物・ロボットの分割線の再設定

〈もの〉はこれまで種々の分割線によって区切られてきた。近代社会を支える倫理の基盤にある古典的・伝統的な人間観もまた、その類の分割線である。しかし今日、デジタル化（すなわち二値的一元化）の浸透によって、それは根底からゆさぶられている。

近代欧米の倫理学の土台はカント倫理学と功利主義倫理学である。まず、理性の普遍主義の見地に立つカント倫理学から検討してみよう。この見地の前提にあるのは、理性をもつ「人間＝目的＝尊厳」と、これに対する非理性的な「物体＝手段＝価格」という区別である。そこから人間と物体は異種のカテゴリーに振り分けられる。これを〈縦二分割〉と呼んでおこう。ここで、動物はデカルト以来の伝統に従って物体の側に入れられる。カント的な理性主義は19世紀から20世紀の前半にかけて、近代社会の倫理を支えてきた。しかし20世紀の半ば以降になる

と、カント的伝統を受け継ぎつつも、その普遍的な理性に依拠しない倫理学が登場してきた。その一つが対話（討議）における理想的な言語コミュニケーションを基礎にした、J・ハーバーマスの言語的普遍主義である。この立場の普遍性の根拠は、究極的には人類のDNAの同一性に求められる。したがって、これまた種カテゴリーによる〈縦二分割〉といえる。

　他方、カント的伝統と拮抗してきたのが、英米系の功利主義（広義には経験主義）の見地である。功利主義にとって倫理の基礎にあるのは、西洋神学由来の普遍的な理性ではなく、環境と関わるかぎりでの生物の経験的な快・不快の感覚である。そしてこの感覚の有無が基準となって、存在するものが区切られる。その結果、例えば犬や馬のような動物のほうが、人間の無脳症児よりも価値が高いということになる。ここでの区切り方は種間を横断するから、種カテゴリーで区切る〈縦二分割〉（したがって「種差別」）に対して、〈横二分割〉と名づけることができる。この分割の仕方は、創唱者のベンサムから現代の生命倫理学者P・シンガーにいたるまで、一貫している(43)（**第7章**を見よ）。

　表面的に見ると、理性・言語の普遍主義と快・不快の経験主義という二つの理論は、たしかに対極にあって対立している。しかし実のところ、根底では共通しているとみなすことができる。事実、19世紀英国の代表的思想家にして二つの考え方を総合したJ・S・ミルでは、理想とされる「個人」が志向するのは知的・精神的な快楽を味わう「個性」であるとともに、普遍的な「人類愛」であった。考えてみれば、そもそも〈横二分割〉を遂行するのは、普遍的な視点をもつとされる立法者であり、哲学者である。西洋近代の二つの理論を通底しているのは、中世以来の「宇宙における人間の特別さ」（人間の尊厳）にほかならない。

　20世紀の「哲学的人間学」が（ニーチェやフロイトの影響を受けつつ）挑戦したのは、まさに西洋的人間観を貫通している「人間の特別さ」であった。とはいえ、衝動／精神の二元論に固執するシェーラーはもとより、不確定な「欠陥生物」観に依拠するゲーレンにしても、そしてさらに「シンボル動物」として人間を再定義したカッシーラーにおいてすら、「人間の特別さ」は形を変えて今日まで生き延びている。

　以上で概観した西洋思想に対して、今日、過剰ともいえる期待が「東洋思想」に寄せられている。東洋思想を特徴づけるのは、イメージや言語による分割を超えた「無」や「空」の境地であり、「無差別」の見地である。しかし、そこにはなるほど「人間の特別さ」は見当たらないとしても、「流出」等の直観に依拠して無差別から差別世界へと展開するだけに止まり、およそ生成の論理なるものが欠落しているといわざるをえない。東洋思想もしくは東洋哲学では、西洋思想とは対照的に人間と動物や物体との間を区別することができないのである。

　以上を要するに、デジタル化が進行する現在、古今東西の人間観を成り立たせてきた分割線が根底から問い直されているのである。〈縦二分割〉でも〈横二分割〉でもなく、あるいは、無差別化でも、もちろん二値的一元化でもなく、〈も

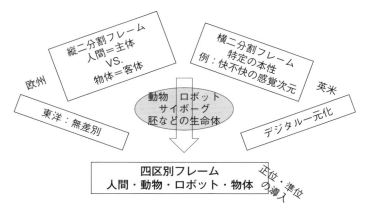

図 序-18 人間観の再分割

の〉の間を新たに区別しつつ連関づけることによって、宇宙の中にあらためて人間を位置づけ直すことが要請されているといえよう。全体の問題構図については**図 序-18**を見ていただきたい。

　問題の核心に迫ってみよう。人間観を再考する際、焦点の1つになるのは人間とロボットの関係である。人工知能を搭載した機械体としてのロボットは、物体と機械体と動物（生物）と人間の間のどこに、どのように位置づけられることになるのか。欧米人のロボット観では〈実際性〉の次元が主要であって、ロボットはあくまで機能限定の道具とみなされている。そしてこの延長線上でロボットである奴隷が反乱を起こしたり、恋をしたりする大衆向けの物語が紡ぎ出される。それに対して日本人のロボット観では、〈共同性〉の次元が際立っている。例えば、人間に似せた「ヒューマノイド」が好まれ、仲間としての共感が強調される。しかし、欧米であれ日本であれ、ロボットの「心」という肝心の点が問い詰められることなく、棚上げされているようである。実際、哲学者たちの多くは「みなし」論に甘んじている(46)（**第8章**を見よ）。

　そうした中で、人間の「心」とくに「自我意識」の哲学的考察をふまえ、ロボットにその「自我意識」を実装しようと試みたロボット学者たちがいる。例えば、そのうちの一人、喜多村直は自我意識に関して五個のテーゼを立て、快不快の感覚をも組み込んだ多階層フィードバックモデルを考案し、これをピアジェ型ロボットと名づけた(47)。また、谷口広大はボトムアップ記号創発の視点から、意味を解釈するプラグマティクなパース型ロボットを考案している(48)。しかし、両者の試みには難点がある。喜多村では快不快の感覚が情動レベルまでは届かず、言語的コミュニケーションを行う必然性が考慮されていない。他方の谷口ではコミュニケーションを通じて意味解釈が共有される集団形成の視点が弱く、情動システムが位置づけられていない(49)。

人間のコミュニケーションでは、情動的コミュニケーションと記号的コミュニケーションとが重層的に交錯し連動している。ロボットと人間の間の区別と連関を捉えるための鍵は、まさに情動システムと意味解釈システムとの交錯・連動にある。この点を考慮しつつ、人間と動物とロボットの間（さらには胚と成体との間）を区別し、かつ連関づけるための統一的な原理が求められている（胚と成体については**第10章**を見よ）。

【註】

（1）松本三和夫『テクノサイエンス・リスクと社会学』（東京大学出版会、2009年）、326-327頁。
（2）例えば、松本は「倫理」について、複雑な事態を見えなくする大本として軽蔑的・否定的に評価している。前掲書、320頁。
（3）多彩なコミュニケーション理論については、奥村隆『反コミュニケーション』（弘文堂、2013年）に紹介されている。
（4）シャノンとウィーバーの情報通信理論がこの見方を代表する。
（5）この見方をとるのはN・ルーマンである。とくに『社会システム理論上・下』（原著1984年、佐藤勉監訳、恒星社厚生閣、上1993年、下1995年）を見よ。
（6）「まえがき」で紹介した文献Eの村田の指摘に関連させていえば、この意味での不確定なコミュニケーションを介して「技術」と「倫理」とはつながる。ただし、手探りの不安定さの中から「構造」が形成されるという点が、村田の考察から落ちている。
（7）『道徳感情論』原著1759年。
（8）他者理解については、富永健一『思想としての社会学』（新曜社、2008年）が参考になる。そこでは社会学者のウェーバーやジンメルやシュッツの理論が詳しく解説されている。
（9）ここでの考え方に従えば、自然必然性と自由という二つの因果性を両立させるカント哲学の枠組をとる必要はなくなる。これに関しては第5章を見よ。
（10）これについてはルーマン（前掲書）やジンメル（富永前掲書）が指摘している。
（11）ここでの「構造」は、言語学者のソシュールに由来する「構造主義」のいう「構造」とは異なる。後者は共時的であって生成論的観点が組み込まれていない。この点についてはドゥルーズ「構造主義はなぜそう呼ばれるか」（シャトレ『二十世紀の哲学』シャトレ哲学史第8巻、白水社、1975年所収）が参考になる。
（12）ここでの事態は、統計学的には平均値と分散によって捉えられる。構造が、ミクロの意味解釈すなわち線引きの接続の、集積として捉えられる点については、佐藤俊樹『意味とシステム』（勁草書房、2008年）を見よ。
（13）視線の背後には、情動を中心とする身体的なイメージの統合がある。これについてはA・R・ダマシオ『感じる脳』（ダイヤモンド社、2005年）を見よ。なお、「混沌」は多様な形（区別連関）によって充満しており、『荘子』や禅宗で想定されるような絶対否定の「無差別」ではない。
（14）ここで指摘されている事態は、関心の有無が見え方を左右するという、例えば「心ここに在らざれば、視れども見えず」（『礼記』大学）のような直観とは異なるレベルにある。
（15）実際の視覚では、生体分子的区別の形成の時点で、直ちに身体的イメージ区別が逆向きに関与してくる。クリストフ・コッホ『意識の探求——神経科学からのアプローチ（上・下）』（岩波書店、2006年）を見よ。
（16）区別の見える表側を〈現実性〉とすれば、〈可能性〉は見える裏側であり、〈潜在性〉は見えない背後といえる。
（17）四象限あるいは四分割に関しては、社会学者タルコット・パーソンズのAGILあるいはLIGA図式が有名である。『社会システムの構造と変化』（倉田和四生編訳、創文社、1984年）を見よ。彼の図式の前提には環境に適応する生物モデルがある。それに対して、本書の「意

味の基本構造」にもとづく四分割は、生物の適応という表層レベルではなく、意味の根本に遡ることによって得られている。
(18) ちなみに、生成し変容する事象を意味づける時間的な構造は、前の状態／現在／後の状態の三区別である。同時的な「四」（元は二）と通時的な「三」は人間の思考をつらぬく基本パターンといえる。
(19) 「システム」とは一般的には、要素の関係としての全体をさす言葉である。システムの理論には五段階がある。まずは幾何学的な「体系」、続いて「有機的構成」、それから「自己組織化」、さらに「オートポイエーシス」、そして最後は「システム／環境」の段階である。本書が依拠するシステム理論は、再帰的接続（自己言及・自己参照）を軸とする最後の段階のものである。システム理論の変容については、ルーマン『システム理論入門——ニクラス・ルーマン講義録 (1)』（D・ベッカー編、原著2000年、土方透監訳、新泉社、2007年）や、クリスティアン・ボルフ『ニクラス・ルーマン入門』（原著2011年、庄司信訳、新泉社、2014年）を見られたい。
(20) 例えば、本田久夫『形の生物学』（NHKブックス、2010年）を見よ。
(21) ルーマンのシステム理論の欠点は、意味が情動イメージに伴われている点を看過していることにある。おそらくルーマンの社会システム理論の難点のすべてが、その辺りに由来すると考えられる。
(22) 社会を「意味コミュニケーションシステム」として初めて理論化したのは、ルーマンの前掲『社会システム理論』である。
(23) 人間個人は社会システムにおいて、「人格」として焦点化される。この人格をめぐって、「人格（現実性）／人間（潜在性）」の境界線、ならびに、「善い人／悪い人」の分割線という二重の区別を接続するのが、人物評価をやりとりする通常の道徳的会話の世界、すなわちモラルコミュニケーションシステムである。
(24) ルーマン前掲の『社会システム理論上・下』や『システム理論入門』のみならず、『社会理論入門——ニクラス・ルーマン講義録 (2)』においても、行動／体験の軸が用いられている。しかし、この軸設定はそれほど明晰ではない。他方、ルーマンでは四象限も用いられていない。このようにルーマンと本書とでは細部において異なる点が多い。
(25) 「愛のコミュニケーション」もこの群に入る。恋する状態の相手に対して、何らかの行動で応えることから始まるコミュニケーションが、「愛」である。ルーマン『情熱としての愛』（原著1982年、佐藤勉・村中知子訳、木鐸社、2005年）を見よ。
(26) ルーマンはコミュニケーションを担うメディア（媒体）に注目し、言語メディア、拡大メディア（文字、電信、ネット）、抽象的な一般シンボルの三種に分けている。ルーマン『社会の社会Ⅰ・Ⅱ』（原著1997年、馬場靖雄他訳、法政大学出版局、2009年）、第2章。本書では三番目の媒体を価値理念として受けとめ直している。
(27) これとは別に、「自然を前にした人間の行為の在り方全般」を技術とする見方もあるが、「自然」に限定されているかぎりこれまた狭い捉え方である。
(28) この点は科学技術倫理学Eで強調されている。
(29) 正義は、法的正義以外に、政治的正義、経済的正義、道徳的正義があり、それぞれ内容が異なる。
(30) これについては結章で改めて論じる。「社会運動」についてはルーマン『エコロジーのコミュニケーション』（原著1986年、庄司信訳、新泉社、2007年）を見よ。
(31) これについてはルーマンの前掲『社会の社会』第4章を見よ。
(32) ちなみに、いわゆる「近代化」とは、機能システムが分出して独立する過程を意味する。また、機能分化社会の内部では、それまでの種々の編成原理が反復される。具体的には、環節分化（国際関係）をはじめ、中心・周縁分化（首都と地方）、階層分化（官僚制）、機能分化（役割分担）が、現代社会の内部で再生産される。これまたルーマン前掲『社会の社会』、第4章を見よ。
(33) 大黒岳彦『〈メディア〉の哲学』（NTT出版、2006年）が参考になる。

(34) 情報化社会に対して同様の指摘をしているのは、佐藤俊樹『社会は情報化の夢を見る――新世紀版ノイマンの夢・近代の欲望』（河出文庫、2010年）である。
(35) 物理主義的還元主義に関しては、A・ケストラー編著『還元主義を超えて』（原著1968年、池田善昭監訳、工作社、1984年）を見よ。
(36) 例えば、東浩紀・濱野智史編『ised 情報社会の倫理と設計――設計編』『同・倫理編』（河出書房新社、2010年）に詳しい。
(37) これについては、ルーマン『リスクの社会学』（原著1991年、小松丈晃訳、新泉社、2014年）や科学技術倫理学文献Dで指摘されている。
(38) 健康については筆者が、「病気／健康」（『生命倫理の基本概念』シリーズ生命倫理学 第2巻所収、丸善出版、2012年）や「「健康」を哲学して「老成社会」の提唱に及ぶ」（『人間会議』2014年夏号）で論じている。
(39) 石井政之『肉体不平等』平凡社、2003年。
(40) これについては筆者の『健康への欲望と「安らぎ」』（青木書店、2003年）を見よ。
(41) 以下の論述は、筆者の「倫理学から見たリスク論」（臨床環境医学、第23巻（2）、2014年、76-85頁）を踏まえている。そこでは「20世紀型リスク」と「21世紀型リスク」とを対比しているが、これは松本の「どかん型」と「じわり型」にほぼ対応する（松本前掲書を見よ）。
(42) ハーバーマス『人間の将来とバイオエシックス』（原著2001年、三島憲一訳、法政大学出版局、2004年、新装版2012年）を見よ。
(43) ただし、実際の適応場面では、〈横二分割〉の原則と併せて、「理性のエスカレーター」（P・シンガー）や、社会的な親密度が考慮されている。
(44) ミルの思想については、『自由論』や『功利主義論』以外に、とりわけ『コントと実証主義』（原著1865年、村井久二訳、木鐸社、1978年）が重要である。
(45) 東洋思想の概観については、井筒俊彦『意識と本質』（岩波書店、1983年）を見よ。
(46) 例えば、デネット『心はどこにあるのか』（原著1996年、土屋俊訳、草思社、1997年）、柴田正良『ロボットの心』（講談社、2001年）を見よ。
(47) 喜多村直『ロボットは心を持つか』（共立出版、2000年）。
(48) 谷口忠大『コミュニケーションするロボットは創れるか』（NTT出版、2010年）。
(49) 情動システムの重要さについてはダマシオ『感じる脳』（原著2003年、ダイヤモンド社、2005年）を見よ。

第 1 章
予防医学の最高段階としての「先制医療」

村岡　潔

　　　　　　　　　　　指導医「ナイジェリアでは1986年までエイズはなかった。
　　　　　　　　　　　　　　　君は、なぜだかわかるかね？」
　　　　　　　　　　　研修医「まだよそから流行が伝播しなかったからですか？」
　　　　　　　　　　　指導医「ちがう。その時まで検査していなかったからだ！」

　ここ数年、装いを新たにした予防医学の医療戦略が台頭しつつある。「先制医療」（preemptive medicine）と呼ばれる先端医療である。本章では、こうした先端的予防医学が帯びている「健康の先物取引」的傾向の問題点について考察する。ここでいう健康の先物取引とは、健康者が将来病気にならないように今のうちから何らかの医学的手段をとることの譬えである。つまり、現時点では、訴える症状もなく、まだ病気と診断されていないにもかかわらず、将来の健康を確保する目的で医療技術を利用することをいう。特に、懸念されるのは、将来における効果がまだ不確定な医療技術的介入が喧伝されている点である。この予断的な介入の事例として「先制医療」について検討する前に、まずは順番として、本章でいう予防医学の概念について整理しておこう。

1. 予防医学とは

　一般に、予防とは悪い事態が起こらないように前もって防ぐことをいい、予防医学とは、病因（病気の原因）と目される要因を事前に除去あるいは無害化することで発病を未然に防ぐことを目的とする分野の医学・医療である。予防医学は、もっぱら集団を対象として、健康保持・疾病予防の方策を研究し実践する医学領域である。

　通常、予防には1次予防から、2次予防、3次予防まである。未然に発病を防ぐことを最大の獲得目標とする対策は1次予防という。1次予防とは、傷病がまだ発現していない、いわば健康な段階で行われる予防であり、疾病、障害などの発生を未然に防ぐ目的で行われる。通常、1次予防は、健康教育、感染症予防、環境の整備や汚染対策、食生活指導、適度な運動指導などを行う衛生学・公衆衛生学、保健学、栄養学等の学際的関係者が行う領域である。生活習慣病対策はその好個の戦略である。つぎにすでに罹患している傷病者の病状をそれ以上悪化させない

ための対策を2次予防といい、主に臨床の医療者が携わる領域である。また3次予防は、一定の治療後に残存する症状の回復をめざすリハビリテーションを主に指す。

以上、本章における予防医学の概念について触れたが、一般に広く予防として理解されているものが1次予防なのだ。そこで、この章では特に断りがないかぎり、予防医学は1次予防を指すことにする。(4)近年、生活習慣病対策やメタボリック・シンドローム政策を契機として、医療者の大多数が日常診療の場面で1次予防に携わるようになり、従来は（20世紀末までは）健康者・健常者とされた人々に予防的介入を行うようになってきた。

しかし、予防医学という観念のもつ意図や動機がいかに善なるものであったとしても、医学という名のもとに多くの人間（この場合、特に病者ではなく健康者）に介入する以上、予防医学やそれに類似する個々の医療技術（バイオテクノロジー）の理論的妥当性のみならず、現実にどれだけ予防効果があるかというエビデンス（論拠・証拠）が十分に確立されたものでなければならない。もし、そうしたエビデンスなしに、予防医学は善であるという動機だけで医療技術を行使するとしたら、それは治療実験ということになる。この場合、その実験性・不確定性を明言・明示した上で被験者の自発的同意（インフォームド・コンセント）を得ておかなければならない。

本章では、こうした生命倫理的およびEBM（根拠にもとづく医療）的観点から、新たな予防医学として実践を開始している「先制医療」に主に標準をあてその構造の分析と評価を行う。また並行して「生活習慣病」や「メタボリック・シンドローム」などの予防医学の事例にも言及する。今や人口に膾炙されている後二者の予防医学の先物取引的特性は「先制医療」に引き継がれていると想定されるためである。

2.「先制医療」と理論的脆弱性

この節では、いよいよ「先制医療（Preemptive Medicine）」の概念について述べ、その予防医学的特徴について言及する。もっとも「先制医療」の定義に関しては、まだ提唱者の側にも統一された明解な言明はないので、ここでは2名の研究者のブログと、最初のまとまったテキストである井村裕夫編著『日本の未来を拓く医療 治療医学から先制医療へ』(5)の記載内容・事例から「先制医療」の現実像を推定する。

まず、鶴見大学先制医療研究センター長の斉藤一郎は、(6)「先制医療」は「病気が発症することをあらかじめ高い精度で予測（Predictive diagnosis）し、あるいは正確な発症〔前〕診断（Precise medicine）を行うことで、病態・病因の発生やメカニズムに合わせて治療を講じ、発症を防止するか、遅らせるという、新しい医療のパラダイム」と述べている。

斉藤のブログからは、「先制医療」が1次予防の戦略であることはわかるが、その説明文はかなりあいまいな記述である。例えば、「病気が発症することを事前に高精度で予測するか、正確な発症診断を行う」としているが、高精度とは蓋然的という意味なのか、正確とは100%という意味か、いずれも判然としない。また、付記された英語も前者は「予測的診断」であり、後者は「正確な医学・医療」であり、日本語の説明との間に齟齬がある。ともかく、「先制医療」とは、将来発病することを予知させる何か確からしい根拠をもとに、病態発生の機序に対抗し病因を除去するために医療技術による介入を行い、発病を予防するか遅らせる（一時的に予防する）ことを目的とする戦略と解釈される。ここまでの文脈では、それがなぜ「新しい医療のパラダイム」なのかは理解できない。なぜなら、生活習慣病対策やメタボリック・シンドローム対策も同様の性格を帯びているからだ。
　また、科学技術振興機構（JST）研究開発戦略センター（CRDS）臨床医学ユニット・フェローの辻真博によれば、「先制医療（Preemptive medicine）」とは、発症前に高い精度で発症予測（Predictive diagnosis）あるいは正確な発症前診断（Precise medicine）を行い、病気の症状や重大な組織の障害が起こる前の適切な時期に治療的介入を実施して発症を防止するか遅らせるという新しい医療のパラダイムとする。そして従来の予防医学が、主に経験的事実を根拠として、生活習慣の改善など、すべての人を対象に展開されてきたのに対し、「先制医療」では病態・病因の発生や進行のメカニズムにあわせて予見的に介入する点が異なるとする。
　すなわち辻は、前半では斉藤同様に、「先制医療」の観念を述べ、従来の（1次の）予防医学（生活習慣病やメタボリック・シンドロームを指すと思われる）が経験的事実を根拠にすべての人々に〔同等に（筆者註）〕介入してきたのに対し、「先制医療」では、予見的に介入する点が「新しい医療のパラダイム」だとしている。ここでは、明示的に述べていないが、次の井村の叙述からは個々人の特性に合わせた個別化医療（後述）のことを指していると思われる。
　予防医学や「先制医療」の解説でしばしば用いられる「治療」という用語だが、混乱を避けるために、本章では、現に病気や怪我で苦しんでいる患者に対する対処行動（医療技術・手段の行使）に限定する。本章では、これを便宜上、「通常医療」と呼ぶ。予防のために介入することは、「予防的介入」ないしは「予見的介入」として区別し「治療」とは呼ばない。なお「先制医療」では、まだ病気ではないが、病気になる可能性が高い人に予防的介入が行使されるとする。そこで、齟齬を避けるために、健康者・健常者と傷病者・患者という従来の二項対立の中間に、「未病」者という第三項を設けておこう。日本未病研究学会によれば「未病」とは、健康状態だが著しく病気に近い状態を意味する。
　第3に『日本の未来を拓く医療 治療医学から先制医療へ』の編者である井村の「先制医療」についての説明を見ておこう。曰く「先制医療は個人の遺伝的特徴に注目し、まったく症状のない発症前に診断して治療介入しようという医療であ

る。従来の予防と異なって『個の医療』に立脚し、発症前診断をめざした『予測の医学』である」。そして井村ら提唱者は、「先制医療」がこれまでの予防医学とは以下の点で異なると強調する。すなわち、主に疫学・統計学を基礎として発展してきた従来の予防医学は、多数の臨床観察例から各疾患の危険因子を明らかにし、それを避けるか治療〔予見的介入（筆者註）〕することで発症の予防を試み一定の成果をあげてきた。しかし、それは集団の医学であり、個人個人にはその予測のあたりはずれは少なくなかった。一方、これからの予防医学である「先制医療」は個の医学であり、遺伝的特徴を指標にした個人に特化した医療になることが期待されるという。

　ちなみに、この遺伝的特徴というのは遺伝子検査だけでなく新たなゲノム情報、エピゲノム〔ゲノム以外の遺伝子情報（筆者註）〕、プロテオーム・バイオマーカー、メタボローム〔生物が持つすべての代謝産物（筆者註）〕、分子イメージング等々の極めて専門分化したバイオテクノロジーの成果にもとづくものを指している[10]。

　以上三者の見解をまとめると、「先制医療」とは、遺伝的特徴に依拠して発症前診断を行い、その予測（予見）によって未病の人に予見的介入を行う予防医学的体系である。また「先制医療」には「個の医療」という特徴があるという。

　これは昨今いわれる「個別化医療（Personalized medicine）」に相当するものといえる。南雲 明によれば[11]、個別化医療とは、患者の遺伝的背景・生理的状態・疾患の状態などを考慮して、患者個々に最適な治療法を設定する医療と定義される。個別化医療の目標は「治療の最適化」と「疾患の予防・予後予測」に大別される。前者は、個別の体質などを遺伝的情報や代謝産物などのミクロの材料を用いて予測し、より効果を高め、できるかぎり副作用は抑えることをめざす点で、通常の医療の強化をめざしている。後者には、疾患リスク予測による予防医学と未病対策の「先制医療」が含まれている。

　要するに、未病の人間を介入対象とする「先制医療」とは『予測の医学』であり『個の医学・医療』の一部の特質をもつという。井村や辻は、この点が従来の経験主義的な予防医学と異なるというが、これまでの彼ら提唱者の叙述だけからは異なるとはいい切れまい[12]。なぜなら、医学・医療というものは、元来経験主義的なシステムだからである。「先制医療」が依拠する「遺伝的特徴」も、家系といった疫学的観点や遺伝子の浸透率（遺伝し易さ。個人がもつ遺伝子の「異常」から実際に発病する率）といった数理統計学的な確率演算を基礎として見出される指標にほかならないからだ。

　しかも、ハンチントン病のように優性遺伝で浸透率100%のものは非常に少ない。そのため、遺伝子配列（ゲノム情報）だけで個々人の特異性を確実に予測することは難しい。「先制医療」も、また、遺伝的因子と環境的因子の相互作用の中から将来病気になるという性質（以下、「未病性」）を見出すほかはないのである。なお、井村らが「先制医療」の指標としてほかに挙げる「プロテオーム・バ

イオマーカー、メタボローム、分子イメージング」等々は、遺伝子による生成物なので（身体という内部環境内の）環境的因子のカテゴリーに含まれる。こうしてみると「先制医療」は、むしろ生活習慣病やメタボリック・シンドロームなどの近年の予防医学の特質を継承するものといえる。

「先制医療」が遺伝的特徴やそのほかの指標を用いて個別化医療の方針を主張する点が新しいことは確かだが、はたして、この一点だけで従来の予防医学より予測の確度が高まるように語るのは希望的観測にもとづいたものだ。しかし、もっと重要なことは、予測にもとづいた予見的介入はどれだけ成功するのか、すなわち未病の防御率はどれほどなのかについては、シミュレーションもなく（実際に「先制医療」は緒に就いたばかりでもあり）まったくの未知数であるといわざるを得ないことである。むろん、筆者は医療者の一員として予防医学は基本的に善的行為と捉えているが、医学理論を吟味する医学哲学やその効能を評価するEBMの立場からは、未病の防御率の予測もしないままに、「先制医療」が推進されることに一抹の不安をぬぐいきれない。その不安とは、「予測の医学」を「個人の医学」として進める際に遺伝子検査を含めた臨床検査が濫用・多用される危険性であり、現時点での予防医学の最流行としての生活習慣病（とメタボリック・シンドローム）政策の結果と同様に、当初の善なる目標である未病を防ぐこととは裏腹に、患者数が増加するという逆説的現象がさらに加速されるという恐れである。

3.「先制医療」と生活習慣病との関連

「先制医療」の現実像を見るために、本節ではまず井村編のテキスト『日本の未来を拓く医療 治療医学から先制医療へ』で掲げる事例をとりあげ吟味してみたい。

井村と辻らは「先制医療とは その概念と施策の現状」の章の中で、「先制医療」の候補疾患を複数挙げる。例えば、関連遺伝子が多く見つかっているアルツハイマー病がその候補だが、そのゲノム情報から発病の可能性が高い群の発症前診断が一定程度可能なってきているからだという。なお、その診断には疾患の進行の程度を示す指標となるバイオマーカーの開発も必要となるとしている。ほかの神経変性疾患としてはパーキンソン病や運動神経ニューロンの障害である筋委縮性側索硬化症（ALS：Amyotrophic Lateral Sclerosis）を挙げ、2型糖尿病も遺伝素因の関与が考えられるので「先制医療」の候補になりうるとする。さらに非感染性の慢性疾患も多くは遺伝素因と環境因子の相互作用によって発症するため、「先制医療」の対象となりうるとする。また骨粗鬆症も遺伝素因の解明次第で対象疾患になりうるという。さらに遺伝性のがんなどのリスクが高い人には前癌状態〔がん発生の危険性が有意に増加した一般的状態で異形成ともいう（筆者註）〕で診断し、薬物による発症の化学予防（chemoprevention）や手術〔予防的切除

を指す〔筆者註〕〕などの介入を行う「先制医療」も成立するという。化学予防は、乳がん以外にも、大腸がん、前立腺がん、食道がんなど種々の試みがあるとする。このように井村らは、「先制医療」の対象となる疾患は極めて多く、極言すればすべての慢性疾患が対象となりうるという。

同時に井村は「先制医療」として早急に臨床研究を推進していくべき疾患群に以下のような優先順位をつける。(15) 第1は「発症前に診断しないと治療〔介入（筆者註）〕の方法がないもの、または極めて困難なもの」の群で、先述のアルツハイマー病等の神経変性疾患や膵臓がん等が該当する。第2は「発症すると重篤な後遺症を残す疾患」群で、脳血管障害や心筋梗塞などである。骨折のリスクのある骨粗鬆症も入れるべきだとする。第3は、「発症時にすでに合併症を起こしている可能性がある疾患」群で、発症時にはある程度血管性病変が進行している可能性が高い2型糖尿病や、関節リウマチや1型糖尿病のような自己免疫疾患である。さらに今後、「先制医療」の対象とするか検討すべき疾患として統合失調症のような精神疾患を挙げている。

ところで第1節で、井村や辻は、「先制医療」は従来の経験にもとづく予防医学とは異なり、確度の高い発症前診断を行うという特徴を強調したが、テキストを読むかぎり、第1群から第3群に至る疾患群においては、依然、重要な「先制医療」の要素となる「確度の高い発症前診断」の確立が今後の研究待ちの状態のままである。さらに予防に結びつく介入法はその先である。筆者は、診断技術の研究価値を軽んじてはいないが、いかなる医療も、結局は、治癒をもたらす可能性が高い治療法が開発されて初めて意味があると考えている。「先制医療」も、予防医学の一つである以上、各疾患の予防にまで導く確度の高い介入法の確立にその価値を左右されることになろう。(16)

先述の、井村らのアルツハイマー病等の第1群「発症前に診断しないと治療〔介入（筆者註）〕の方法がないもの、または極めて困難なもの」に関していうと、発症前診断ができれば対処が可能かのような記述である。しかし、診断がついても予防をもたらす介入法は現代医療では数少ない。この部分は、おそらく発症前に診断がつけば、診断結果を知らないより何らかの早めの対処が可能になるだろうという希望的観測とみなすのが妥当であろう。

また鎌谷直之(17)も先制医療の拡大をめぐる危険性について次のように指摘する。「ゲノムを先制医療に用いる場合、単一遺伝子疾患では単純な論理が存在する。ゲノム上の変異で疾患の発症が予測できるので発症の予防法を考えればよい」として、フェニルケトン尿症を挙げ予防的治療が実行されていることを挙げている。ただし、その他の場合には複数の遺伝子と複数の環境要因が関与しており、予測は100%ではなく確率的であることを知る必要があるとし、さもないと「先制医療」はわが国では過剰医療をもたらす可能性すらあると指摘している。

以上から、井村らの「先制医療」の提唱者の関心は、まず早期に発症前診断を確立することのように見える。(18) 一方、予見的介入法の開発に関しては、彼ら提唱

者は、内科から外科までの多岐にわたる医療の各分野の治療の専門家と連携しながら模索しつつある状況にある。特に、アルツハイマー病、2型糖尿病、骨粗鬆症、および乳癌といった各種の生活習慣病やメタボリック・シンドロームに携わっている臨床医や医学研究者に「先制医療」の介入法の開発が委ねられているのが実情といえよう。いずれにしろ、「先制医療」という新たな予防医学の観念を喧伝することで、近未来では、発症前診断のような予測法が確立し、その過程で予見的介入法も開発され、現時点の予防医学よりも効率よく未病を予防できる時代が到来するであろうという期待が語られている。

4. 生活習慣病から見た予防医学のしくみ

これまで見てきたように「先制医療」は、本質的には、従来の予防医学（1次予防）と同質である。この節では歴史の浅い「先制医療」と違い、20年近く経過した生活習慣病を通して予防医学のしくみを検討し「先制医療」の分析の一助としたい。

a) 相関関係を因果関係とみなす裏命題の誤用・濫用

生活習慣病の定義は、厚生省（現・厚生労働省）によると伝聞体のごとくあいまいかつ多義的なものである。曰く、「生活習慣病とは、食習慣、運動習慣、休養、喫煙、飲酒等の生活習慣が、その発症・進行に関与する疾患群と定義することが適切であると考えられる[19]」と。どのような病気も、一生の間にかかるので、その人の生き方に関係ない病気はなく、ほぼすべての病気が「生活習慣病」となりうる命名法である。しかし、厚生省は「生活習慣」（食習慣、運動習慣、喫煙、飲酒という4つの生活習慣）との関連が明らかだとして「インスリン非依存糖尿病、肥満、高脂血症（家族性〔≒遺伝性（筆者註）〕のものを除く）、循環器病（先天性のものを除く）、大腸がん（家族性のものを除く）、歯周病、高血圧症、肺扁平上皮がん、慢性気管支炎、肺気腫、アルコール性肝疾患」等という恣意的な要素（疾患）からなる不整合な集合の例示にとどまる[20]。

この生活習慣病という観念では「先天性」、「家族性」という「遺伝」と関わるものを除いておくと、「生活習慣病」は後天性の疾患であり「4つの生活習慣」を改善することで予防できるというストーリーが完成するように見える。一方、H・L・ブルムによれば、健康に及ぼす要因は、「遺伝」、「行動」、「環境（自然的、人工的、社会文化的、教育、雇用」および「医療サービス（予防・治療・リハビリテーション）」と多元的である[21]。つまり、健康も病気もこうした多元的要因が作用しあうアンサンブルから生じるものだ。例えば、個人的生活習慣という行動にしても環境からの影響は排除できない。ところが生活習慣病では、遺伝と行動の2要因しか想定せず、しかも両者が相互作用するのではなく、遺伝要因を外せば、あとは個人の行動（特に生活習慣）だけをコントロールすればすむかのように単純化した設定にもとづいている。

また、「4つの生活習慣」が当該の「生活習慣病」に関わるという厚生省の説明は因果関係にもとづいているわけではない。それが2011年の厚生労働省のホームページ[22]には「個人が日常生活の中での適度な運動、バランスの取れた食生活、禁煙を実践することによって予防することができる」と因果関係があるかのように断定的に語られる。しかし、この強弁には論理上も誤謬がある。つまり、仮に「ある生活習慣A（例えば喫煙）」と「疾患B（例えば肺扁平上皮がん）」に因果関係がある（Aを行えば必ずBとなる）という命題が真だとしても、その命題の裏である「生活習慣Aを避ければ疾患Bにならない」という命題は真ではない。すなわち、生活習慣Aをしないことが疾患Bを予防するということは論理上確約されてはいない[23]。本章では、この誤謬の形式を「裏命題の誤用・濫用」と呼ぶことにする。

　事実、喫煙者のすべてが肺がんになるわけではないし、逆に（受動喫煙のない）禁煙者も肺がんになりうる[24]。厚生労働省としては、生活習慣Aをやめると疾患Bにならない可能性があるので生活習慣を改善することが望ましい程度にとどめておくのが論理的に正しく倫理的に嘘をいわずに済む「啓発」活動となるであろう[25]。

b）通常医療に擬態する予防医学

　生活習慣病対策の内実は、予防のための医療戦略であるが、一般大衆には既存の治療体系（通常医療）と見られやすい。それは、一つには20世紀後半以降、未病を「病気」に昇格させて、その「病気」を「治療」するといい習わすことによって、通常医療に擬態してきたからだ。例えば、20世紀前半には、高血圧は未病の状態を表す指標（症状）にすぎなかったが[26]、20世紀後半には「高血圧症」という病気にされた。

　この点について、佐藤純一によれば[27]、1960年代のある疫学調査の結果、病気の発症と統計的に有意な相関性がある要因として、喫煙、高血圧、コレステロール高値、糖尿病、肥満、ストレス、タイプA性格〔例えば、競争的・挑戦的・攻撃的なモーレツ社員（筆者註）〕、男性、加齢などの因子が抽出された。そこで、これらの要因を病気発症の危険因子（risk factor）と定め、「これらの危険因子を減少〔ないしは消滅（筆者註）〕させ、病気発症の確率を下げる」ことを治療目標とすることになった（この介入の戦略は、後述のハイ・リスク戦略につながる）。

　これらの危険因子の内で、実際に、排除することが可能とみなされたのは、高血圧、コレステロール高値、〈糖尿病〉であった[28]。また、この時点では、喫煙の排除は、個人相手には可能でも、社会的にはタバコ産業の利益や国家の税収の問題から困難とされ、また、喫煙を問題視すると工場や自動車による大気汚染の問題も顕在化するので後回しにされた。佐藤は、これらの「危険因子」は、あっても、それ自体は本人には何の症状もなく、臓器に何ら病的変化（構造的変化）も起こしていない状態であっても「危険因子」の名のもとに治療すべき「病気」にされていったと指摘する。こうして未病であったはずの状態が、20世紀のうちに

高脂血症や〈糖尿病〉という病気になった。厚生省は肥満もいつのまにか「病気」に格上げした。喫煙に関しても、すでに「禁煙外来」がニコチンバッジやニコチンガムによる「治療」を開始している。

　こうした医療化傾向は「未病の既病化」と呼ぶことができる。この既病化戦略が生活習慣病対策にとって好都合なのは、未病の段階（すなわち自覚症状がない健康状態）では薬を飲みたがらない一般大衆（特に高齢者）も、医師は、既病（すでに病気なのだ）と診断（ラベル）することによって通常医療のように薬を処方することがたやすくなることである。生活習慣病対策は、文字どおりには「生活習慣を改善することで病気を予防する」というコンセプトのはずである。しかし、『今日の治療薬』という臨床医向けの治療マニュアルは、生活習慣の改善を勧めても、高血圧では1〜3ヵ月以内に、高脂血症（脂質異常症）では3〜6ヵ月以内に、また、〈糖尿病〉〔高血糖（筆者註）〕では2〜3ヵ月程度以内に検査データが正常範囲内に改善しなければ薬物療法に切り替えるよう記載している。しかし、何十年も続けてきた生活習慣を3ヵ月から半年程度で変えるのは至難の業で、多くの人が薬を処方されるのは必至であろう。結局、生活習慣病対策は、実は、身体によいことだとして道徳的に受け入れやすい生活習慣改善を呼び水にした薬物療法推進の政策だともいえるのである。

c）　ハイ・リスク戦略とポピュレーション戦略は共存できるのか

　20世紀後半以降の予防医学の大方針は、最初の成人病対策における2次予防戦略から、90年代の生活習慣病対策以降、1次予防戦略に変更された。その後、さらに1次予防もハイ・リスク戦略（High Risk Strategy）からポピュレーション戦略（Population Strategy）に移りつつあるように見えるが、実際は両方が混在した形になっている。ポピュレーション戦略は、集団全体ないしは大多数の人口を介入対象とするものだ。

　厚生省は、1996年、40年来の成人病（脳卒中、がん、心臓病などの）対策を見直し、それに代わる生活習慣病を提唱した。佐藤によれば、こうした見直しは、「成人病」対策にもかかわらず「成人病」が増加し続けている点に加え、2次予防のスローガン「早期発見・早期治療」をめざして推進してきた「がん検診」のほとんどが統計的に「有効性」が証明されなかった事実による。しかも1次予防の中でも、手間隙と予算がかかる社会環境の改善や調整ではなく、個人の生活習慣のほうに介入する「生活習慣病」対策を選択することになった。

　それに連動して公衆衛生・医療行政的に登場してくるのが、ハイ・リスク戦略とポピュレーション戦略である。前者は検査で異常値が見つかったリスクの高い人を「未病患者（potential patient）」とラベルし、このグループに重点的に介入する戦略であり、後者は検査結果が正常でリスクが低いはずの人を含めた集団全体に介入するという戦略である。

　「生活習慣病」対策では、ハイ・リスクの状態から、「悪い生活習慣（危険因子）」を取り除けば「生活習慣病」が予防できるという前提に立つ。しかし、未病では、

基本的に自覚症状もなく本人は健康体と認識しているので、ハイ・リスクかどうかの指標はもっぱら他覚的（客観的）な検査値に依存するほかない。ちなみに、尿や血液の検査ではなく、画像診断で異常とされれば、そのほとんどが構造的変異（異常）の発見につながり、その瞬間に未病者から正式な患者へと昇格する。この画像診断のフラクタル化の問題は次節で吟味する。

　つまり、ハイ・リスク戦略の予見的介入は、薬物療法等を用いて未病者の異常な検査結果を何とか正常範囲（基準値）内に移動させようと試みる操作的方法である。そして未病とされた人の検査値が正常範囲内に移動し、一定期間そこに留まっていれば「治療（実は予見的介入）」は原則的に完了するはずだ。そこに至れば未病者は発症の危険性はなくなったと考えるだろう。一方、医療者は未病者のリスクが減った段階としか考えず、投薬を終了することはほぼない。その状態を維持するには薬の服用を続ける必要があると信じているからだ。こうして、生活習慣病対策で投薬が開始される一生服薬し続けるしくみになっている。有体にいえば、検査値が正常になっていれば生活習慣病（がん、脳卒中、心臓病）を発症しないという医学的根拠（説明モデル）は今のところ皆無である（論理上も保証されない点は先述のとおり）。その意味で、この慣習化した予見的介入は、医療人類学的にいうならば一種の信仰（信念体系）に支えられたメディカル・ファッション（医療の流行形態）にほかならないのである。

　一方、ポピュレーション戦略は、正常範囲内でも一定の発病リスクがあるのでハイ・リスクだけでなく集団全体に介入が必要だとする戦略である。実際の介入対象は、今のところ過半数以内に留まることが多いが、ポピュレーション（人口集団）全体が未病状態にあるという観念である。その理論的根拠を示すのが図1-1である。

　図1-1は、男性40-49歳の対象者36万1662人を6年間追跡したグラフ（MRFIT：Multiple Risk Factor Intervention Trial）で、「血清総コレステロール値と冠動脈疾患（≒心筋梗塞）死亡率」を表わす有名なグラフである。各棒グラフの上の数値（％）はコレステロール値で9個に分けた各下位グループでの冠動脈疾患〔心筋梗塞（筆者註）〕による死亡割合を示している。中央の右肩上がりの曲線グラフは、よく目にするものでハイ・リスク戦略を支持するデータである。つまり、右端のグレーの丸（コレステロール値約280 /dℓ）では、1000人中20人（2％）が死亡するが、左端の黒丸（152 /dℓ）では1000人中4人（0.4％）となるので、コレステロール値が低いほど死亡率が低下するという主張の材料となる。

　ところが、各棒グラフは、対象者をコレステロール値によって9群に分けたもので、当然中央の人数が多くなる。各棒グラフの上に書かれた％は各棒グラフのコレステロール値の下位集団の死亡率である。すると右端のハイ・リスク集団が8％なのに対し、中央値194 /dℓの棒グラフの下位集団では死亡率は17％（約2倍）になっている。このことは、正常範囲の中央値に近い方が人数も多く、その分死亡率も高くなることを示している。このことはすでにG・

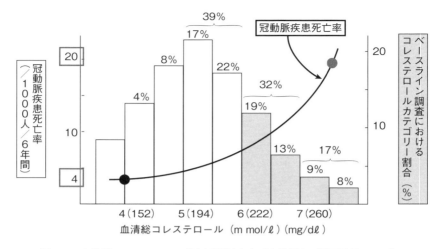

図1-1　血清総コレステロール値と冠動脈疾患〔心筋梗塞（村岡註）〕死亡率

ローズが日本での生活習慣病対策開始の4年前の1992年のテキストの中で「小さなリスクを背負った大多数の集団から発生する症例数は、大きなリスクを抱えた少数のハイ・リスク集団からの症例数よりも多い」と指摘していた[36]ところである。

したがって、ハイ・リスク戦略の限界を補うものとしてポピュレーション戦略が導入されることになる。日本でも、まだ全体に網をかけ全員を未病扱いするまでには至ってないが、高血圧対策のように70歳以上のポピュレーションの半数以上が「高血圧症」患者（あるいは未病者）とされ、投薬される事態が現実となっている〔（注30）参照〕。しかし、公衆衛生学の理論上、こうした検査値の正常化を図る操作的介入（ハイ・リスク戦略）の限界性が示されているにもかかわらず、臨床医学のレベルでは、「メタボリック・シンドローム（代謝異常症候群）」対策に見られるように、相も変わらずハイ・リスク戦略が踏襲されている。

メタボリック・シンドロームは、実質「生活習慣病」の変奏なので、当然、その診断基準は検査値が基準を満たすかどうかだけで決める操作的判断である。すなわち腹腔内の脂肪の蓄積（CT等で内臓脂肪量100平方cm以上〔10cm平方程度の脂肪は珍しいか？　腹囲と内臓脂肪は正比例するのか？　疑問あり（筆者註）[37]〕）に加え、{空腹時の高血糖（110mg/dℓ以上）、高血圧（最高血圧130mmHg以上、または最低血圧85mmHg以上）、脂質代謝異常（中性脂肪150mg/dℓ以上、またはHDLコレステロール40mg/dℓ未満）}の3項目中2項目に該当する者は、健康者でも未病者でもなく、すでに「メタボリック・シンドローム」という既病の患者とされて投薬される運命になる。

この判定基準は、いわゆる「正常値」を超えたらいきなり「異常」という、極端にハードルを下げた形で設定されている。従来、血糖値は110mg/dℓ以下が正

常、126mg/dℓ（以前は140mg/dℓとさらに緩やか）以上が〈糖尿病〉とされたし、高血圧も最高血圧140mmHg以上、または最低血圧90mmHg以上であった。例えば、最高血圧130mmHgで血圧が高いと診断するならば、疫学調査で有名な久山町のデータ(38)で試算すれば60〜80歳代のポピュレーションの70〜80％がメタボリック・シンドローム患者に該当することになる。

このように、「先制医療」の手本となるべき予防医学である生活習慣病ならびにメタボリック・シンドローム対策は、形式的にはハイ・リスク戦略を装いながら、徐々にポピュレーション戦略に変貌しつつあるようだ。したがって、生活習慣病の研究者が深く関与している「先制医療」でもこうした戦略が取られることは想像に難くない。

ところで、生活習慣病対策が勧めてきた高脂血症対策のように、多数の危険因子を多角的に捉えず、こうした一つの危険因子だけに拘泥される戦略が実は新たな問題を引き起こす危険性すら示唆されている。例えば、英国人医師J・ブリッファは、コレステロールを有害だとする際に使われる証拠の多くは疫学的ものだとして、有名な「フラミンガム研究」を再検討した(39)。実際、この研究では、50歳以上の人たちはコレステロール値が上がっても死亡リスクは上がらないことが明らかになっている（他に調べた10の研究からも高コレステロール値は心血管疾患〔≒心筋梗塞（筆者註）〕の危険因子でも死亡全般の危険因子でもない）とする。一方、この研究は、医学界がほとんど無視している別の興味深い結果を示しているという。すなわち「長期的にコレステロール値が下がった人では、心臓病による死亡リスクも全死亡リスクも実は上がっている」という結果である。この結果と整合する事実として「コレステロール値が低いと特にがんの死亡リスクが顕著に高い」と指摘する。それが事実だとすると、生活習慣病対策は、この20年余り、コレステロール低下薬まで動員してがんの死亡率を上げるべく努力してきたことになろう。

こうした誤謬は、疾病の要因を多角的に見る努力を怠ったことからくると考えられる。ちなみに、2009年のOECD諸国うちのいわゆる先進23ヵ国のデータ(40)では、虚血性心疾患〔≒心筋梗塞（筆者註）〕の死亡率は人口10万人あたり男が約40人、女が約20人でいずれも米国のほぼ4分の1で、最低である。一方、BMI＝30以上の国際基準にもとづく肥満比率は、男女とも最低で男約4％弱、女約3％強で、米国のおよそ10分の1である。また、2006年のWHOのデータでは、BMI＝18.5以下の痩せ過ぎ女性の比率は12％強で、GDPが同等の所得の高い国では異例の高さを示している（英国やスウェーデンの4倍、オーストラリアの6倍）。つまり、厚生労働省のコレステロール排除だけに固執した虚血性心疾患対策や肥満対策(41)は、外国（特に欧米）に比して必要性の順位は低いものであり、日本の実情を反映したものではない。生活習慣病から「先制医療」に至る予防医学は、EBMの見地からきちんとした日本の実情を反映したデータにもとづいて推進していくことが医学上も、医療倫理の面からも要請されるのである。

5. 「先制医療」の可能性・将来性について

　前節では、生活習慣病の分析を通じて「先制医療」に相通ずる予防医学のしくみについて見てきたが、それを踏まえ、おしまいに再び「先制医療」に戻り、その予防医学としての可能性・将来性について吟味する。特に介入の根拠となる予見的診断（いわゆる発症前診断）と、それによる予見的介入の効果判定の方法論についてである。

5.1　過剰診断——発症前診断のフラクタル化

　先述のように「先制医療」では、従来の予防医学同様、未病の人が予見的介入の対象となる。それは、ポピュレーション戦略からは理想的だが、いきなり健康者・健常者に予見的介入を行う大義名分はないので、ハイ・リスクの人を探し出す戦略を採る。具体的には、遺伝子検査やバイオマーカー（生体の状態の指標となるタンパク質）により将来病気になる確率が「高い」場合はもちろん、穿った見方では、少しでも確率があれば未病者（potential patient）とラベルされる可能性がある。このように確率にもとづく予防医学の病因論は、確率論的病因論と呼ばれ、急性感染症から慢性疾患へと疾病構造が変化してからは、成人病→生活習慣病→メタボリック・シンドローム→「先制医療」と引き継がれてきている[43]。

　ちなみに、生活習慣病やメタボリック・シンドロームでは除外した遺伝的要因を「先制医療」では個別化医療とするために採用している。つまり、生活習慣病対策では、かりそめにも生活習慣を改善する個人の行動努力という非薬物的予防手段が組み込まれていたのだが、「先制医療」では未病者となれば直ちに薬物的ないしは外科的な予見的介入が行われることを示唆している。また、バイオマーカーといったミクロのレベルの指標は、やがて起こるマクロの構造的変化の先駆けとみなされ、やはり同様に予見的介入の正当化の大義名分となるであろう。こうした未病の予見的発見の証拠がますますミクロで不可視的になり人間（未病の当事者）がもつ生来の五感で認知できないものになっていくことも「先制医療」に対する懸念材料となっている。

　『過剰診断』の著者である医師のH・G・ウェルチら[44]は、ある異常所見が本当にある症状の原因かどうかを判断するのは実に難しいとして、次のような事例を挙げている。フラミンガム研究で有名な米国マサチューセッツ州フラミンガムで脳卒中と診断されたことのない住民2000人以上の脳のMRI検査の結果、10％以上に脳卒中の所見が見つかったし、また、別のある自由診療のクリニックがまったく症状のない1000人以上にCT検査を行ったところ、その86％に最低1ヵ所（平均2.8ヵ所）の異常所見が発見された。こうして画像診断の精度が上がると、症状と結びつくような深刻なものではない、より多くの微細な所見まで異常と過剰診断される傾向になっている。そして彼らは、フラクタル幾何学の観点を用いるな[45]

らば、この傾向がうまく説明できるとしている。例えば、イギリスの周囲では島はいくつあるかという単純な問いでも、島の数はそれを示す地図が細かくなればなるほど増えるが、その一方で、解像度が増して以前は見えなかったたくさんの島が見えるほど島の平均的サイズは小さくなる。この場合の島をがんに譬えれば、最初、原発巣だけで転移がないとされたがんの塊も、検査の精度を上げると小さな転移巣が見つかったり、あるいは、偶然、小さな原発巣が見つかったりすることであり、さらには、がんの疑いの根拠となる腫瘍マーカーも、こうしたフラクタル現象の一面といえるのである。こうした診断の精度向上による微細・多量化の傾向を、本章では、診断のフラクタル化と呼ぶ。

　このことは「先制医療」における予見的発症前診断にもつながる。血液検査が主体であった生活習慣病では個人の識別能力は低かったが、個別化医療では薬に対する感受性の違いなど個人の識別能力は高まる見込みである。しかし、その個人差は、ほかの人たち（の平均）とは異なる違い（変異）という意味なので、その個人差のうち、どの変異が正常でどの変異が異常であるかをどのようにして区別するのであろうか。従来は、平均値からの逸脱が異常であったのだから、多くの変異が異常と過剰診断されて予見的介入を受ける危険性は否定できない。

　さらに、未病の人には、「先制医療」においても、「将来病気になる確率が高い」という予見・診断を告げられることにより、心理的社会的葛藤に陥る危険性がある。例えば、藤原康弘と清水千佳子[46]によれば、遺伝性乳がん・卵巣がん症候群（HBOC）を軸とした発症前診断後に予防的切除という予見的介入を行う場合、未病者は「検査のストレス」、「検査結果への不安」、「予防的手術とその後遺症への不安」、「子孫や血縁者の心理的・社会的・医学的不安への不安」、「家族・友人や社会からの偏見への不安」等々の問題に遭遇する危険性もある。HBOCのような「先制医療」にとって医療者や一般市民への啓発、遺伝子変異による差別に関する法的整備、遺伝カウンセリングの拡充や整備などが必要だとしている。

5.2　予防医学（1次予防）の効果判定はアポリア（難題）

　最後に「先制医療」の効用の評価が難しい点にふれておこう。既病である患者の治療の評価と異なり、予防医学では、予防の効果をどう評価するかの方法はEBMの見地からはまだ確定されていないといえよう。通常の医療では、現実に痛みや苦悩を抱えた患者への介入である存在なので、治療の前後で実際に痛みなどの症状がどのくらい変化したか（減少か、不変か、増悪か）を判断して評価する。それは、患者も医療者も実感として捉えることができるし、数理統計的に算出することも容易である。

　一方、「先制医療」での予見的介入では、未病の人であっても通常は健常者として行動しているので、先述のように自覚的な症状の変化は期待できないし、また介入成功の指標ともなりがたい。そのため、「先制医療」では、あらかじめ独自に介入の評価方法・評価基準を示しておく必要がある。そして、新薬を決める

臨床試験と同様に、未病者としている被験者に試験的に「予見的介入のRCT研究」を行い、EBMの観点からも、各々の未病ごとに試験的介入が有効だったかを評価し、確度の高い予見的介入方法だけを「先制医療」として推奨すべきである。少なくとも、GCPの立場からは「先制医療」の提唱者はこうしたプロセスを踏んでから、喧伝活動に入るべきだといえよう。だが、こうした動きが鈍いのは予防医学の効果判定が次に述べるように非常に困難であることに起因する。

つまり、予見的介入の結果は、介入後、（A）発病した場合と（B）発病しなかった場合とに分かれる。後者の場合、1次予防の特性として介入が成功であったかどうかの判別が難しい。場合分けすると、次のようになる。

（A）発病した場合：
予防できなかったことで、介入の失敗・無効はただちに明らかとなる。
（B）発病しなかった場合：

予見的介入の成果なのか、単に自然経過で、あるいは自己治癒力で発病しなかったかの判別は不能といえよう。具体的には、介入後、いつの時点で発症なしと判定できるのかが問題となる。例えば、がんの場合、介入後5年や10年で恣意的に判定することは可能だが、6年目や11年目にがんが発症する可能性は否定できないので、5年や10年といった期限付き効果判定の意義は小さい。少なくともこの予見的介入をもって「先制医療」の方法として有効だとするならば、強弁というものである。

では、介入後、未病者が死ぬまで発病しなかった場合はどうか（むろん、この場合の発病なしの判定は、病理解剖して未発見のがんも皆無であることを証明する必要があるが）。解釈は二つある。一つは、予見的介入が功をなした場合、もう一つは、単に自然過程としてがんにならなかっただけのこと。したがって、後者の自然過程を否定しえないかぎり、死ぬまでがんにならなかったとしても予見的介入が効いたと判定することはできない。そうするならば、それは因果関係を取り違えた、いわゆる「3た」論法（「薬を飲んだ。症状が治まった。だから薬は効いた」と時系列だけで判断すること(47)）の誤謬に陥ることになる。今後、「先制医療」の公正な評価のためには、何らかの新たな指標を用いた予見的介入の長期間の後になされる効果判定法の開発が求められるところである(48)。

また、「先制医療」の先駆的介入法の有力候補として、目下、一部で臨床的に行われている「がんのワクチン療法」（HPV〔ヒト・パピローマ・ウイルス〕ワクチン）や「がんの予防的切除術」（乳がん家系の未病者の予防乳房的切除術など）を見ておこう。「先制医療」では未病者とラベルされてはいるが、実質、健康体に介入するのであるから、通常医療のようにメリット（治癒）とデメリット（副作用・副反応）をはかりにかけて、デメリットよりもメリットが大きいから適用できるといった甘い判断は正当化できまい。「先制医療」ではデメリットは皆無に近い（あっても短期間で消失し、後遺症とならない軽症の）ことが要請されなくてはならない。本章では、この生命倫理（医療倫理）的規範を「予防医学にお

ける無危害原則」と呼ぶことにする。

　さて「子宮頸がん予防ワクチン」と称されるHPVワクチンによる介入は、これまでHANS症候群と集約されつつある重篤な副作用（遷延する認知症や運動障害など）を少なからず生じてきた点で、この無危害原則に違反しており予見的介入方法としては失格といわざるをえない。また、この介入は年齢的に性交未経験者と目される小学校6年生から高校1年生の女子を対象とした。一見、ハイ・リスク戦略に見えるが、実態は不特定全数を介入対象としたポピュレーション戦略である。

　つまり、個別的にHPVに感染しやすいと予見される未病者ですらない（個別化医療ではない）。しかも、理論も脆弱で「メタボリックドミノ倒し（註（41）参照）」よろしく「性交→HPV持続感染→子宮頸部の異形成→前がん病変→子宮頸がん発症」という、いわばHPVドミノ倒し理論（≒風が吹けば桶屋がもうかる式論理の決定論）である。HPVに感染しても症状はないし、HPV感染はほとんど数年で自然治癒（自然免疫を獲得）するので大多数がHPVワクチンを打つ意味がない。実際、公衆衛生学者で内科医の浜六郎は、HPVワクチンに子宮頸がんを減らす科学的証拠はない。仮に提唱者のいうとおり100％ことが運んだとしても、330人に1人の子宮頸がん死亡率を600人から800人に1人に減らせるという目算に過ぎない（実際、提唱側自体が、HPVワクチン接種後も、必ず2年に1度は子宮がん検診を受けるように推奨している）。一方、害については、ワクチン製造会社の臨床試験の分析からは、HPVワクチンを打たれた30人に1人が慢性疾患になり、100人に1人が自己免疫疾患になり、800人に1人が死亡することが判明したという。

　次に、「先制医療」の候補として乳がんの予防的切除術にふれておこう。ちなみにほかにも卵巣、腎臓、胆嚢、脾臓などのように全部摘出したり、子宮、肝臓、肺、消化管、大脳、小脳などのように部分摘出したりしても生存に重大な影響を与えない臓器は多い。また、皮膚、筋肉、骨格などのように、ほとんどの組織も技術的に摘出可能である。近い将来「先制医療」でがん未病状態と診断された人が予防的切除術を受けるようになる可能性は決して低くはないだろう。

　ある米女優の記者会見で知名度が上がった予防的乳房・卵巣摘出手術だが、近藤　誠によれば、両側乳房を切除しても乳がん発生部位の乳腺は皮下脂肪組織にも及んでおり、残存組織の壊死を防ぐためその部分の切除が禁忌なので結局は、予防切除しても乳がん発生率は０％にはならない（米女優では5％という）。しかも肝心の乳がんによる死亡リスクが減らせるかどうかは不明だという。一つには、術後の予後調査期間が短いこと〔一次予防の効果判定のアポリア（筆者註）〕であり、もう一つは、がんの原理的な限界によるものだ。すなわち、乳がん、肺がんなどの固形がんでは、転移がごく初期（初発病巣が1mm以下、多くは0.1mm以下）の段階で生じており、乳がん患者は、肺・肝臓・脳などの臓器への転移がもとで亡くなるので、予防的乳房切除をしたときにはすでに転移したあとで「手

遅れ」の危険性も否定できないからだという。

　この際には、転移しそうな臓器も一緒に切除しておかねばならぬということになろう。こうしてみると、予防的切除術も前途多難であり「先制医療」の代表例とは認定しがたい予見的介入法といえよう。

6.「先制医療」への期待と宿題

　以上、現時点で予防医学の最高段階に至った「先制医療」の定義および概念、予防医学との関連、「先制医療」の等身大の姿について生命倫理的およびEBM（根拠にもとづく医療）的観点からつぶさに眺めてきた。こうした観点を踏まえ、最後に、「先制医療」の論理的構造と倫理的課題についてまとめておきたい。

　（1）「先制医療」は予防医学であり、「健康の先物取引」の一形態である。「病気を未然に防ぐ」という善なる目的から、未病の者（健康な段階の人間）に予見的介入を行うバイオテクノロジーを駆使した医療形態の延長線上に位置する戦略である。すなわち、「先制医療」は、成人病→生活習慣病→メタボリック・シンドローム→と引き継がれてきた予防医学の最高段階である。

　（2）「先制医療」でも、元来の予防医学でも、健康な段階の人間を未病状態と判断し介入することを、しばしば「病気」を「診断」し「患者」を「治療する」などと、あたかも通常医療であるかのように表現する。このすり替え（通常医療への擬態）が、生活習慣病対策から「先制医療」に至るまでの予防医学の予見的介入を一般大衆に（もしかしたら推進の医療研究者自身も）既存の公式な「治療」であるかのような錯覚を与えている。両者が峻別され事実関係が明示されることを期待する。

　（3）「先制医療」は、未病の予見として遺伝的特徴等の発症前診断を行い、予見的介入を合理化するが、その際に、臨床検査が濫用・多用される危険性がある。特に、検査値や画像診断を駆使した操作的基準だけで「未病」と判断していると、診断器具の精度の向上によって発症前診断のフラクタル化が起こり過剰診断に傾く。その結果、未病者を救うという、当初の善なる目標とは裏腹に「患者数」が増加するという逆説的現象となる。「先制医療」は、それをきちんと回避することを期待する。

　（4）「先制医療」が、生活習慣病やメタボリック・シンドロームの対策という予防医学の次のようなからくり、すなわち、疫学的データから得られた相関関係を因果関係とみなす裏命題の誤用・濫用、二律背反のハイ・リスク戦略とポピュレーション戦略の両刀使い、を踏襲しないことを期待する。

　（5）「先制医療」を喧伝し推進する提唱者は、予防医学（1次予防）の効果判定のアポリアを解決すべく、新たな効果判定方法を開発することを期待する。そして、自らの推奨する予見的介入の臨床試験を積み重ね、EBM的に介入効果が確認できたものだけを「先制医療」として推奨することを期待する。

(6)「先制医療」は、通常医療と異なり、実質、健康体に介入するのであるから、副作用・副反応・後遺症などのデメリットは皆無に近いことが要請される。この生命倫理的規範である「予防医学における無危害原則」を遵守することを期待する。

　以上、「先制医療」に対する最小限の期待を表明した。これさえクリアすれば「先制医療」は予防医学の理想的な最高形態となりうるであろう。

【註】
（1）「先制医療」という用語を筆者が知ったのは、5年前の国際バイオテクノロジー会議兼展覧会で配布されていたパンフレット上にであった。この展覧会兼会議は毎年5月に東京ビッグサイトで開催され2015年で14回目になる（主催：リード エグジビション ジャパン）。その参加者は、遺伝子や再生医療などバイオテクノロジーの医学者・研究者以外にも、薬剤開発に携わる製薬会社、医療機器メーカーあるいは厚生労働省などの行政官など多領域にわたる。医療産業において産学官が協同する形態は、1980年代の遺伝子テクノロジー医療の推進のころに萌芽があるといえよう〔バイオ・科学者たちの夢と不安（2） バイオがビジネスになる」NHK、1994年7月放映〕。それまでは、こうした産学協同は、利益相反等の関係から倫理上問題視されてきたと思うが、今日では研究・開発資金のことも含め、こうした協同はなし崩し的に不可避的な形態とみなされてきている。しかし、学会発表や論文誌上で散見される企業から研究資金を受けている研究者の「利益相反はない」と主張や自己申告を額面どおり問題なしとすることには異議があろう。なお「先制医療」は本章ではまだ人口に膾炙された用語ではないので「 」つきで記載する。

（2）本邦では一般に医学という学問体系を社会的臨床的に応用したものが「医療」とされている。「医学・医療」という表現は、その総体を指している。ちなみに英語圏ではいずれもmedicineとなる。同様にModern medicineを邦訳すると「近代医学」、「現代医療」、「近代医療」あるいは「現代医学」となる〔村岡 潔「現代医療とヘルスケア」、小野寺伸夫他著『看護学入門5巻 保健医療福祉のしくみ 看護と法律』（第5版）、メヂカルフレンド社、2014年、2-12頁、参照〕。

（3）髙島 豊編著『実践予防医学 理論と実際』診断と治療社、2003年、5-7頁。下線は引用者（村岡）。

（4）ちなみに、予防医学の実践者には、発病してしまった患者に対処する従来の「治療の医学」よりも予防医学のほうをどこか価値が高いとみなす傾向もある。例えば、日本における地域医療の先駆者であり、その著『村で病気とたたかう』（岩波新書）でも知られる医師、若月俊一は、治療医学と対比しながら予防医学の重要性について「予防は治療にまさる」とする。すなわち、今までの医療は治療が中心であったが「病気を重くしないようにする、病気を早く発見する。さらに進んで病気にならないように「予防」することはもっと重大である」と〔若月俊一『若月俊一対話集 第2集 予防は治療にまさる』旬報社、2010年、67-73頁〕。なお、「病気を重くしないようにする、病気を早く発見する」というのは、二次予防を指す。よくいわれる「早期発見、早期治療」も二次予防のスローガンであり、一次予防の戦略である生活習慣病対策のスローガンとはいえない。

（5）井村裕夫全体編集『日本の未来を拓く医療 治療医学から先制医療へ』診断と治療社、2012年、14頁。井村によると「治療医学」とは、発症後に診断し治療する「現代の医学の中心」部分を指す。井村、辻らによれば、米国における「先制医療」への挑戦の発端は、NIH（米国立衛生研究所）の長官であった医師E・A・ゼルホウニが、2006年に21世紀の医療について言及したことにある。彼は、人々の生産活動可能な期間を延ばし、疾病の負荷を軽減することができるかどうかは、「疾病への先制攻撃や、症状が現れる前あるいは通常の身体機能が失われる前の段階での科学の介入次第である」とし、このpreemptive medicine〔先制医療〕と

いう考え方を数年間強調した〔井村裕夫編著、前掲書（5）、36頁〕。
（6）斉藤一郎；「About Preemptive Medicine先制医療とは」
　　http://ccs.tsurumi-u.ac.jp/preemptivemedicine/basicinformation.html
　　（アクセス日：2013年8月3日）
（7）辻 真博；第13回「医療のパラダイムシフト〜先制医療〜」
　　http://scienceportal.jp/reports/strategy/1006.html
　　（掲載日：2010年6月25日；アクセス日：2013年8月3日）
（8）日本未病研究学会のホームページ（http://www.mibyou.or.jp/about/）によると、未病とは、中国語由来の東洋医学の文言で、書き下すと「未ダ病ニナラザル」となる。したがって、病気ではないことになるが、「未ダ」という点には病気を予期している意味が内在している。そこで当学会では、未病とは「健康状態の範囲であるが病気に著しく近い身体又は心の状態」と定義する。なお、「未病」という言葉を使うと、「病」の字に引きずられて「未病を治療する」といういい方をする者がいるが、本章では、それは誤用とみなす。あたかも病気が実在するかのような幻覚にもとづいているからである。
（9）井村裕夫、前掲書（5）、14-15頁。
（10）井村裕夫、前掲書（5）、18-46頁、48-96頁。
（11）南雲 明「薬物治療における個別化医療の現状と展望 基礎研究の進展が医薬品開発に与えるインパクト」医薬産業政策研究所リサーチペーパー・シリーズ、No.56、2013年、1頁。http://www.jpma.or.jp/opir/research/paper_56.pdf
　　一般的に、日本では「オーダーメイド医療」、「テーラーメイド医療」、欧米では「Personalized Medicine」、「Individualized Medicine」などと呼ばれる。
（12）井村は、「集団」と「個人」を「先制医療」では区別できるという楽観的立場を述べている。確かに、臨床では外来の風景を見れば、一般に患者個人々に医師が個別に対応しているように見えるが、実際、その「個人」は、没個性的で単子論的な存在であり、集団を構成する元としての個人に他ならない。例えば、患者個人に付与される検査結果の意味づけは、ある集団の分布上のどこに位置するかから導かれる。その集団の分布上に恣意的に線引きされた点（カット・オフ・ポイント）以内なら正常、以外なら異常という具合に。なお、厳密にいうならば、統計的に集団の分布に個人をあてはめるとき、位置を決められる個人（元）は、その集団に含まれていなければならない（例えば、東京のある受験生の集団を試験して得られた平均と標準偏差を使って、同じテストだからとして京都の受験生に行って得られた得点からその偏差値を計算するようなものである）。したがって、今の臨床医学がやっている検査値の解釈には、「同じ人間だから、きっとあてはまるはずだ」という安直な外挿による対比という曖昧さが付きまとう。これに対して、井村らは、遺伝子検査や個人に特徴的な微生成物を指標とすることで個人識別が可能だという前提にたっている。しかし、本文中でも指摘したように、この個人識別もまた集団のデータから経験的に抽出されるものなので、現代医学において集団の特質から独立した個人という想定は理論的には不可能である。一方、漢方では、それが通常可能である。なぜなら、漢方では、個々人の診断、すなわち「証」は、たとえ、現代医学から観たら同じ「糖尿病」と診断される患者も、それぞれ別個の証となるので、漢方は元祖「個別化医療」の体系といえる。他方、「先制医療」の個別化医療では、遺伝子の組み合わせの異常が同等であれば、同一の未病群（集団）として同一の予見的介入を受けることになるはずだからである。
（13）村岡 潔「『生活習慣病』の正体を探る なぜ生活習慣が病気の元にされたのか」、井上芳保編著『健康不安と過剰医療の時代 医療化社会の正体を問う』長崎出版、2012年、67-94頁。
（14）井村裕夫編著、前掲書（5）、21-23頁。
（15）井村裕夫編著、前掲書（5）、24-25頁。
（16）もっとも近代医学・現代医療では、漢方などの代替医療の多くと異なり、診断からただちに治療法（対処法）が導き出されるとはかぎらない。一般的には、単一遺伝子病のように診断がついても治癒をもたらす確実な治療法のない疾患がかなり多い。したがって、診断がつ

いても確実な治療法がないのは現代医療では常態ともいえよう。ちなみに確実な治療法としたのは、治療法とは単に対処法という意味にほかならず必ずしも治癒を保証するとはかぎらないからである。例えば、がん治療はがんに対処することであり、必ずしもがんの治癒を約束するものではない。

(17) 鎌谷直之「ゲノム情報 その先制医療への展望」、井村裕夫編著、前掲書（5）、48-55頁。
(18) 井村裕夫編著、前掲書（5）、118-162頁。
(19) 厚生省「生活習慣に着目した疾病対策の基本的方向性について（意見具申）」1996年、http://www1.mhlw.go.jp/shingi/1217-1.html （アクセス日：2011年8月19日）
(20) この恣意的なカテゴリーは、M・フーコーが『言葉と物』の序にあるボルヘスのテクストに「シナのある百科事典」に出てくる次の分類を彷彿とさせる。すなわち「動物は次のごとく分けられる。(a) 皇帝に属するもの、(b) 香の匂いを放つもの、(c) 飼いならされたもの、(d) 乳呑み豚、(e) 人魚、(f) お話に出てくるもの、(g) 放し飼いの犬、(h) この分類自体に含まれているもの、(i) 気違いのように騒ぐもの、(j) 算えきれぬもの、(k) 駱駝の毛のごとく細い毛筆で書かれたもの、(l) そのほか、(m) いましがた壺をこわしたもの、(n) とおくから蠅のように見えるもの」。フーコーは、この分類法での異質な思考法のエキゾチシズムは我々の思考の限界と不可能性を指し示しており、整合的な空間を持たぬこの表タブローは西欧から見たユートピアの響きをもつ神話的祖国シナという《空間》の特権的《場所》を示しているとする。〔M・フーコー（渡辺一民、佐々木明訳）『言葉と物 人文科学の考古学』新潮社、1974年、13-23頁〕こと医学・医療における分類表の多くがこうした非整合的なエキゾチシズムを帯びていることを念頭に置くとき、このフーコーの一文の「西欧」は「我々患者の世界」に、また「シナ」は「医学・医療」に置き換えてみるのがよいと思われる。
(21) 中川米造『環境医学への道』日本評論社、1984年、21-25頁。
(22) 厚生労働省（2011年）曰く「生活習慣病は、今や健康長寿の最大の阻害要因となるだけでなく、国民医療費にも大きな影響を与えています。その多くは、不健全な生活の積み重ねによって内臓脂肪型肥満となり、これが原因となって引き起こされるものですが、これは個人が日常生活の中での適度な運動、バランスの取れた食生活、禁煙を実践することによって予防することができる」。http://www.mhlw.go.jp/bunya/kenkou/seikatsu/（アクセス：2011年8月30日）
(23) 厚労省・健康日本21（がん）のホームページでは、日本人のコホート研究で、喫煙量と肺がんリスクとの間に明瞭な量反応関係がある〔因果関係ではない（筆者註）〕としているが、山口らの1992年の推計によると〔予防的介入が行われるとして（筆者註）〕2010年に男女の喫煙率が半減した場合、74歳までの肺がんによる累積死亡確率は、男性では2010年には依然増加傾向を示すが、2020年の段階では若干の減少が実現できる計算であった。ただし、女性については2020年までに累積死亡確率の増加を抑えることはできない。つまり、2010年までに喫煙率を半減できた場合でも、肺がん死亡率を大きな減少に導くことは困難であり、その効果が現れるまでには数十年を要すると考えられたと記述している。しかしながら、こうした消極的シミュレーションがありながら、どういう勝算があって1996年に生活習慣病対策という介入を開始したのか、疑問が残るところである。http://www1.mhlw.go.jp/topics/kenko21_11/b9.html（アクセス日：2015年7月20日）
(24) 一般に、肺がんの内、およそ半数を占める腺がんは喫煙しない女性に多く、生活習慣病に指定された喫煙の影響を受ける扁平上皮がんは肺がんの30%を占めるともいう。http://www.gccrafts.com/（アクセス日：2015年7月20日）
(25) 医学の修辞法（レトリック）には、よくこの手（裏の命題の拡大解釈）が使われる。例えば、ある人が、生活習慣をよく守っていたのに「生活習慣病」にかかってしまったとすると、医療者は居直り的に「生活習慣の守り方が不適切」だったと判断する。また、運動不足解消が目的の水泳、ジョギング、あるいはウォーキングの後で体重が減れば適度な運動とされるのに、それらの最中に心臓発作でも起こすと「過剰な運動だった」と判定する。こうして、命題「適切な生活習慣は生活習慣病を予防する」は常に真であることがゆるぎないものに

る（これは論理上、強弁ないしはトリックだが）。
(26) 1970年代後半頃までは、病因論の立場からは高血圧はそれ自体が疾病ではなく、腎臓病などの基礎疾患を探すべき診断の要素（症状）であった。また1930年代までは、それは身体の必要上（essential；「必須の」と訳すべきところ邦訳では「本態性」とされた（筆者註））高い状態なので下げてはならないとされていた〔J・H・コムロー（諏訪邦夫訳）『医学を変えた発見の物語』中外医学社、1984年、254-255頁〕。
(27) 佐藤純一「生活習慣病」、（佐藤純一、他編著）『先端医療の社会学』世界思想社、2010年、105-108頁。
(28) ちなみに血糖値が200mg/dl未満では大多数の被験者の尿糖は陰性であり、本来なら「高血糖症」と呼ぶべきである。本章では、以下〈糖尿病〉と〈　〉付きで引用する場合は、便宜上〈未病としての高血糖症〉という意味である。さもないと、現在のように「糖尿病」をコントロールして「糖尿病」を予防するというような矛盾した説明がまかり通ることになる。
(29) 浦部昌夫他編『今日の治療薬2011』南江堂、2011年、554-556、365、332-335頁
(30) わが国での特定健診・特定保健指導に関する統計では、介入（保健指導あり）群と対象（保健指導なし）群とでは、検査結果（体重、BMI、腹囲、血圧、中性脂肪、糖代謝：HBA1C（糖化ヘモグロビン量）に有意差はなかった。これは保健指導しても1年程度の短期間ではデータは変えられないことを示唆する〔日本臨牀『メタボリック・シンドローム（第2版）』「日本臨牀」第69巻増刊、日本臨牀社、2011年、6、737-741、26-31頁〕。

　米国でも約80%の高齢者が慢性疾患のために処方薬を服用し65歳以上の高齢者の処方が全処方の30%を占めている〔ベイツ診察法：L・S・ビックリー＆P・G・スヂラギ『ベイツ診察法』（福井次矢・井部俊子監修）メディカル・サイエンス・インターナショナル、2008年、852-853頁〕が、日本では複数処方が多いので薬消費量はさらに多いといえよう。ちなみに、自活している高齢者十数名に対する筆者の聞き取りでは、全員が6から10種類の投薬を受けていた（が、何のためにクスリを飲んでいるかを明確に語れる消費者はいなかった）。厚生労働省の調査では、70歳以上の国民の約50%が降圧剤を服用しているという〔厚生労働省：2010「平成19年国民健康・栄養調査報告」178頁、http://www.mhlw.go.jp/bunya/kenkou/eiyou09/01.html（アクセス：2011年8月30日）〕。
(31) こうした仕掛けについて、例えばR・モイニハンとA・カッセルズは次のように指摘する。すなわち世界的な巨大製薬会社の販売促進戦略の下では、健康な人々がターゲットに据えられ、病気の「リスク」があるだけで立派な「病気」にされてしまう状況にある。米国内のクスリの消費が他の国より急激に伸びた理由は、クスリの値段の急騰だけでなく、医師たちが率先してそうしたクスリを処方するようになったことも大きい。そして、製薬関連の広告スペシャリストも製薬会社の指導の下、医療専門家と協力し合って髪が薄くなったりしわが増えたり性生活が衰えたりするような「自然な過程」を医学的介入に値する「病気」に仕立てる役割を果たしている。実際、コレステロール低下薬の売上げはこの10年間で急増したが、それは「コレステロール値が高い」と定義される人数が天文学的に増えたからだとし、一晩で薬物治療の対象となる患者数が3倍に膨れ上がったこともあるという。さらに2001年にNIH米国国立衛生研究所のコレステロール公式ガイドラインの改訂版を作成した委員14名の内、委員長を含む5人はスタチン（コレステロール低下薬）のメーカーと金銭的につながりがあった。2004年の再改訂では、生活習慣を変えることの重要性の強調とともに、4000万人以上の米国人が薬による恩恵を受けられると推奨したように、利益相反はさらに悪化していると指摘している〔R・モイニハン、A・カッセルズ（古川奈々子訳）『怖くて飲めない！薬を売るために病気はつくられる』ヴィレッジブックス、2006年、13-35頁〕。こうした医療経済と研究倫理に関わる利益相反の問題の議論は本章では割愛するが、製薬会社や薬局店と同様に、医療も決してボランティアではなく営業行為であり資本の論理に従うことは無視できない現実である。
(32) 佐藤純一、前掲書(27)、110-116頁。
(33) EBMの観点から見れば「リスク」という言葉の意味は、ある人に「特定の疾患・症状（イ

ベント）が発生する確率（危険度、イベント発生率、罹患率とも）」をいう。「発病（イベント発生）・疾患進展のリスクを高める要因・特徴・条件」を危険因子（リスクファクター）と呼ぶ。また「現在の疾患の予後を予測する所見や合併症」を「予後因子」というが、危険因子や予後因子は「アウトカム（帰結）」と必ずしも因果関係はない。つまり、危険因子や予後因子を治療・是正しても疾患のアウトカムが改善されるとはかぎらないし、それによる副作用も考慮しなければならない〔能登 洋『やさしいエビデンスの読み方・使い方 臨床統計学からEBMの真実を読む』南江堂、2010年、54-55、90-92、80-81頁〕。

（34）村岡 潔「メディカル・ファッション」、医療人類学研究会編『文化現象としての医療』メディカ出版、1992年、214-217頁。

（35）（図1）MRFIT（Multiple Risk Factor Intervention trial, Martin et al. 1986,Serum cholesterol blood pressure and mortality : implications from a cohort of 361,662 men. Lancet ii, 933-6）；G・ローズ（曽田研二、田中平三監訳）『予防医学のストラテジー』（原題：The Strategy of Preventive Medicine, 1992）医学書院、1998年、26頁より改編。

（36）G・ローズ、前掲書35）、24-27頁。

（37）『メタボリック・シンドローム（第2版）』「日本臨牀」第69巻増刊、日本臨牀社、2011年、6、26-31頁。

（38）綜合臨牀『正常値・異常値』「綜合臨牀」第27巻増刊、1978年、1-2、8-9、29-34頁。

（39）J・ブリッファ（太田直子訳）『やせたければ脂肪をたくさんとりなさい ダイエットにまつわる20の落とし穴』朝日新聞出版、2014年、113-119頁。

（40）本川 裕『統計データはおもしろい！』技術評論社、2010年、14-21、206-209頁。

（41）「メタボリック・シンドローム」は「メタボリックドミノ」という仮説にもとづいている。それは、「悪い生活習慣」＝＞「内臓肥満」＝＞「高血圧、高血糖、脂質異常」＝＞「虚血性心疾患、脳血管障害、糖尿病等」＝＞「心不全、認知症、失明、下肢切断、人工透析等々」と、こうした「悪夢の出来事」がドミノ倒しのように次々に起こって最後は死亡などの大変な結果になるという説明モデルである〔日本臨牀『メタボリック・シンドローム（第2版）』、前掲書37）、737-741、26-31頁〕。これは肥満がドミノの始まりだから肥満を抑えれば解決とする単純化したモデル（裏命題の濫用による誤謬）であり、一般市民には、いったん生活習慣を乱して肥満が起こると最後に悲惨な結果になるという運命論的なイメージを与えるものだ。しかし、人体にはホメオスターシス（恒常性）が保障する体力・治癒力が働いて身体の不都合を常時修復しているので、ほとんどがこうしたドミノ倒しで病気へと進むわけではない。

（42）確率論的病因論の骨子は、「病気は様々な危険因子の複合的作用で発症する」ことと「これらの危険因子を減らすことで病気になる確率が減少する」ことから成り立っている〔佐藤純一「生活習慣病」、佐藤純一・土屋貴志・黒田浩一郎編『先端医療の社会学』世界思想社、2010年、105-108頁〕。つまり、危険因子に介入すれば病気になる確率が0になる（予防できる）ことを確約しているわけではないことに注意。

（43）「先制医療」と生活習慣病やメタボリック・シンドロームは、臨床上、重なる部分も大きい。それはいずれも確率論的病因論にもとづいたリスクの医学に包摂されるものだからである〔村岡潔「『先制医療』における特定病因論と確率論的病因論の役割」、佛教大学保健医療技術学部論集、第8号、2014年、37-45頁〕。

（44）H・G・ウェルチ、R・M・シュワルツ、S・ウォロシン（北澤京子訳）『過剰診断 健康診断があなたを病気にする』筑摩書房、2014年、68-81頁。

（45）繰り返し細部を拡大しても同様の複雑さを保つ図形の幾何学用語。特に一部を抜き出すと全体と似た形になる（自己相似性）。（http://mcm-www.jwu.ac.jp/~physm/buturi01/fra01/fractal.htmlより）

（46）藤原康弘、清水千佳子「乳がん」、井村裕夫編著、前掲書（2）、151-162頁。

（47）ちなみに「3た」論法というのは、時系列で事象Aの後に事象Bが起こった時、AをBの原因とみなす論法だが、それだけではAはBの原因であるとする証明にならない〔村岡潔「相関と因果（1）「3た」論法をめぐって」、佛教大学保健医療技術学部論集、第9号、2015年、

13-22頁〕。世間話などで散見する論法。具体例としては「呪術師が雨乞いの祈りをささげたら雨が降った。だから雨乞いの祈りは効いた」といった判断をいう。この場合、雨乞いは、通常、雨が降るまで続けられるはず。

（48）むろん、人口集団のほとんどがかかることが既知の疾患や、疾患の自然過程が既知の場合には、判別の可能性はあろう。ちなみに、インフルエンザワクチンの「効果判定」は、大概、ワクチン接種群の発病率と非接種群の発病率の差の検定で行うようだ。しかし、これも終生ワクチンではないことと、単に毎年3月ごろにインフルエンザ流行の終息宣言の後で半年から1年余りの短期間に区切って統計をとるので「効果判定」が操作的に可能になっているに過ぎない。元・公衆衛生院疫学部感染症室長・母里啓子によれば、インフルエンザワクチンが感染を防がないことが判明した以降「しかし、重症化を防ぐ」という喧伝がなされているが、その根拠となるデータは統計的解析にたる有意なデータではないと指摘している〔母里啓子『もうワクチンはやめなさい 予防接種を打つ前に知っておきたい33の真実』双葉社、2014年、116-121頁〕。

（49）群馬県保険医協会のHPでは、東京医科大学医学総合研究所長・一般社団法人日本線維筋痛症学会理事長の西岡久寿樹医師の報告「Human Papillomavirus（HPV）ワクチン接種後発症するHPVワクチン関連神経免疫異常症候群（HANS：ハンス症候群）の病因と病態を探る」等HPVワクチン介入に関する特集が掲載されている。（http://gunma-hoken-i.com/policy/4954.html）

（50）子宮頸がんに関する性行動の人類学的研究から、Aタイプ、Bタイプ、Cタイプの社会類型があるという。Aは男女ともすこぶる禁欲的であり、Bは女だけが禁欲的、男は不特定多数と、Cでは、男女とも一生に複数のパートナーと性交渉する社会である。この場合、子宮頸がんの発生率は、Aが最低で、Bが最高であった〔Helman,C.G.,Culture Health and Illness（Fourth Edition）, Butterworth-Heinemann,2000, pp.225-226〕。このように人類学的にはHPV感染には男子のほうが深く関わっているともいえるが、日本ではなぜか対象は女に限定された。

（51）浜 六郎「HPVワクチン」、医薬ビジランスセンター編『くすりの害にあうということ』医薬ビジランスセンター、2014年、183-197頁。

（52）近藤 誠『これでもがん治療をつづけますか』文藝春秋、2014年、80-86頁。

（53）通常医療への擬態は、医療化の戦略とも通底する。「治療かエンハンスメントか」の論争であっても、エンハンスメントを通常医療に擬態化させること（例えば、「願望実現化医療」）によって問題を解決（消滅）することが可能になる。フラクタル化された脳ドックでは、MRIで発見した非破裂状態の脳動脈瘤が、いずれ破裂してくも膜下出血を起こすとして（その確率が1％程度であっても）予防的介入（その事故率は破裂率よりも高い場合でも）を行う。この場合の未病者（人間ドックでは「お客様」）なのだが、この微細な構造変化の発見（異常）によって、呼び名はただちに患者へと変化させられる。この方がその後の処置がスムーズに運ぶのである。

第 2 章
新しい健康概念と医療観の転換

松田　純

　医療の目標は、病気の治療を通じて、最終的には健康を回復・維持することと考えられているため、健康をどう捉えるかは、医療のあり方や、医療政策、医学研究の方向を大きく左右する。世界保健機関（WHO）は、健康を「単に疾患がないとか虚弱でない状態ではなく、身体的・心理的・社会的に完全に良い状態（a state of complete physical, mental and social well-being and not merely the absence of disease or infirmity）」と定義している。この「完全に良好な状態」という健康定義は、過剰医療や医療化を助長するであろう（これらについては**序章**の**2.4**と**3.3**や**第1章**を見よ）。

　同時に、この定義は過少医療をもたらす可能性もある。「医学的に無益」で「患者にとって害のある過剰治療（harmful overtreatment）」だから治療を中止し、「尊厳死」へ導いた方がよいという考えがそれである。こうした議論の前提にもWHOの健康定義がある。「身体的・心理的・社会的に完全に良い状態」が「健康」であり、ここに復帰させるのが医療の使命だとすれば、患者が治癒困難となったとき、その医療は「無益」と捉えられることになるからだ。

　治すことができない病人には手を出さないというのが、かつての医師の規範であった。治らない病気による苦痛は、長い間、無視され放置されてきた。こうした対応は、病気を治すのが医療、すなわち「完全に良好な状態＝健康」に復帰させるのが医療だという理解からきている。かかる理解から、医療が果たすべきことを果たしていない「過少医療」が生じる。

　がん対策基本法で、「疼痛等の緩和を目的とする医療が早期から適切に行われるようにすること」（第16条）が謳われ、疼痛緩和の取り組みが広がってきた。しかしいまでも、がんの疼痛に苦しむ患者に適切な緩和措置がなされていないケースがある。あるいは、疼痛緩和は取り組まれていても、まだ多くの医療者が、「緩和」を、「積極的な治療」をとことん行った上で、そのかいがなくなった後の、いわば「敗戦処理」のように受けとめている。

　WHOの健康定義は1948年に定められた。この定義は当時、広範な広がりを持つ野心的なものと評価されたが、その後、たえず批判にさらされてきた。1998年に改定が提案されたが、WHO総会での採択が見送られ、現在に至るまで70年近くにわたって改定されていない。これが策定されたのは、西洋近代医学が感染症に対して圧倒的な勝利をおさめつつあった時代である。ところが今日では、新し

いタイプの感染症の脅威はあるものの、医学の主要な対象が、治癒が困難な難病や慢性疾患や加齢に伴う機能低下などになってきた。オランダの女性医師フーバー（Machteld Huber）らの国際的な研究グループは、「高齢化や疾病傾向が変化している現代において、WHOの定義は望ましくない結果を生む可能性すらある」として、新たな健康概念の開拓に取り組んできた。その成果として、社会的・身体的・感情的問題に直面したときに、困難な状況に適応し、なんとかやりくりし、対処する能力という新しい健康概念を提起した[2]。

本章では、まずWHOの健康定義の問題性を過剰医療と過少医療の両面から検討する（1）。次にフーバーらの新しい健康概念の意義を（2）、その理論的背景から考察する（3）。次に具体例として、難病者へのロボットスーツHAL®（以下、登録商標マーク®を省く）を用いたトレーニングと、HALの医療機器としての承認をめざす治験を取り上げ、その倫理的意義を新しい健康概念に照らして検討する（4）。最後に、困難な状態から復元する力が脳・神経の可塑性からくること、この可塑性ゆえに、人間の本質がたえず開かれていることを論じる（5）[3]。

1．WHOの健康定義の弊害

フーバーらはWHOの健康定義をこう批判する。

> WHOの定義に対する批判の多くは、「完全」という言葉の絶対性に関するものである。第一の問題は、この「完全」という言葉が、意図せずして、**社会の医療化を助長**していく点である。完全なる健康を求めた場合、「われわれの大多数が多くの時を不健康でいることになる」。それゆえ、医療技術や製薬業界が専門家も含めて**疾患を定義し直して、医療システムの範囲を拡大する**ことにつながっている。新たなスクリーニング検査技術は、疾患につながらないような症状についても異常と判断するし、製薬会社は、以前であれば問題とされないような症状に対しても、薬剤を製造する。また、血圧、脂質量、血糖値などを理由に**治療介入される閾値が以前よりも低くなっている**。身体的に完全に良い状態であることが強調され続けた場合、恩恵を受ける人がたった1人にすぎないようなスクリーニング検査や高価な医療を受診する資格を、大きな集団に対して与えてしまう。その結果、医療への依存度と医療リスクを高めることとなる（強調は引用者。以下同様）。

「疾患を定義し直して、医療システムの範囲を拡大する」現象については**第1章**で詳細に論じられている。また、別の論文でも村岡は「人間、生きている以上、死ぬリスクがある[4]」として、歯止めなき医療化の進展を批判している。

最近では、『精神疾患の診断と統計マニュアル』の第5版（DSM-5、2014年）による疾患範囲の大幅な拡大に対して危機感が広がっている。DSMの最新改訂

によって、「誰もが病気だと思いこませようとする」拡大がなされ、副作用の強い向精神薬を処方されることになるとアレン・フランセス（Allen J. Frances、1942〜）は警告を発している。フランセスはDSM-4の作成委員長を務めた精神医学者である。すでに第一線を退いていたが、DSM-5による精神疾患の大インフレに危機感を感じて、これを批判する書 *Saving Normal : An Insider's Revolt Against Out-of-Control Psychiatric Diagnosis, DSM-5, Big Pharma, and the Medicalization of Ordinary Life*, 2013（邦訳『〈正常〉を救え——精神医学を混乱させるDSM-5への警告』2013年）を著した。例えば、小児のかんしゃくや持続的・反復的な不機嫌に対して「破壊的気分調節不全障害（Disruptive Mood Dysregulation Disorder：DMDD）」という舌を噛みそうな病名をつけられ、小児にはとりわけ危険な副作用のある向精神薬が処方されるおそれがあるという。本来は投薬の必要がない患者までもが薬漬けにされる危険がある。精神科診断において、医療化のインフレ傾向がすでにあるのに、DSM-5はそれを「ハイパーインフレに変えかねない」と危機感をあらわにしている[5]。

　医療化が歯止めなく進み、医療への依存を強め、飲む必要のない薬を処方し、医療によるリスク（医原病のリスク）を高めている。こうした弊害の根底に「身体的・心理的・社会的に完全に良い状態」という理想概念があるといえるであろう。

　病気になってから呼び出される治療型医療ではなく、先取り的に介入して病気を未然に防ぐ先制医療（**第1章**を見よ）、パーソナルゲノムにもとづく予測医療[6]、病気にかからない「完全な身体」をめざす人体改造[7]、これらの傾向に対して、治療と治療を超えるエンハンスメントを区別して線引きしようとしても、うまくいかない。両者を明確に区分するのは困難である（**第4章**を見よ）。健康を「完全に良い状態」とした場合、通常以上の「完全」をめざす措置も健康目的のなかに入るため、通常治療以上のエンハンスメント（増進的介入）に対する歯止めもなくなるからである。

　疾患範囲の拡大、医療化、過剰治療、エンハンスメントなどの現象とWHOの健康定義との関係はわかりやすいであろう。ところが、この健康定義からは、それと対極にあるように見える「過少医療」も導かれる。健康を「完全な良い状態」と定義し、健康を回復させるのが医療と捉えると、「完全な良い状態」を取り戻せない医療措置は「延命措置」と理解される。近年、緩和ケアが重要だという認識は広まったが、治癒をめざす医療が功を奏さなくなったとき、積極的な治療を断念して緩和ケアに移行するという理解がまだ蔓延している。つまり、死へのソフトランディングを支援するのが緩和ケアだという誤解である。現場では、「治療から緩和へのギア・チェンジ」とも称されている。ここにもWHOの健康定義の影響がある。生命倫理学者の多くも、苦痛を長引かせるだけの「延命措置」を患者に早めに諦めさせ、「安楽な死」を保障することが倫理的だと考えている。かかる考えから、「延命措置」の中止を合法化しようとする「尊厳死法案」が準

備され、上程の機会をうかがっている。[8]

治癒が困難な病気がテーマになると、WHOの健康定義はいっそう有害になる。フーバーらはこう述べる。

> 人口統計と疾患の特性が1948年当初から大幅に変化している。1948年頃は急性疾患が主な病気であり、慢性疾患は早期の死亡をもたらしていた。その時代においては、WHOの定義は意味のある展開を示していた。その後、栄養面や衛生面の改善等の健康対策や、より強力な治療介入が進んだことにより、疾患パターンは変化した。慢性疾患を抱えたまま生存する人が増えている。……
>
> 慢性疾患をかかえながら高齢化することが一般的になり、慢性疾患への対応が医療保険制度における最大の出費となって、制度の持続可能性を圧迫している。こうした状況においては、**WHOの定義は慢性疾患者や障がい者を病気と決めつけているため、望ましくない結果が生じている**。WHOの定義は、**人生のなかで絶えず変化する身体的・感情的・社会的課題に自律的に対応する人間の能力や、慢性疾患や障がいを持っていながらも満足感や幸福感を抱く人間の能力を抑え込んでしまうことになる**。

慢性疾患や難治性疾患、加齢に伴う機能低下などが医療の主な対象となったいま、WHOの健康定義は妥当性を欠き、ますます有害な影響をもたらしているという指摘である。

2. 健康の新たな定式化が求められる

いまや有害となったWHOの健康定義をこれ以上放置できないとして、フーバーらは、国際会議で検討を重ねた。その成果として、「社会的・身体的・感情的問題に直面したときに適応しなんとかやりくりする能力（the ability to adapt and self manage in the face of social, physical, and emotional challenges）」という健康の新たな定式化を打ち出した。self manageを自己管理ではなく、「なんとかやりくりする」と訳したい。「自己管理」というと、自立・自律的な強い自己をイメージさせるからだ。実際は、重篤な病気になれば、誰もが動揺し気落ちする。そうしたなかでも、状況に**適応（adapt）**し、なんとか**対処（cope）**し、**やりくり（self manage）**していくしなやかさをフーバーらは示唆している。この一見たよりない表現の意味を十分にくみ取ることが、理解のポイントになる。強い自律的な自己を前提とせず、医療職や対人援助職や家族や患者どうしの支援に支えられながらも、なんとか苦境に対処しようとする**しなやかさ**が必要であると理解したい。

WHOの定義が静的な理想状態を表わしているのに対して、適応や対処、やり

くりという動的なものになっている点に、この定式の特徴がある。フーバーらは次のように言いかえてもいる。

> 具体的には、復元力（resilience）、すなわち〈問題に対処し、その人の統合性とバランスと健やか感（sense of wellbeing）を維持したり回復したりする包容力（capacity）〉に基づいた動的な定式である。

復元力（レジリアンス）がここでのキーワードである。resilienceはラテン語のresilire（跳ね返る）に由来する語で、変形された物体が持つ復元力のエネルギー、弾力、弾性といった物理学の用語であった。近年、精神医学や臨床心理学の分野で、逆境を跳ねのけて乗り越える力の意味で用いられるようになった。八木剛平はこれを「疾病抵抗力」と訳し、「病を防ぎ、病を治す心身の働き」と定義し、自発的治癒力、自然治癒力の発現と捉える。ただし、加齢とともに身体的な復元力は衰えていくので、復元力は精神的な面を中心に考えたほうがよいであろう。

動的に対処する（cope）能力という健康観への転換は医療全般の捉え方を大きく変える可能性すらはらんでいる。この新概念について、その理論的背景をふまえて、さらに理解を深めてみよう。

3. 新しい健康概念の理論的背景

3.1 健康と病気との連続性

WHOの健康定義は「完全な」健康状態を目標に掲げたが、これは健康と病気を明確に分ける西洋近代医学の枠組みである。しかし「完全な」健康状態というのは考えにくい。健康と病気との間には広い中間地帯があり、多くの人は「まあまあ健康」「やや体調が悪い」といったところを生きている。実は西洋の古代から中世までの医学は、〈健康でも病気でもない中間地帯〉をはっきりと見据えていた。近代医学によってこの中間地帯が排除された。

イスラエルの医療社会学者アーロン・アントノフスキー（Aaron Antonovsky, 1923～1994）は、近代医学のなかで見失われたものを再び取り戻そうとした。アントノフスキーは健康と病気とを峻別するのではなく、ひとは「健康と健康破綻を両極とする連続体」の上にいると捉える。現代の医学は疾病に研究の主眼を置き、なぜひとは病気になるのかを説明する病因論を理論的基礎としている。これに対してアントノフスキーは、健康と健康破綻の連続線上で、健康という望ましい極へと移動させるものは何かを探究すべきだとした。そこで、「健康生成論（salutogenesis）」を提唱しこれを、西洋医学の狭い疾患モデルから生物・心理社会モデルへのパラダイム転換と意味づけた。これはその後の健康増進論の理論的基礎となった。

WHOの第1回ヘルスプロモーション国際会議（1986年）で、「健康促進（ヘル

スプロモーション）に関するオタワ憲章」が採択された。このなかにも健康生成論が流れ込んでいる。さらに、2005年の「国際化社会におけるヘルスプロモーションのためのバンコク憲章」では、次のように捉えられた。

　　ヘルスプロモーションとは、人々が自らの健康とその健康決定要因をコントロールする能力を高め、それによって自らの健康を改善できるようになる**過程**（the process of enabling people to increase control over their health and its determinants, and thereby improve their health）である。

　フーバーらの新しい定式化はこの流れを引き継いでいる。ヘルスプロモーションという語は「健康増進」とも訳され（2003年施行の健康増進法）、健康に関する自己責任論やパターナリスリックな医療化にも利用されるが、健康を動的に捉えている点で、同じWHOの健康定義の「事実上の修正」とも見ることができる。[13]

3.2　首尾一貫性感覚（sense of coherence：SOC）

　アントノフスキーは、健康と健康破綻を両極とする連続体上で、健康という望ましい極へ移動させる主要な決定要因として、「首尾一貫性感覚（SOC）」をあげている。それは、その人に浸みわたったダイナミックで持続可能な確信の感覚である。その確信には、人生で遭遇するさまざまなストレッサー（ストレス要因）に対して、事態を的確に把握し、その刺激を自身の統御のもとで、有意義に処理できるという感覚である。
　　把握可能感（comprehensibility）
　　処理可能感（manageability）
　　有意味感（meaningfulness）
の3つが核をなす。首尾一貫性感覚を持てる人は、ストレッサーに絶え間なく出会いながらも、自己コントロールを失うことなく、事態を処理していける柔軟性をもつ。
　「首尾一貫性感覚」というと強靭な自己をイメージさせる。しかし、self manageを自己管理ではなく「なんとかやりくりする」と訳した理由を説明したように、その人自身の理解力・判断力を発揮できるように支援することが求められるであろう。例えば、困難な病気に直面した患者に対して、治療やケアをめぐる意思決定を支援することも緩和ケアの重要な課題となる（次頁参照）。
　フーバーらはアントノフスキーのSOCを参照しつつ、「問題に対処し、その人の統合性とバランスと健やか感（sense of wellbeing）を維持したり回復したりする包容力（capacity）」すなわち復元力（resilience）にもとづいた、健康の「動的な定式」を提案している。新しい健康概念はこうした健康生成論にもとづいている。[14]

3.3　ナラティヴによる意味の再構成と緩和ケア

　では、そのような復元力(レジリアンス)はどこから生まれるのであろうか？　それはナラティヴ（物語り）による意味の再構成から生まれる。例えば、重大な病気が判明したときには、誰もが動揺する。病気や加齢によって心身が衰え、これまでどおりの生活ができなくなったりした場合、今後の人生について、さらには、自分の人生全体を振り返り、その意味と目標についても深く考えるようになる。それは、ナラティヴによる意味の再構成の営みとなる。[15] 新しい健康概念は、苦悩する病者のナラティヴによる意味の再構成と、それに寄り添うケアを理論的に基礎づけるものとなろう。この支援は緩和ケアの一部でもある。現に国立長寿医療センターでは、意思決定支援をも緩和ケアの内容に含め、患者本人あるいは患者および家族とともに、過去 – 現在 – 未来にわたる患者の物語り（ナラティヴ）を共有しようとする姿勢から、患者に意識障害があっても、本人の思いに寄り添い、自律的な意思決定の支援に取り組んでいる。[16]

　ここでひとつのエピソードを紹介しよう。山田健弘さん（特定非営利活動法人静岡難病ケア市民ネットワーク事務局）はALS（筋萎縮性側索硬化症）との診断告知を受け、悩んでいた時に、鎌田竹司さん（日本ALS宮城県支部・元支部長）とのメール交換のなかで、自分よりも症状が進行しすでに人工呼吸器を装着している鎌田さんからこういわれたという。

　　　（あなたから見て）重篤な患者に見えるかもしれませんが、僕はいたって元気ですよ。

　山田さんはこの言葉を聞いて、「目に映るものだけがすべてだった自分に、内面的なQOLを教えてくれた。私を変えた言葉だった」と語っている。鎌田さんは2003年5月25日に逝去されたが、このメールはその2ヵ月前のことだった。
　筋萎縮性側索硬化症という病気だけれども、「僕は元気だ」。つまり、難病を患ってはいるが、健康だといっている。病気と健康を二分して、健康を完全な良い状態と捉える健康定義からは不合理な表現である。しかし、この言葉は、鎌田さん自身が物語りを書きかえた結果、生じた言葉であろう。そして、その言葉を聞いて「私を変えた言葉だった」と語った山田さんにも、物語りの書きかえが生じたのである。「病気を患ってはいるが、健康だ」という言葉は、フーバーらの新しい健康概念を理解する上で示唆的である。[17]

3.4　概念的枠組みとしての「健康」

　フーバーらは、「この新たな**定式（formulation）**」を、WHOの健康定義（WHO definition of Health）に代わる新たな「定義（definition）」と呼ぶべきか否かを問題にした。なぜなら、「定義というものは境界の設定と厳密な意味づけに到達しようとする試みを含むもの」であるため、取り上げる対象を確定し、対象を固

定化するとともに、それ以外の対象を無視し、重要な現象に目を閉ざさせることで、さまざまな弊害をももたらすからだ。例えば、健康診断の結果の説明時に、検査項目ごとの基準値が示されることで、これら数値の総体で示される「健康」なるものが実体として客観的に存在するかのように人々は受けとめてしまう。その意味での定義に照らして、病気か健康かを区別できるという発想になる。こうした弊害を顧慮して、フーバーらは、自らの新たな**定式（formulation）**を健康の定義（definition）とは呼ばず、健康についての「概念もしくは概念的枠組み（a concept or conceptual framework）」だとする。その際、シンボリック相互作用論の社会学者ブルーマー（Herbert George Blumer, 1900～1987）の名をあげている。ブルーマーは、人々の相互行為（interaction）のなかから対象の意味が形成され、その意味が定義や概念として人々の世界を構成するという「構成概念」の形成と働きを解明した。ブルーマーは「概念構成力（conception）を通して、対象は新しい関係において知覚される」とも述べている。フーバーらは、自分たちの新たな定式を、この意味での概念として受けとってほしいと言っている。

ブルーマーは操作的な概念（operational definition）や操作手続き（operational procedure）には批判的であった。操作手続きとは、例えば健康の調査で、検査項目のそれぞれの基準値を定め、その数値に照らして健康か不健康かを評価する手法などである。フーバーらは、健康概念をめぐる操作的手続きの弊害を十分理解しながらも、操作的な定義（operational definitions）も測定目的のようなものとして、実生活において必要だと考え、新しい健康概念を身体的健康、精神的健康、社会的健康の3つの面から特徴づける。

身体的健康について、こう説明している。

> 健康な生命体は「アロスタシス（allostasis 動的適応能）」（環境変化においても生理的恒常性を維持すること）が可能である。身体的ストレスに直面した時、健康な生命体は防御反応（protective response）を示し、損傷を減少させ、（ストレスに適応した）均衡を維持すること（restore an (adapted) equilibrium）ができる。もしこの**身体的な対処戦略**（physiological coping strategy）がうまくいかない場合には、ダメージが残り、結果として病い（illness）につながる。

この記述は先のレジリアンス概念をふまえれば、理解しやすいであろう。

次に、**精神的健康**では、アントノフスキーの「首尾一貫性感覚（SOC）」を引いて、こう述べる。

> 自己を変化させなんとかやりくりする能力を高めること（A strengthened capability to adapt and to manage yourself）が、主観的な満足（subjective wellbeing）を改善し、心と身体の良い相互作用（a positive interaction

between mind and body）につながる。

社会的健康では、「病気があってもある程度自立して自らの生活をやりくりする力、労働等の社会的活動に参画する能力」などをあげ、こう述べている。

> 病い（illness）にじょうずに適応することによって、労働し、あるいは社会的活動に参画し、制約されながらも健康であると感じることができる。……病気への対処法を学び生活をより良くマネジメントすることを学んだ患者は健康状態についての自己評価を高め、苦痛と疲労の度合いが減り、活力が向上し、社会活動において障がいや制約を感じることが減少したという報告がある。……もし人が対処法をうまく習得することができたなら、（加齢に伴う）機能低下はQOL感をけっして強く低下させるものではなくなる。

就労を含む「社会参画」は、復元力（レジリアンス）としての健康の重要な要素となる。社会参画によって「健康状態についての自己評価を高める」ことができるならば、たとえ身体機能が低下しても、それはQOLの低下に直結しない場合もある。

日本では2014年に、「難病の患者に対する医療等に関する法律」が初めて制定され、難病者に対する就労の支援に関する施策が基本方針の事項に明確に位置づけられた。こうした施策を正当化するものは、新たな健康概念でなければならない。なぜなら、「完全な良い状態」を健康と定義するならば、そうでない人はすべて「病人」であり、まずは療養に専念すべしとなるからだ。このように健康をどう理解するかは、個別の医療に影響を与えるだけではなく、医療政策全般、医学研究政策にも影響する。

4．HALによる改善効果と健康概念

次に、具体例として医療における最新のサイボーグ技術の活用をとりあげ、その現状と展望のなかで、新しい健康概念の意義を考えてみる。

HALは山海嘉之教授が開発した装着型ロボットである。HALは皮膚表面の筋電位から装着者の動作意図を読み取って、その動きをサポートするしくみを持つ。類似のロボットスーツが世界各国で開発されているが、このしくみはHALのみの技術である。装着者の意図にもとづくサイバニック随意制御（Cybernic Voluntary Control）、HAL自身の自律制御によるロボティック自律制御（Robotic Autonomous Control）、この2つを混在させることで、装着者の動作をアシストする。このハイブリッド・コントロール技術がHALのベースとなる先進テクノロジーであり、HAL（**H**ybrid **A**ssistive **L**imb）の名称の由来である。日本では福祉機器として認められ、HAL福祉用約400体が各地の病院などにリースされ、リハビリテーション科などで用いられている（2015年4月現在）。さらにスウェーデ

ン、デンマーク、ドイツでも導入されている。

　これを脊髄損傷患者や神経・筋難病者などの治療に積極的に活用するために医療機器としての承認をめざす動きが始まった。まずドイツで、ボーフム大学付属ベルクマンスハイル労災病院のトーマス・シルトハウアー教授・医長が、脊髄損傷による対麻痺患者などを対象にHALの世界初の治験を2012年に開始した。この治験結果が評価され、2013年8月、ロボットスーツHALが欧州における医療機器の認証、「CEマーク0197」を取得した。欧州は、EUとして共通の欧州医療機器指令をもっている。ドイツで行われた治験であっても、その結果が評価されれば、EEA（欧州経済領域。EUと、スイス、リヒテンシュタインを除く欧州自由貿易連合［EFTA］加盟の17ヵ国）で医療機器として展開できる。HALは日本で生まれた優れた発明品であるが、まず欧州で初めて医療機器として承認されたのである。

　承認後、ドイツでは、HALを利用した機能改善治療に対して、ドイツ法的損害保険（DGUV労災保険）の適用が認められた。HALを用いた1回の機能改善治療の診療報酬は500ユーロ（約65,000円）であるが、この全額が損害保険によってカバーされる。週5回、3ヵ月、計60回の機能改善治療には3万ユーロ（約390万円）かかるが、当該治療が損害保険の適用と認められれば、全額が保険でカバーされ、患者負担はない。ドイツにおける治験とその後の臨床研究の結果によれば、脊髄を損傷し車イスの生活になった人が、HALを用いた機能訓練の結果、HALがなくても歩行器を支えに1,000m以上も歩けるようになるなど、大きな改善効果が示されている。

　ドイツにおける治験開始から1年後、日本でも、HALの医療機器としての承認をめざす治験が2013年3月に開始された。疾患対象はドイツの治験とは異なり、神経・筋難病性疾患（脊髄性筋萎縮症［SMA］、筋萎縮側索硬化症［ALS］、球脊髄性筋萎縮症［SBMA］、筋ジストロフィー［MD］、遠位型ミオパチー［DM］、シャルコー・マリー・トゥース病［CMT］など）である。これらの疾患の進行の抑制効果と、短期効果としての歩行改善効果を実証することをめざした。これらの神経・筋難病患者の発する筋電位は非常に微弱であるため、特別に開発されたHAL-HN01が用いられた。国の支援（厚生労働科学研究費補助金［難治性疾患克服研究事業］）を得て、中島孝医師（国立病院機構新潟病院こどもとおとなのための医療センター副院長）を治験調整医師として、山海嘉之教授も参加して行われ、2014年8月に治験が終了した。治験データを解析して治験総括報告書が2015年2月にまとめられ、HAL製造元であるCYBERDYNE（サイバーダイン）社に提出された。同社が同年3月、独立行政法人医薬品医療機器総合機構（PMDA）に、医療機器としての承認申請を行った。HALは希少疾病用医療機器のカテゴリーに指定されているため、優先審査され、同年11月25日付で厚生労働省より医療機器としての製造販売が承認された。これを受けて同社はHAL医療用への保険適用希望書を厚生労働省に提出した。早ければ、2016年4月からの保

険適用も期待される。

　以上が主に日独における経緯であるが、次に、HALの治験と治療実績を新しい健康概念との関係で考察してみる。日本で行われた治験の対象者は、現時点では治療法が確立されていない難治性疾患をかかえる人たちである。いうまでもなく、HALを用いても病気が治癒するわけではない。治験の目標は、病気が徐々に進行していく患者がHALを短期間、定期的、間欠的に装着して歩行訓練を行うことによって歩行が改善し、疾患の進行が全体として抑制されるであろうという仮説の証明をめざした。[21]「完治」あるいは「根治」をめざすのではなく、歩行改善効果と、それをきっかけとして、患者のQOLの向上をめざす。病気を克服して「正常」に戻すのが医療だとすると、この目標は最初からこれには当てはまらない。「健康＝完全に良い状態」に戻すことが本来の治療だとすれば、病気を治すことができない処置は、「無益な治療」ともいいうる。国の研究補助金を疾患の進行抑制や歩行改善のための研究開発にではなく、完治を実現するもっと画期的な研究に投入しないのか、という論さえありうるであろう。しかし、そもそも「完治」あるいは「根治」とは何か、「完全な歩行」とは何か、それらは本当にありうるのか、という問いが生じるであろう。この治験がめざす治療目標は、難治性の疾患を「完全に良い状態」へ戻すというものではない。難治性疾患のさまざまな困難をやわらげ、病いとともに生きる生を支えることをめざしている。したがって、HALの治験や治療的な装着を正当化するものは、WHOの健康定義ではありえず、「社会的・身体的・感情的問題に直面したときに適応しなんとかやりくりする能力」という健康概念でなければならない。

5. iBF仮説と脳・神経可塑性

　山海教授はHALに関する基本的な仮説として、iBF仮説（interactive Bio-Feedback hypothesis）を唱えている。iBF仮説とは、装着者の動作意思を反映した生体電位信号を解読して、これにもとづいてロボットスーツHALが動作補助を行うことで、HALと人の中枢系と末梢系の間で人体内外を経由してインタラクティブなバイオフィードバックが促され、脳・神経・筋系の疾患患者の中枢系と末梢系の機能改善が促進されるという仮説である。[22]こうした促進効果の前提には、脳・神経の可塑性がある。脳の一部が損傷しても、リハビリテーションなどで、脳の他の部位が代替する現象が生じる場合があることはよく知られている。

　先に考察したレジリアンスという力動過程を神経レベルで捉えた場合、それは脳・神経の可塑性だといえる。[23]レジリアンスの基盤にまさにこの可塑性がある。八木は精神疾患の領域で、回復を促進するレジリアンス因子の特定に向けた研究を提唱し、遺伝子と環境の相互作用の解明によって、レジリアンスの過程とその因子が幅広く明らかにされることを期待している。

　精神疾患の領域にかぎらず、患者における健全な主体性を引き出して治療を促

進するような新しい治療法の開発、新しい健康概念の核心にあるレジリアンス概念に定位した医学研究が期待される。

6. 先端医療開発のあるべき方向性

　ロボットスーツは各国の軍事部門でも開発されている。米国防総省防衛高等研究計画局（DARPA）は、兵士の能力を極限まで向上させることをめざし、脳と機械とコンピュータが一体化した軍事用パワードスーツの開発を進めている。HALは軍事にも利用可能であり、軍需産業はHALの技術に強い関心を示している。しかし、山海教授はHALの軍事利用を拒み、HALの技術を難病者などへの支援に役立てたいとの強い信念で、より幅広い活用をめざしている。神経・筋難病者が参加するHAL医療機器治験を行った中島孝医師も、戦争による技術革新という立場をとらず、難病克服研究の意義についてこう述べている。

>　　我々は、真の技術革新は戦争によって促進されるという説をとらない。現代社会における技術革新の最前線は、治療法が確立されず、社会生活上も大変な疾患群の研究すなわち難病研究にあると考える。そこにあらゆる叡智を結集することで、科学は変革され進歩できる。……
>　　治らない進行性の疾患に対する治療やリハビリテーション医療は無意味という考え方は現代のアカデミアでの主流な感情であり、それが同時に根治療法以外の難病分野の症状改善治療研究をはばんできた。機器の使用もまたしかりである。……
>　　リハビリテーション医療のReとは再びという意味であり、本来、どんな疾患、どんな障がい、どんな老化であっても、自己を否定したくなるような絶望の中から、人が再び甦って生きることを支援することである。新たな健康概念から見ても、患者がどんな疾患であっても、生物学的に新たな内的外的環境に主体的に適応して生きるために、医薬品や医療機器を使い、心と体を蘇らせ生きられることを支援することが医療だと考えており、その中でHAL〔治験〕開発を進めている。……
>　　ロボットスーツHAL医療機器治験は、難病に対する治験として、日本からはじまったが、それは、医療的に重要であるだけでなく、科学技術革新の最前線を難病医療におくことが技術開発戦略としてもっとも優れていると考えたからだ。[24]

　治療法の確立されていない神経・筋難病者を対象に行われているHAL開発研究の意義が雄弁に語られている。「社会的・身体的・感情的問題に直面した」難治性疾患者などから目をそらさず、たとえ「完治」は困難ではあっても、状況に少しでも適応・対処し、復元力（レジリアンス）の発揮を支援できるような新たな医療革新（イノベーション）が期待

される。新しい健康概念をふまえ、緩和ケアこそ医療の本義と捉え、日本における難病研究の経験を広げることが求められる。

ロボット技術やサイボーグ医療には、今後大きな進展が予想される（**第8章を見よ**）。ロシアのドミトリー・イツコフは、脳の情報を機械に移しかえるプロジェクトに取り組んでいる。これに成功すれば、人間は機械のなかに永遠に生き続けることが可能になるという。「機械のなかの永遠の命」。それをなお「人間」と呼べるのか？ と問いたくなるだろう。ポストヒューマンやトランスヒューマンという概念が現実味を帯びてくるなかで、**どこまでが人間なのか**という、人間像と境界をめぐる問いが深刻さを増しくる。サイボーグとは「人間と機械の融合体」のことだが、「これは人間の自然の姿に反するのではないか」と違和感を持つ人がいる。けれども、人間と道具や機械との関係をふり返ってみれば、サイボーグ化は人間の本性に根ざした自然のプロセスだということがわかるだろう。

例えば、文字を書く道具は、棒、筆、ペン、ワープロ、パソコン、スマホなどと進化してきた。手になじんだペン、思いどおりに入力できるスマホなどを用いて作業に集中しているとき、私たちは使用している道具のことを忘れている。自身がペンと化している。スマホと化している。まるで自分の身体の一部となって神経と接続しているかのように感じられる道具こそ、使いごこちがよく、すばらしい。アンディ・クラークは、そうした技術を、「疑似神経的」になった「透明なテクノロジー」と呼ぶ。道具に突然、不具合が生じたときに、「どうした？」「なぜ動かない？」と思って、自分が道具を使っていることに初めて気づく。人間と機械とのさまざまな深い共生が、すでに私たちの脳と身体の奥深くに形成されている。それは人間の脳が並外れた可塑性を持っているからだ。

現在すでに、パソコンやスマホがなければ自分のスケジュールが分からない人がいる。パソコンやスマホは、体内に埋め込まれてはいないが、すでに**頭脳と記憶の外部化**だ。私たちはすでにサイボーグだと言える。それゆえ、サイボーグ化によって人間の尊厳が失われるなどという議論は意味がない。

哲学的人間学者、プレスナー（Helmuth Plessner、1892-1985）はこう述べている。

> 人間はあらゆる定義から身を引く。人間は〈隠されたる人間（homo absconditum）〉である。

人間の本質はけっして固定されているのではなく、世界に開かれている（Weltoffenheit）。人間の本質を定義によって固定的に特定化できない。それはなお「隠されている」。これは人間学的結論である。

〈隠されたる人間〉から、この先、何が開示されてくるだろうか？ 問われるべきは、人間のサイボーグ化は是か非か、ではない。私たちはどんな社会を目指したいのか、だ。技術が高度化するなかで、最新技術の利用が一部の裕福な人々

だけのものになるとすれば、社会的な格差が固定しかねない。超人的なサイボーグ技術をわれ先に追求することで、社会の連帯が失われてしまう恐れがある。人類はこれまで、病気や障害のある人たちを社会全体で支えてきた。技術の発展と互助の文化が両立する道を探る必要がある。「社会的・身体的・感情的問題に直面したときに適応しなんとかやりくりする能力」という新しい健康概念をふまえて、苦難のなかにある人たちの「やりくりする能力」を支援するための技術の開発のなかから新たな革新(イノベーション)を期待したい。

【註】

(1) 『生命倫理百科事典』の「医学的無益性（medical futility）」という項目参照。*Encyclopedia of Bioethics*. 3d. 1713-1721, 2003. 生命倫理百科事典翻訳刊行委員会（編）『生命倫理百科事典』丸善出版、第Ⅰ巻29-32頁、2007年。

(2) Machteld Huber et al., How should we define health? In：*BMJ*（英国医学雑誌）2011, 343（4163）：235-237. BMJの許可を得て翻訳した。「われわれはどのように健康を定義すべきか？」松田純訳、『厚生労働科学研究費補助金　難治性疾患克服研究事業「希少性難治性疾患——神経・筋難病疾患の進行抑制治療効果を得るための新たな医療機器、生体電位等で随意コントロールされた下肢装着型補助ロボット（HAL-HN01）に関する医師主導治験の実施研究」平成25年度総括・分担研究報告書』181-185頁、2014年。本稿ではさらに訳文を見直し、一部修正した。

(3) 本章では、健康についての全般的な概念史は省略する。これに関して多くの文献があるが、さしあたって、ディートリッヒ・フォン・エンゲルハートほか執筆「健康と病気」森下直貴（訳）、生命倫理百科事典翻訳刊行委員会（編）『生命倫理百科事典』丸善出版、第Ⅱ巻999-1030頁、2007年で概観することができる。

(4) 村岡潔「生活習慣病の正体を探る」井上芳保（編著）『健康不安と過剰医療の時代』長崎出版、82頁、2012年。

(5) アレン・フランセス『〈正常〉を救え——精神医学を混乱させるDSM-5への警告』大野裕（監修）、青木創（訳）、講談社、2013年。

(6) 松田純「遺伝医療と社会——パーソナルゲノムがもたらす新たな課題」玉井真理子・松田純（責任編集）『シリーズ生命倫理学　第11巻　遺伝子と医療』丸善出版、1-24頁、2013年。

(7) マイケル・サンデル『完全な人間を目指さなくてもよい理由——遺伝子操作とエンハンスメントの倫理』林芳紀・伊吹友秀（訳）、ナカニシヤ出版、2010年。

(8) 尊厳死法案については、松田純「事前医療指示の法制化は患者の自律に役立つか？——ドイツや米国などの経験から」『理想』理想社、692号、78-96頁、2014年参照。

(9) 加藤敏・八木剛平（編著）『レジリアンス——現代精神医学の新しいパラダイム』金原出版、2009年。

(10) 最近では、被災地の「復興力(レジリアンス)」という意味でも用いられている。例えば、日本学術会議東日本大震災復興支援委員会　災害に対するレジリエンスの構築分科会「提言　災害に対するレジリエンスの向上に向けて」（2014年9月22日）はこの用語を、「もともとの意味は、『外部から力を加えられた物質が元の状態に戻る力』と『人が困難から立ち直る力』とされている。現在は『あらゆる物事が望ましくない状況から脱し、安定的な状態を取り戻す力』を表わす言葉として広く用いられている」と説明し、「被害を乗り越え復活する力」、「社会・経済システムのレジリエンスのみならず、人の精神的側面をも含む包括的な観点から災害に対するレジリエンスを捉え、その向上を追求することが必要だ」と述べている。G8学術会議共同声明「災害に対するレジリエンス（回復力）の構築」（2012年5月10日）も参照。

(11) Schipperges, Heinrich, *Der Garten der Gesundheit. Medizin im Mittelalter.* S.157. 1985. シッパーゲス『中世の医学——治療と養生の文化史』大橋博司ほか（訳）、人文書院、164頁、

1988年。
(12) アーロン・アントノフスキー『健康の謎を解く――ストレス対処と健康保持のメカニズム』山崎喜比古・吉井清子（監訳）、有信堂高文社、2008年。
(13) 森下直貴『健康への欲望と〈安らぎ〉――ウェルビカミングの哲学』青木書店、21頁、2003年
(14) これは、森下直貴氏の、〈自己回復の循環生成〉としてのウェルビカミングという健康把握と通じるものがある。森下直貴、前掲書、終章参照。
(15) ロバート・A・ニーマイアー「構成主義心理療法の評価」マイケル・J・マホーニー（編）『認知行動療法と構成主義心理療法――理論・研究そして実践』金剛出版、2008年、ロバート・A・ニーマイアー『喪失と悲嘆の心理療法――構成主義からみた意味の探究』金剛出版、2007年参照。
(16) 国立長寿医療研究センターEOLケアチームの西川満則先生のご教授による。
(17) この話をご教示下さった山田健弘さんに感謝申し上げます。
(18) Blumer H. *Symbolic interactionism: perspective and method*. Prentice Hall, 1969. ハーバート・ブルーマー『シンボリック相互作用論――パースペクティヴと方法』後藤将之（訳）、勁草書房、215頁、1991年。
(19) 欧州医療機器の規則については、松田純「豊胸用シリコン・スキャンダルに揺れる欧州医療機器規制」『人文論集』静岡大学人文社会科学部、63号2、1-11頁、2013年参照。Web上にも掲載。
(20) 労災保険と訳されるが、直訳では事故保険（Unfallversicherung）であり、適用範囲が非常に広い点で、日本の労災保険とは異なる。
(21) 中島孝「ロボット工学の臨床応用――ロボットスーツHALの医学応用」辻省次、西澤正豊（編）『小脳と運動失調』249-261頁、2013年。
(22) 山海嘉之「HAL最前線・医療への挑戦」『臨床評価』vol.42. No.1、23-28頁、2014年。
(23) 八木、前掲書11-13頁。
(24) 中島孝「難病の画期的治療法、HAL-HN01の開発における哲学的転回」『現代思想』Vol.42、137、145頁、2014年。
(25) アンディ・クラーク『生まれながらのサイボーグ　心・テクノロジー・知能の未来』呉羽真・久木田水生・西尾香苗（訳）、春秋社、43、71、196頁、2015年。
(26) 前掲書、47-48頁。
(27) ヘルムート・プレスナー「隠れたる人間」新田義弘訳、オットー・フリードリヒ・ボルノウ、ヘルムート・プレスナー『現代の哲学的人間学』藤田健治ほか（訳）、白水社、43頁、1976年。

第 3 章
スポーツを手がかりに考える
エンハンスメント[1]

美馬 達哉

　この世に生まれた者は健康な人々の王国と病める人々の王国と、その両方の住民となる。人は誰しもよい方のパスポートだけを使いたいと願うが、早晩、少なくとも或る期間は、好ましからざる王国の住民として登録せざるを得なくなるものである。私の書いてみたいのは、病者の王国に移住するとはどういうことかという体験談ではなく、人間がそれに耐えようとして織りなす空想についてである。[2]

　文芸評論家のスーザン・ソンタグは、自分自身の乳がん体験を踏まえたエッセー『隠喩としての病い』のなかで、「意味づけとしての病気」を、健康の王国から病気の王国への移動と表現している。ソンタグは、わりあい単純に、病気とは生物医学的な疾病として合理的に取り扱うべきであって、過剰に（隠喩的に）文化的・道徳的な意味を読み取ったりすべきではないと主張していた。それは、具体的にいえば、ハンセン病や梅毒が道徳的に意味づけられ、結核とがんが死との関連性の深さによって独特の文化的意味づけを帯びていたことを批判する立場だ。さらに、その延長線上で、ソンタグは、エイズについて同様の分析を行った「エイズとその隠喩」というエッセーも後に発表している。[3]

　「病気」の概念にかぎらないことだが、もともとの意味と隠喩を画然と分けることができるという彼女の考え方には、私は賛成しない。正しい意味は生物医学によって定義された意味であると前提することに、近代の科学や合理性のもつ傲慢さを感じるからだ。[4]だが、病気というできごとのなかに、そうした二面性が存在していることは事実だ。そして、病気という現象を、たんに個人の身体内部での生物学的な過程や事実（疾病）としてだけ考えるのではなく、人々が意味を介して結び合う相互作用としても理解しようとすることは、医療社会学の基本的な構えと合致している。それはしばしば、病人が苦しんでいるものが「病気（Illness）」であり、医療者が診断するものが「疾病（Disease）」である、という一言で表現される。ただし、この表現について、病気と疾病ははっきり区別される二つの何かではなく、ある社会的・文化的な現象をどう見るかの二つの、しかも互いに排他的ではなく重なり合い絡まり合う二つの視点の取り方であるという留保をつけておきたい。

　19世紀の後半以降、とくにドイツでの細菌学の発展とともに体系化された西洋

近代医学は、人間の身体を機械のようなものとみなし（人間機械論）、その修理（治療）のために、さまざまな技術（テクノロジー）を開発してきた。そうした傾向の始まりとしてとくに名を挙げられることが多いのは、医学における生物の実験観察の重要性を指摘したクロード・ベルナールの『実験医学序説』（1865年）出版と、ロベルト・コッホによる結核菌の発見（1882年）である。ただし、医学思想としての人間機械論は、歴史的にもう少し遡ることができて、心身二元論をとるデカルト主義をさらに急進化させたジュリアン・オフレ・ド・ラ・メトリーの書物『人間機械論』（1747年）に由来している。

　この西洋近代医学は、特定の哲学や宗教の考え方にもとづくのではなく、「普遍的・客観的」とされる生物学の「科学的真理」にもとづいているという趣旨で「生物医学（Biomedicine）」とも呼ばれる。それは、聴診器に始まってレントゲンを経て現在の磁気共鳴画像法や超音波診断に至る人間の身体を詳細に観察する技術、人体の臓器、細胞さらには遺伝子を解明する生物学的な技術、外科的に切除し、ときには移植したり、人工物に置換したり、再建したりする技術などを生み出してきた。このように人間の身体になんらかの形で介入する生物医学テクノロジーは、もともとは患者の苦しみを取り除く目的で開発されたものである。だが、たんに個人の疾病を治療するということは、その個人の身体で生じるできごとだけにとどまらず、しばしば倫理的・社会的・文化的な問題を引き起こしてきた。それは、「先端医療」のもたらす結果と社会的価値観との間の行き違いである。死に至る病であった末期腎不全に対する人工透析技術、呼吸機能の低下に対する人工呼吸器（その初期のものとしての「鉄の肺」）など、希少な医療資源の配分をめぐる社会的議論は、こんにちの生命倫理・医療倫理の先駆けであった。それ以外にも、日本も含めて多くの国々で、「脳死」判定と臓器移植、生殖技術、遺伝子診断などは、そうした倫理的な側面から最も話題になりやすいテーマである。

　さらに、こうした生物医学的テクノロジーは、健康と病気という分野から離れて、「治療を超えた（Beyond therapy）」使われ方をされ、健康な人々に対して用いられることがある。スポーツの領域において議論されるドーピングなどの薬物による身体改造の諸問題はよく知られている例の一つだ。病気や障害を健康や正常の状態に近づけるためにではなく、普通は健康とされる状態をさらに、特定の目的をめざして機能を「最適化（Customization）」して、能力を強化・増強するために生物医学テクノロジーを用いることは、生命倫理・医療倫理の分野では「エンハンスメント（Enhancement）」と呼ばれている。

　わかりやすい例を挙げよう。成長ホルモン分泌不全で生まれた子どもに対して、低すぎる身長にならないように、成長ホルモンを投与して身長を高くすることは医学的な治療として認められ、通常は倫理的に批判されることはない。もちろん、どの程度の低身長を病気とみなすべきかという線引きの問題はあるが、「成長ホルモン分泌不全」という疾病であれば治療を受けるのは当然とみなされる。

だが、たんに身長が低いだけの子どもに成長ホルモンを与えてみることはどう位置づけられるだろうか。例えば、成長ホルモンの分泌不全以外の原因で低身長になっていたとしても、過剰に成長ホルモンを与えることで身長を伸ばすことはできるかもしれない。さらに、「正常」な子どもに成長ホルモンを投与して、身長を通常よりさらに高くしようとすることになれば、何かいかがわしさがつきまとう。たとえバスケットボール選手として世界的に活躍したいという夢と情熱が子ども本人にあったとしても、バスケットボールに最適化した人間になるために薬物での身体介入を行うことは倫理的に何か問題があると感じられる。その一方で、トレーニングを続ける、牛乳を飲む？ などの、より伝統的な手段による最適化はむしろ社会的に称賛されることはいうまでもない。

では、サプリメントやプロテインを大量摂取するのはどうだろうか。さらには、そのサプリメントが、コーチがどこからかネット経由で手に入れてきた成分不明のものであればどうだろうか。この場合の倫理的な境界はどこにあるだろうか。このように、エンハンスメントかどうか、倫理的に認められるかどうか、ドーピングとして禁止されるかどうか、などの境界にはさまざまな生物医学テクノロジーが存在している。

ここでは、エンハンスメントが広く議論されている運動能力やスポーツという分野を手がかりにして、身体と科学技術の絡まり合いについて考えたい。その際に、人々や社会が正常と病気をどのように扱っているのかを道標として、エンハンスメントについての思考をすすめていく。これまでのエンハンスメントに関する議論は、障害や病気に対する一種の正常化としての医療との対比として行われ、その中心的な論点は認知エンハンスメント（記憶力の増強など）であった。だが、スポーツを参照点とすることで、エンハンスメントをより広い視点から議論することができるようになる。まず、トップアスリートはもともと、心身の能力という点はもちろんだが、しばしば体型においても、平均的な健康人とはかなり異なっていることがある[9]。例えば、アメリカンフットボールの選手はポジションによって体型が大きく異なる。また、スポーツの種類によっては身長や下肢・下腿の長さ、体重や重心の位置が決定的に重要なものもある。正常から外れていることをどう見るかという点で、こうした例を念頭に置くことは重要だ。

健康の王国とは区別されたアスリートの王国のような何かが存在しているのだろうか。それとも、それは健康の王国での勝者たちにすぎないのだろうか。

1. 正常と異常

健康と病気、治療とエンハンスメントの問題を考える前提として、フランスの科学哲学者ジョルジュ・カンギレムの正常と異常についての議論を参照しつつ、医療社会学の観点を入れながら、健康、正常、病気（病理）などの概念についてここで整理しておく。生物学や医学の分野に科学認識論を持ち込んだことで知ら

れるカンギレムの著作の主要なものは邦訳されている。ここでは、そのなかでも主として『正常と病理』の議論を中心に考察する。また、教え子のドミニク・ルクールによる伝記と業績のバランスのとれた入門書が新書で出版されており、手に取りやすい。

　カンギレムによれば、もともと、「正常（normal）」と「異常（abnormal）」は対になっている言葉であり、異常とは正常でないものを指している。ここで、正常の語源となった「ノルマ（norma）」はラテン語で定規や直角を指しており正しいという意味も持っていたという。直角は右にも左にも傾かないで中庸の状態を保っているから正しいという意味になったらしい。したがって、正常という言葉の意味には二重性がもともと書き込まれている。つまり、一つ目の意味は、測定可能な物事の平均的な中央の状態を指し示す表現、つまり現象を記述する言葉としての意味がある。くわえて、二つ目の意味として、事物が定規にぴったりと合っているかどうかと同じで、あるべき秩序である規範としての意味でもあったということになる。この語源の二重性を踏まえて、カンギレムは次のように簡明に指摘する。

　　　医学では、正常な状態は、器官の通常の状態と同時に理想の状態を指し示す。というのも、その通常の状態の回復が、治療のいつもの目的だからだ。

　ここに現れているのは事実（通常の状態）と価値（理想の状態）の区別であり、人文社会系の学問においてはおなじみの二項対立だ。だが、この区別は、多くの医療者にとってはあまり認識されていない。健康は望ましく、健康でない状態はできるだけ健康に近づけることが当然であることは、医療を行う上での前提だからだろう。ただし、こうした前提は常に正しいものとはかぎらない。進行したがんを抱える患者の身体を各種の治療で正常（医学的な理想の状態）に近づけることが望ましいかどうかにはしばしば懸念が示される。さらに、心身の機能が全般的に衰えつつある高齢者（老化そのものは通常の状態だろう）に対して、正常（医学的な理想の状態）をめざして臓器別の専門的治療を次から次へと行っていくこともまた問題をはらんでいる。こうした場合には、臓器が正常（健康）に機能していることと、それをめざしてひたすら努力するのが望ましいかどうかということの間には乖離がある。

　こんにちの医療者に、正常とは何かを聞いてみるとどうなるだろうか。おそらく、多くは、検査などでの「正常値」のことだとみなして、とくに病気が発見されていない「健康人」での集団での平均値（とそのばらつきの範囲）であるという答えを返すだろう。これは、さきほどの正常の二つの意味のうちで前者の記述的な意味に近いものだ。

　この考え方のもとになったのは、19世紀ベルギーの天文学者アドルフ・ケトレの「平均人」というアイデアだった。ケトレは、兵士の身体測定結果（身長と胸

囲）を利用してグラフを描き、そこにベル型カーブ（平均値を中心としたなだらかな山のような形）を見出した。つまり、身長を例にとれば、中ぐらいの身長の人々が大多数で、極端に背が高い人も低い人も少数派だということだ。その後に、このベル型カーブが数学的には単純で扱いやすいことがわかり、「平均」というアイデアのなかにもまた、さきほど指摘した二重性が存在していることが明らかになった。つまり、平均としての正常は多数の客観的な測定によって科学的に確認できると同時に、それがベル型カーブという数学的・統計学的な法則性に従うという意味で合理的であることが示されたのである。合理的に予測可能な数学法則に従うという点は、平均値のアイデアの権威を大いに高めた。ただし、もともと登場したとき、多数を平均するという手法は、ベルナールの考え方に従う生物学者たちに評判が悪かった。例えば、患者の尿の個々の分析からは患者の病状が詳細にわかる（例えば糖尿病）が、混ぜて平均した尿では医療に役立たないなどという、やや乱暴な議論もあったほどだ。

　平均値にはもう一つ重要な特徴がある。それは、客観的に数字として測定可能なものの領域において、正常と異常とは質的な違いではなく、連続したものの量的な違いとなることを意味しているところだ。それは血圧や体温はもちろん、現在のさまざまな血液検査数値のすべてにほぼ当てはまっている。その意味では、健康の王国と病気の王国の国境線は、あいまいなボーダーゾーンとなっている。

　ベル型カーブには左右の両端があることを考えると、どちらの端であっても、正常からの逸脱という意味での「異常」であることに変わりはない。例えば、低すぎる血圧は低血圧症、高すぎる血圧は高血圧症として、どちらも治療の対象となる。だが、低すぎる知能（例えばIQ）は異常として問題化されるが、高すぎる知能は「異常」として問題になることはない。その違いはどこにあるのだろうか。この点を考えてみる上では、スポーツの分野を念頭に置くことは役立つ。

　最初に例に挙げた低身長が異常であるならば、米国のプロのバスケットボールリーグ（NBA）に所属するセブンフッター（7フィート（213cm）を超える身長）のバスケットボール選手も「異常」の一種となるだろう。だが、この「異常」な高身長は、医療の対象として問題化されることはない。[14]

　ここで興味深いのは、筋力の低下や筋萎縮を起こす疾病（筋ジストロフィーや筋萎縮性側索硬化症（ALS））の対極にあるようなミオスタチン変異症が「異常」とみなされうるかどうかの問題だ。ミオスタチンとは、1990年代に発見された遺伝子で筋肉の成長を止めるという指令を出す働きがあるものだ。この遺伝子欠損がある場合には筋肉の成長を止めることができないので、（大量の食事摂取を必要とするとともに）筋肉が急成長する。最初は実験動物のマウスで発見された（スーパーマウス）が、その後に、肉量のとくに多い肉牛（ベルジアンブルー種）にも同じ遺伝子変異があることが判明した。そして、2000年代に入って、「スーパーベビー」として知られるようになった子どもを発端として、ミオスタチン変異をもつ一家系がドイツで発見されている。このスーパーベビーについて、ス

ポーツジャーナリストのデイヴィッド・エプスタインは次のように指摘している。[15]

> 当初スーパーベビーの場合、ミオスタチンを持っていないために、心臓が異常に大きくなるのではないかと医師は心配していた。しかし今のところ、この子も母親も、大きな健康上の問題は報告されていない。今後、ミオスタチンに変異のある人が、特別な検査を受けようと思うことはおそらくないだろう。ミオスタチンの変異がどの程度珍しいのかは、誰にもわからない。ほとんどの人間（と動物）にはないということがわかっているだけだ。きわめてまれなミオスタチン遺伝子変異を二つも持っている少年が人並み外れて力が強く、そしてその母親が人並み外れたランナーであったことは、偶然の一致ではない。

　大量の筋肉を維持するための食事が十分に得られる環境にあるかぎり、こうした人々は、統計的な意味で平均から外れた「異常」であったとしても、本人が困るという意味での病気ではない。そして、筋力の強さを必要とするいくつかのスポーツの分野では生まれつきの才能を持ったアスリートとして賞賛されるようになるかもしれない。

　つい最近、私の同僚は、赤ん坊の頃から力が強く立ち上がりも早かった運動好きの筋骨隆々たる男性（とその子ども）が、おなかが空いて一日中食べ続けるという訴えで受診したことがあると知らせてくれた。健康で筋肉が多くて力も強く、食事量が普通より多い状態はミオスタチン欠損症の可能性が高いが、本人は困っていないので遺伝子検査には同意されなかったとのことである。同じような正常からの逸脱としての「異常」であって逆の方向への逸脱であった場合、つまり、いくら食べても筋肉がやせ続けていってやがて歩けなくなるほど筋力低下する状態なら、病気として扱われることはいうまでもない。

　こうした実例からわかるとおり、医学の領域での正常とは平均として記述される正常ではない。カンギレムは、統計的な平均としての正常という考え方に抗して、規範としての正常、つまり価値こそが医学の根本にあるという観点から異論を述べている。ある状態が「異常」とみなされるかどうかは、たんなる統計的事実や平均値から説明できるものではなく、価値という問題から切り離せないというのだ。もう少し、彼の著作から引用してみよう。[16]

> 生物学的正常さを、統計的現実の概念ではなく、価値の概念にするのは、医学的判断ではなくて、生命それ自体である。生命は、医者にとっては、一つの対象ではない。それは極性引力をもった活動である。医学は人間科学に関係のあるしかし欠如することのできない光をそこにあてながら、負の価値をもつあらゆるものに対する防衛と戦いの自発的な努力を、その活動から延

長していくのである。

　セブンフッターやスーパーベビーを「異常」と呼んで、病気と同じような正常からの逸脱として扱うことには、多くの人々がある種の違和感をもつだろう。そのことが意味するのは、負の価値を持たない、つまり生命としての人間が環境のなかで生きていく上で不利にならない状態を、非-正常としての「異常」とは呼べないということだ。それは、医学的なラベルが貼られているかどうか、という表層的な問題ではなく、もっと深い「生命とは何か」という文化的な価値判断と関連している規範なのである。
　そして、カンギレムは、生命なるものの特質は、客観的事実というよりは特定の環境に応じて適応して自己保存するエネルギーのようなものだとも指摘している。[17]

　　　生物が、傷害や、寄生虫侵入や、機能の混乱に対して病気によって応ずるという事実は、生命が自分が生きていける諸条件に無関心でないという基本的事実、および、生命には極性引力があり、したがって、価値については無意識な状況にあるという基本的事実を表している。要するに、生命が実際には規範的活動であるという基本的事実の表現なのだ。

　ここで主張されているのは、生物学は、生命あるものを対象としているかぎりは環境への適応度によって価値づけられており、化学や物理学のような他の諸科学とはまったく異なるということだ。この考え方は、哲学者アンリ・ベルクソンが生物進化の源泉となるエネルギーを指すものとして「エラン・ヴィタール（生の跳躍）」を発想したこととつながっている。そして、現代においても、それは古びた考えとはいえない。
　なぜなら、物質的な因果関係の論理だけから生物の論理を導き出すことは、極端で現実離れした単純化を行わないかぎり不可能だからだ。ただし、こんにちの進化論の考え方からすれば、「生命が自分が生きていける諸条件に無関心でない」ということを、たんに個体の自己保存としてだけ捉えることはやや近視眼的ということにはなる。多くの社会性生物に見られる「利他主義」の現象は、個体の保存よりも血縁集団や遺伝子の保存として説明することが合理的だからだ。こうした長期的な進化論の観点を含めて、個体の能力のエンハンスメントを考察することは本章の範囲を超えているが、少しだけ紹介しておく。
　例えば、恐竜絶滅のことを考えてみよう。多様なやり方で強く大きくなるという意味では、恐竜の進化の方向はエンハンスメントだったと見てよいだろう。だが、隕石衝突によって海洋が干上がり、大気組成が変化し、巻き上げられた塵で太陽光線が遮断され氷河期になったとき、恐竜がエンハンスしてきた形質は新しい環境では不利なものとなって、恐竜は絶滅する。こんにち私たちの考えている

筋力や記憶力のエンハンスメントは、こんにちとまったく異なった地球環境や社会的価値観のなかでは、無意味だったり有害だったりする可能性はある。これまでは個体レベルで考えられてきたエンハンスメントを、種や遺伝子レベルで考えたり、数十万年単位の時間スケールで考えたりすることは、エンハンスメントとは何かを考える上で示唆的だ。

とりあえずここでは、根源的な問いかけは宙づりにして、正常と平均値の関係性は、医学をも含めた生物学と他の諸科学では異なっているということを確認しておこう。

2. アノマリーと病理

ここまでをまとめよう。正常には、とくに生活上に問題がなく、その集団に普通に見られる平均的な性質という記述的な意味がある（検査での正常値などの場合）。だが、それだけではなく、規範としての正常という価値的概念も同時に存在しており、異常であることは正常であることよりも望ましくない（治療によって正常化すべきである）とする生物医学的な価値判断を含んでいるということだ。

ここで、カンギレムにならって、正常のこの二つの側面に対応させて、「アノマリー（Anomaly）」と「病理（Pathology）」の二つを「異常」とならべて比較してみるとわかりやすくなる。アノマリーとは、アブノーマル（異常）と似ていて混同されやすいが、ギリシャ語の平坦なという意味の「オマロス（Omalos）」の反対語に由来している[18]。平坦でなく、でこぼこなものを指しており、異例とか外れたものを指す純粋に記述的な用語である。その意味では、トップアスリートとされる人々の資質のなかには、平均とは外れたアノマリーが存在しているといってもいいだろう。

いっぽう、病理的なものとは、正常の対語というよりは、健康と対をなす価値的概念であって、「病気の王国」に属しているものだ。そのギリシャ語の語源（Pathos, パトス：受動的な感情やとくに苦しみ）を援用しながら、カンギレムは次のように述べている[19]。

> 病理的なもの（Pathologique）は、「受苦（Pathos）」を意味する。すなわち、苦痛と無力の直接的具体的感情や、妨害を受けている生命の感情を含んでいる。

だが、ここで重要なことは、病理的なものとは、それ自身の本質として病理的なのではなく、「病気の王国」の規範に従っているに過ぎないところだ。病理もまた生命の変異の一種である以上は、死と対抗する生のエネルギーの発露であって、「病気、病理的な状態とは規範を失うことではなく、生命上劣った、あるいは価値低下した諸規範によって規制された生命の振る舞い方」[20]であるという点で

ある。さきほどの例を続ければ、トップアスリートは、平均と外れている（アノマリー）ものの、正常／健康に比べて劣っているわけではなく、もちろん病理的とはいえない。さらに、カンギレムは、完全な健康状態が持続することもまた「異常」であると指摘している。なぜなら、生命の営みのなかに病理的なできごと（病気）はつきものだからだ。
　正常／健康と病理的なものの区分は、実体として客観的に区別できるのではなく、環境と人間の相互作用に依存していることをはっきりと示している実例は、マラリアと鎌状赤血球症の関連だろう。最近の研究では、マラリアとスポーツ能力の関連性についても調べられているので、簡単に紹介しておく。[21]
　マラリアは、ハマダラカによって媒介され、赤血球内に寄生するマラリア原虫によって生じる疾病である。マラリア患者は、症状としては高熱を発し、悪性の場合には命を落とすこともある。熱帯地方に分布し、とくに西アフリカに多い。いっぽう、鎌状赤血球症とは、円盤状の形をしている赤血球が変形してひしゃげた鎌のような形になる疾病だ。この鎌状赤血球遺伝子を二つ持っている場合（ホモ）は、変形した赤血球が破壊されやすくなるため重症の貧血となって、多くは成人になるまでに死亡する。いっぽう、この遺伝子を一つだけ持つ場合（ヘテロ）は、低酸素状態など特殊な機会にだけ鎌状に赤血球が変形する。医療倫理に関する分野では、この鎌状赤血球遺伝子遺伝子保有者（ヘテロ）の人々が、（低酸素になるリスクのある）航空機に乗務できるかどうかをめぐる論争（就職前に遺伝子検査を義務づけるべきかどうか）が知られている。
　さて、鎌状赤血球遺伝子を一つだけ持っている場合には、マラリア原虫が侵入した赤血球が鎌形になって破壊されやすくなるという性質が生じる。その場合には赤血球とともにマラリア原虫も破壊されるので、マラリアが重症化し難くなる。つまり、この遺伝子は、貧血になるという負の側面とマラリアに対する抵抗性を持つという正の側面をもっている。その結果として、西アフリカを中心としたマラリア蔓延地域では、この鎌状赤血球遺伝子の保有者の数が多いことが知られている。以上から考えると、マラリアの存在する環境においては、鎌状赤血球遺伝子の保有という状態は、アノマリーであっても病理的とは必ずしもいえないことになる。さきにあげた、航空機への乗務の問題は、こうした職業規制が鎌状赤血球遺伝子を保有する率の高いアフリカ系米国人への差別に当たるかどうかの問題として論じられた。
　また、鎌状赤血球以外でも、マラリアについては、鉄分が少なく、ヘモグロビン不足で貧血気味なほうが、重症化が生じにくいという事実も知られている。さて、こうしたマラリアに対して抵抗性のある特徴（変形した赤血球や貧血）は、結果として、血液が全身に酸素を運搬する能力を低めることになる。
　さて、ここからは推論になるのだが、さらにその結果として、人類進化の過程でマラリア蔓延地域に居住していた人々には、筋収縮するのに酸素をあまり必要としないタイプの筋肉（速筋）が発達するのではないかという仮説が立てられて

いる。速筋（白筋）は、運動時に酸素をあまり必要とせず、無酸素運動であるダッシュやジャンプといった瞬発力が必要な運動に適した筋肉である。実際、西アフリカのコートジボアールでは、ジャンプや投擲のアスリートに鎌状赤血球遺伝子の保有が多いという報告もある。もしこの仮説が事実なら、ある意味では、こうした人々は瞬発力においてはスーパー正常なのだともいえるだろう（持久力という面では劣っているにしても）。

　私たちは、正常、健康、異常、アノマリー、病理的なものなどについて、それらが本質主義的に決定できるものではなく、人間と社会と環境の相互作用のなかで価値的なものとして変化しうることを意識し続ける必要がある。とりわけ、CGS単位（センチメートル・グラム・秒）での記録が問題となる近代スポーツが人間の生物学的限界に近づきつつあり、特殊な生来的資質の探索やドーピングや遺伝子操作が議論されている現在ではとくにそのことは重要だ。ソンタグ風の表現をするならば、「健康の王国」の国境は、不定形で流動的なのだろう。

3. エンハンスメントとパーフェクトであること

　　〈どんな医者も、目や手足を新しく配置し直して、人間の新種を作り出そうとはしていない〉とのべることは、有機体の生命の規範が有機体自身によって与えられ、その存在のなかに含まれているということを認めることである。そして、どんな医者も、病気によって生命の満足状態から放り出されてしまった自分の患者たちが、もとの満足状態に復帰する以上のことを、彼らに約束しようと思っていないことは本当だ。[22]

　1960年代、カンギレムはこう何の疑いもなく断定することができた。だが、こんにちの私たちは、まさに生物医学テクノロジーが治療を超えて用いられ、人間の特性を通常以上に増強（エンハンスメント）することの倫理が議論される時代のなかにいる。目や手足の配置をかえることは考えられないが、遺伝子の組み換えや神経伝達物質の量や筋肉の質の改変は、十分に実現性のあることとして論じられつつある。四肢の場所はともかく、それらの長さや太さがいくつかのスポーツ（マラソン、高跳び、バスケットボールなど）では決定的に重要であることはよく知られたことだ。

　エンハンスメントは、「健康の回復と維持を超えて、能力や性質の改良をめざして人間の心身の仕組みに生物医学的に介入すること」[23]と定義されている。具体的には、身体的な耐久力や魅力に関しての身体エンハンスメント、記憶力などに関しての認知エンハンスメント、攻撃性などを矯正するモラル（道徳）エンハンスメントなどに分けることができる。なお、身体エンハンスメントには、運動能力だけではなく、視覚や聴覚についてのエンハンスメントも含まれる。例えば、取り外し可能ではあるが、視力障害を矯正する通常の眼鏡と比較すれば、グーグ

ルグラスなども一種の視覚エンハンスメントと考えることができるだろう。

　エンハンスメントの手法として、遺伝子操作（自分自身の体細胞の場合と生殖細胞を通じて子孫をコントロールしようとする場合がある）については、（積極的）優生学(24)との関連で強く批判されてきた。20世紀初頭にF・ゴルトンによって創始された優生学は、人間の生殖の管理によって人種を改善することを意味し、優良な遺伝子を持つとされた人々の子孫を増やそうとする「積極的優生学」と、そうではない人々の子孫を減らそうとする「消極的優生学」に分かれる。さらに後者は、隔離や婚姻制限によって生殖をさせない手法と医学的な身体介入によって生殖機能を廃絶する手法（断種）がある。1930年代に、ナチスドイツでは、優生学の一環として障害者らを対象とした「安楽死」までもが行われた。さらに、その延長線上で、人種（「ユダヤ人」）的な絶滅政策もあったため、第二次世界大戦後、とくに1970年代になると、強制的な優生学は政治的・倫理的に強く批判されたのだ。

　ただし、遺伝子操作によるエンハンスメントは、そもそも遺伝子治療という生物医学的テクノロジーすらほとんど臨床応用されていないことを考えれば、現時点で、患者から健常者にまで広がる実現可能性はそう高くはない。むしろ、脳や心や気分や認知能力に影響を与えるような薬剤の使用や身体への機器の埋め込み（とくに将来的にはナノテクノロジー）が、現実的なエンハンスメントの手法として議論されている。

　前者の例は、ADHD（注意欠如・多動性障害）の人々に落ち着きと集中力を持たせるために使われているリタリンなどの薬剤が、認知能力を高めるためにエンハンスメント目的にも利用されることだ(25)。こうした薬物は、スポーツの領域でも集中力を高めるためのドーピングとして用いられる場合がある（もちろん、オリンピックの場合は禁止されている）。また、認知症の患者の物忘れを改善するための薬剤も、エンハンスメント目的に使われる可能性があるとされる。機器を使ったエンハンスメントという後者の例としては、パワード・スーツによる運動能力のエンハンスメントや脳内に機器を植え込むブレイン・マシン・インターフェースの技術(26)が論じられることが多い。ただし、こうしたテクノロジーはいまだコンパクトとはいえないため、スポーツの領域で用いられてはいない。また、ここで例に挙げたものから分かるとおり、エンハンスメントに関連する分野は、生命倫理のなかでも、脳や神経科学に関連する生物医学テクノロジーに関わることが多いため、「ニューロエシックス（脳神経倫理学：Neuroethics）」として論じられる場合が少なくない(27)。

　エンハンスメントという用語を最初に明確に用いて、こうした問題に警鐘を鳴らしたのは米国の血液学者フレンチ・アンダーソンである。彼は、1989年に「体細胞の遺伝子治療の成功によって、疾病の治療という要素は含まずに、ある個人が自分自身や子孫に望ましいと思う特質を与える（体細胞工学、生殖細胞工学）こと、つまりエンハンスメント工学の扉が開かれた」と指摘した上で、治療（ト

リートメント：Treatment）とエンハンスメントの間には厳格な線引きをすべきであると主張した。[28]

そして、エンハンスメントをどう捉えるかのおおまかな倫理的な枠組みを示す文書として大きな役割を果たしたのは、2003年に公表されたジョージ・W・ブッシュ時代の大統領生命倫理評議会報告書『治療を超えて　バイオテクノロジーと幸福の追求』[29]であった。そこでは、アメリカ独立宣言の「生命、自由、幸福の追求」のうち「幸福の追求」と生物医学テクノロジーの間の関連性が、子どもをめぐる技術的介入、身体能力（スポーツでのドーピングの現状と将来的な遺伝子操作の可能性）、アンチエイジングによる不老や寿命の飛躍的延長、薬剤による記憶や感情のコントロールという四つの分野に大別されて議論されている。

ただし、「幸福の追求」という具体性がなくぼんやりとした目標と、スポーツの場合であれば「より速く、より高く、より強く」、認知関連であれば「より賢く」をめざすエンハンスメントという具体的なテクノロジー応用の間には明らかなずれが存在している。報告書『治療を超えて』は、この点を次のように指摘している。[30]

　　生物医学技術の力を借りた夢の実現にますます魅せられるようになり、不老でいつまでも活動的な身体、幸せな、少なくとも不幸せではない魂、少ない苦労と努力による優れた業績、才能も能力もより豊かな子ども、というくらいの夢は少なくとも実現したいと思うようになっているのである。これらの夢は、根本的には、夢を実現するための道具を使用する者が医者であるという事実、この一点を除いては、医学とは何の関わりもない。それゆえ夢が「治療を超えて」いるのは本質的なことではない。それらは完全な人間という夢なのであり、完全な人間という枠内に留まる夢なのである。

たしかに、完全さを求めるという夢と特定の能力のエンハンスメントという生物医学テクノロジーによる実践との間には乖離がある。そして、ある人間の完全さや幸福さが、その人の心身の能力が優れている程度に比例するわけではないことは指摘するまでもないだろう。オスカー・ワイルドのよく知られている童話『幸福の王子』のなかで、王子（人間ではなく銅像だが）が幸福になるのは、自分の体の一部である宝石類を人々に分け与えて、みすぼらしく壊れかけた不完全な姿になったときだ。

4.　エンハンスメントとアチーブメント

エンハンスメントに対する主たる倫理的懸念の一つは、それが「治療（トリートメント）」をどこで超えてしまうのかが明らかではないことだ。カンギレムは当然視し、アンダーソンは線引き可能だとしているものの、治療と治療以上の区

分をすることは現実には容易ではない。それは、本稿で正常と異常の区分のもつ相対性について検討したとおりだ。

　例えば、老化を治療すべき病気の一種として考えるならば、ほとんどのエンハンスメントはアンチエイジング（抗加齢）という治療の延長線上に見えてくるだろう。実際に、物忘れ、骨粗鬆症、閉経、インポテンツなど、加齢と老化に関わるライフサイクル上の現象を病気として「治療」する試みは枚挙にいとまがない。老化そのものを全体として止めるテクノロジーが存在しない以上は、老化で機能低下した個別的な能力を改善する生物医学テクノロジーが開発されれば、それはアンチエイジングのテクノロジーであると同時に、そのターゲットとなる能力を増強させるテクノロジーとして若年者に対しても使用することができる可能性が高い。

　例えば認知能力や筋力や運動能力を若返らせる薬剤を、若年者がエンハンスメント目的に服用することが「治療を超えて」いるかどうかを決定することは困難だ。こんにちの医学の考え方では、若年者によるアンチエイジング目的の予防もまた広義の治療に含まれてしまうことは十分に予想される。近代の生物医学そのものが、「リスクの医学」(31)へと変容して、疾病の治療を目的とするだけではなく、健常者を対象としてリスクファクターに介入することでの予防を大きな目標としている現状では、治療とそれを超えるものとの区分はさらに曖昧になる。例えば、日常的に行われる予防接種は、「治療を超える」技術であって、免疫能力を正常よりエンハンスメントさせるものではないだろうか。

　さらに、生物医学テクノロジーの商業化は、「治療を超えた」使用を加速させる方向に働くだろう。生物医学テクノロジーは、もともと臨床現場での治療目的で開発されたものであっても、有益性が高くて健康リスクが低いと判断されれば商業目的の消費者向けサービスへと転用することができる。

　米国の大統領生命倫理評議会のメンバーだった哲学者マイケル・サンデルは、プロゴルファーのタイガー・ウッズの例を挙げてこう指摘している(32)。視力が悪かったウッズは、レーシック手術を受けて視力回復した後にゴルフの成績が飛躍的に向上したことが知られている。こうした場合に、普通の視力まで戻すなら治療で、手術の結果として普通以上の視力まで増強させた場合はエンハンスメントにあたるのだろうか、と。

　視力がよいほどゴルフの成績が良いと考えるのは単純化しすぎているように見えるかもしれない。視力だけでゴルフの結果が決まることはありえなさそうだからだ。だが、こうした問いは荒唐無稽なものではない。なぜなら、こんな事実があるからだ。エプスタインによれば、野球のメジャーリーグ選手の視力は、バッターとなった場合にピッチャーの手を離れた瞬間のボールの回転がはっきり見えるほど優れており、「ドジャース選手のほぼ2%が平均視力2.2弱であり、これは人間の視力の理論的限界に近い」(33)という。もちろん他の身体的能力や努力も重要であるものの、球技系のスポーツの一部ではたしかに、視力が優れていることは

成功の条件の一つであるようだ。

　さて、このように一部の人々が生まれつき持っている、並外れた（アノマリーな）視力が「異常」ではないとすれば、普通の「正常」な人々の視力をそのレベルにまで手術で向上させることはエンハンスメントなのだろうか。

　同じことは、マラソンやクロスカントリースキーのような持久力を必要とするスポーツと赤血球増多の関連でも生じている。一般的には、血液の酸素運搬能力が高いほど持久力には有利だということが知られている。そして、健常人が酸素濃度の低い高地で長く暮らしていると、その環境に適応するために腎臓から赤血球の産生を促すホルモンであるエリスロポイエチンが分泌され、血液中の赤血球が増大する。そうやって酸素濃度の低さを、酸素運搬能力を高めることで補っているわけだ。持久力を高めるための高地トレーニングを取り入れるアスリートがいるのはこの理由による。

　オリンピックなどのドーピングの規定では、健常人が持久力向上のために、濃厚赤血球そのものの輸血を受けたり、エリスロポイエチンの注射を受けたりすることは禁止されている。これはエンハンスメントとして禁止されていることは明らかだろう。いっぽうで、生まれつきエリスロポイエチンの多い人（アノマリー）は、そのことが証明されれば、問題となることはない。また、高地トレーニングそのものは禁止されていないし、高地出身のために出場資格を失うこともない。そうしたなか、高地トレーニングではなく、空気の薄い低酸素室を準備してトレーニングすることが「スポーツの精神」に反するかどうかは大きな議論となったという。[34] これは、「通常の」トレーニングの範囲を超えたもので、機器を用いた一種のエンハンスメントだと判断されたからかもしれない。しかし、こうして列挙してみれば分かるとおり、どこからがトレーニングによる努力や生まれつきの資質で、どこからがエンハンスメントであるかの区別はあいまいで恣意的な線引きでしかない。

　ここで重要となるのは、エンハンスメントと治療（トリートメント）ではなく、エンハンスメントと「達成（アチーブメント　Achievement）」の対比という問題設定である。サンデルは、「サイボーグ選手」の可能性を論じながら、エンハンスメントによって浸食されるアチーブメントという問題について次のように指摘している。[35]

　　　エンハンスメントや遺伝子操作によって脅かされる人間性の一側面としてときに挙げられるのは、自分自身のために、自らの努力を通じて自由に行為する能力や、自らの行為や自分のあり方にかんして責任を持つ──賛美や非難に値する──のは自分に他ならないと考える姿勢である。……だが、エンハンスメントの役割が増加するにつれて、達成された偉業に対するわれわれの称賛は薄らいでいく。というより、達成された偉業に対するわれわれの称賛の宛先が、選手から薬学者へと推移してしまうのである。

サンデルは、さらに、こうしてエンハンスメントとアチーブメントを対比して後者を人間らしさの重要な性質として価値づけるだけでは不十分だとも指摘している。そして、生物医学テクノロジーそのものがもつ「支配への衝動」に含まれる近代社会の傲慢さこそ問い直されなければならないと主張している。個人としての人間を変えようとするエンハンスメントの代わりに、「贈られものや不完全な存在者としての人間の限界に対してよりいっそう包容力のある社会体制・政治体制を創り出せるよう、最大限に努力すること(36)」が必要だというのだ。現代社会のテクノロジーが、環境という外的自然だけではなく人間という内的自然をも技術的で合理的な支配の対象とすることは、「生命が与えられてあること(Giftedness of life)(37)」に対する畏敬と尊重の感覚を押しつぶしてしまう。与えられたものとしての生命を、人間自身のなかにあるにも関わらず人間の所有物ではなく、人間が完全には支配できない何ものかと理解するサンデルの視点は、「正常」の基底に「生の跳躍」を見出す思想と案外に親しいのではないだろうか。

さらには、努力によるアチーブメントそのものもまた、継続的にくじけず努力する能力として生物学的に特定されたならば、薬物そのほかのテクノロジーを用いることでエンハンスメントできる可能性もあるだろう。問題は、近代のテクノロジーのもつ支配への絶えざる内的衝動なのである。

5. エンハンスメントを超えて

人間の身体という内的自然を制御して、エンハンスメントによって自然に命令を下す支配の論理は、近代の技術的合理性の必然ともいえる。それは、個人としてあるいはチームとしての人間の努力と資質への祝福と共感、そうしたパフォーマンスを達成することに伴うかけがえのない喜びの価値を下落させ、スポーツをCGS単位と勝敗の数字へと切り縮めつつある。さらに、この合理性の支配が商業化や市場の論理と結びつくことで、スポーツは値札をつけられた見世物へと変性させられつつある。

だが、ここで重要なことは、合理的支配の強化と上昇にも関わらず、こうしたスポーツや遊びのような実践つまり、産業や生産とは異なる人間の「非合理的」生のあり方を人々が賞賛し続けているという点だ。それは、エンハンスメントできたりできなかったりするような特定の心身能力としてではなく、より開かれたかたちで、もっと創意工夫に満ちたやり方で、私たち自身の身体の力能を使いこなすことへと向けられた憧憬なのだろう。

しかし、こうした現状に抗する実践は、体を動かすこと自身によって生じる喜びを目的とするパフォーマンスとしてスポーツを称揚する伝統的なスポーツ精神の再生にとどまるだけでは不十分だ。個人の身体能力が国民国家の威信やグローバルなメディア産業のなかに組み込まれた現代社会だからこそ、運動を通じ

た身体的な解放のフロー経験は、たとえ稀にでしかなくても、ときには社会的・文化的な集合的解放の政治に接続していく可能性を秘めている。

　西インド諸島出身の思想家C・L・R・ジェームズの『境界を越えて』には、19世紀末から20世紀前半までの大英帝国植民地におけるクリケットを具体的な例としながら、そうした可能性がいきいきと描き出されている。スポーツと政治について、多くの場合に念頭に浮かぶのは、オリンピックによる国威発揚（例えばナチスドイツのベルリンオリンピック）や政治的理由での競技ボイコットだろう。だが、ジェームズが指摘するのは、組織された競技としてのスポーツは、古代ギリシャのルネサンスとして19世紀の後半に生まれたものであったことだ。さらに彼は、クリケットはもちろん、ゴルフ、サッカー、テニスなどが組織された競技となった時代は、アメリカでの南北戦争、ヨーロッパでのパリ・コミューンなどの政治的な激動期でもあり、大衆が民主主義を命がけで欲望した時代でもあったことに注意を向けている。

　　　ということはつまり、スポーツやゲームをあれほどまで熱狂的に求めていた大衆が、同時に人民的民主主義を欲していたということだ。おそらく、それぞれを求めた民衆は、完全に同じ人びとではなかったかもしれない。たとえそうでも、二つの集団が同時に立ち上がったという事実に変わりはない。[38]

　ジェームズの主張するとおり、20世紀初頭とくに戦間期の西インド諸島の人々にとってのクリケットでは、「人種や出身、階級の衝突は障害となるどころか大きな刺激になった」のであり、「通常のはけ口が得られなかった社会や政治をめぐる情熱がクリケット（や他のスポーツ）において、まさしくそれがスポーツであるという理由で激しく噴出した」[39]のだとすれば、そこには、近代的な合理性による支配の延長としてのエンハンスメントとは違うやり方で、身体のなしうる力能の上昇を経験し、理解する可能性があるように思える。

　もちろん、そこには単純な答えなど存在しないが、そうした身体の力能がどのようなものとなるかは大まかには指し示すことはできる。それは、来るべき想像力のエンハンスメントによって可能となるようなものであり、遊びや芸術のような仕事と食べていくための賃労働と公共性に向けられた市民的活動の区分をかき乱すものであり、まったく新しい生き方を生み出す「生の跳躍」を生産することである。[40]

【註】
（1）本章は、スポーツ社会学研究（23巻1号、2015年3月、pp.7-17）に掲載された論考「正常・病理・エンハンスメント」を元にしており、大幅に内容が重なることをお断りしておく。
（2）スーザン・ソンタグ、富山太佳夫訳『隠喩としての病い　エイズとその隠喩』、みすず書房、2012、5頁（Sontag, Susan, Illness as Metaphor, Farrar, Strauss, and Giroux, N. Y. 1978, AIDS and Its Metaphors, Farrar, Strauss, and Giroux, N. Y. 1989）。

（3）ソンタグ、前掲書。
（4）美馬達哉、『病のスペクタクル　生権力の政治学』人文書院、2007、第7章。
（5）中川輝彦、黒田浩一郎編著、『よくわかる医療社会学』、ミネルヴァ書房、2010、56-59頁，148-151頁。
（6）佐藤純一、土屋貴志、黒田浩一郎編、『先端医療の社会学』、世界思想社、2010。
（7）レオン・R・カス編、倉持武監訳、『治療を超えて　バイオテクノロジーと幸福の追求：大統領生命倫理評議会報告書』、青木書店、2005（Kass LR, Safire W. Beyond therapy：Biotechnology and the pursuit of happiness. A report of the president'ass LR, Safire Wethics. Dana press. N.Y., 2003.）。
（8）生命環境倫理ドイツ情報センター編、松田純・小椋宗一郎訳、『エンハンスメント：バイオテクノロジーによる人間改造と倫理』、知泉書館、2007（drze-Sachstandsbericht. Nr. 1. Enhancement. Die ethische Diskussion uber biomedizinische Verbesserungen des Menschen, Bonn 2002.）。
（9）Norton, K and Olds, T., Morphological evolution of athletes over the 20th century：Causes and Consequences, Sports Med 2001, 319：763-783.
（10）ジョルジュ・カンギレム、滝沢武久訳、『正常と病理』、法政大学出版局、1987（Canguilhem, George, Le normal et le pathologique, P.U.F., 1966.）。なお、カンギレムの思想の哲学的な含意については、森下直貴、『健康への欲望と〈安らぎ〉』（青木書店、2003年）でも論じられている。
（11）ドミニク・ルクール、沢崎壮宏，竹中利彦，三宅岳史訳、『カンギレム：生を問う哲学者の全貌』、白水社、2011（Dominique Lecourt, Georges Canguilhem, Presses Universitaire de France 2008）。
（12）カンギレム、前掲書、103頁。
（13）イアン・ハッキング、石原英樹、重田園江訳、『偶然を飼いならす：統計学と第二次科学革命』、木鐸社、1999、154-168頁（Hacking, Ian, The taming of chance, Cambridge University Press, 1990）。
（14）実際には、背が高く手足の長い人々のなかには、マルファン症候群の人々が含まれており、その場合は心疾患による運動中の突然死のリスクがある。
（15）デイヴィッド・エプスタイン、福典之監修、川又政治訳、『スポーツ遺伝子は勝者を決めるか？　アスリートの科学』、早川書房、2014、第6章（Epstein, David, The ports gene：Inside the science of extraordinary athletic performance, Current Trade, 2013）。
（16）カンギレム、前掲書、108-9頁。
（17）カンギレム、前掲書、104頁。
（18）カンギレム、前掲書、110頁。
（19）カンギレム、前掲書、115頁。
（20）ジョルジュ・カンギレム、杉山吉弘訳『生命の認識』、法政大学出版局、2002、196頁（Canguilhem, George, La connaisance de la vie, deuxième édition revue et augumentée, J. Vrin, 1965）。
（21）エプスタイン、前掲書、第11章。
（22）カンギレム、1987、242頁。
（23）生命環境倫理ドイツ情報センター編、前掲書、3頁。
（24）ダニエル・ケブルス、西俣総平訳、『優生学の名のもとに　「人類改良」の悪夢の百年』、1993、朝日新聞社（Kevles, D.J., In the Name of Eugenics：Genetics and the Uses of Human Heredity, Alfred A. Knopf., 1985）。
（25）美馬達哉、『脳のエシックス　脳神経倫理学入門』、人文書院、2010、第2章。
（26）美馬、前掲書、第5章。
（27）美馬、前掲書、第1章。
（28）Anderson, W.F., Human gene therapy：Why draw a line?, Journal of Medicine and

Philosophy 1989（14）：681-693., p.682.
(29) カス編、前掲書。
(30) カス編、前掲書、20頁。
(31) 美馬達哉、『リスク化される身体　現代医学と統治のテクノロジー』、青土社、2012。
(32) マイケル・J・サンデル、林芳紀、伊吹友秀訳、『完全な人間を目指さなくてもよい理由　遺伝子操作とエンハンスメントの倫理』、ナカニシヤ出版、2010（Sandel, M.J., The Case against Perfection：Ethics in the Age of Genetic Engineering, Belknap Press, 2007）。
(33) エプスタイン、前掲書、69頁。
(34) サンデル、前掲書、37頁。
(35) サンデル、前掲書、28頁。文脈に合わせて訳文を一部変更した。
(36) サンデル、前掲書、102頁。
(37) サンデル、前掲書、30頁。
(38) C・L・R・ジェームズ、本橋哲也訳、『境界を越えて』、月曜社、2015、256L.頁（C. L. R. James, Beyond a Boundary, Stanley Paul & Co., 1963）。
(39) ジェームズ、前掲書、116頁。
(40) ハンナ・アレント、志水速雄訳、『人間の条件』、ちくま学芸文庫、1994（Arendt, Hannah, The Human Condition, The University of Chicago Press, 1958）。

第4章

モラル・バイオエンハンスメント批判[※]
――「モラル向上のために脳に介入すること」をめぐって

森下 直貴

　近年、脳神経科学分野の研究が著しく進展する中で、脳に対する生物学的・生化学的な介入を通じて心身能力を増強・向上させるという、いわゆる「**エンハンスメント（Enhancement）**」に注目が集まっている。例えば、**第3章**で見たようなスポーツのドーピング検査で知られる筋肉増強剤や、高齢者にとって切実な抗加齢技術は、身体（physical）エンハンスメントに関わる。他方、ADHD（注意欠陥多動性障害）の子どもの鎮静や大人の集中力アップに処方される「リタリン」は、心理（mental）のうちおもに認知（cognitive）エンハンスメントの例である。さらに、心理のうちでも情動（emotion）に関わるエンハンスメントの例としては、明るく積極的な気分をもたらす「プロザック」や、不安・恐怖を取り除いて親近感を醸成するとされる「オキシトシン」が知られている[(1)]。

　エンハンスメント一般に目を向けるなら、上述のような薬物や外科処置、あるいは遺伝子操作等によって生物としての心身を改変する方向（バイオエンハンスメント）とは別に、コンピュータによって制御された機器・機械に接続して心身を改造するサイバネティクスの方向（サイボーグ化）もある。人工内耳や外部記憶装置、あるいはロボットスーツによる補助が後者の例である。今後はおそらく、脳深部への電気的刺激（DBS）が身体に埋め込まれたコンピュータによって制御される例のように、二つの方向は一つに収束していくことだろう[(2)]。その際、焦点となるのは「脳」（のシナプス結合）である。心身のすべての動きが「脳」に始まって「脳」に終わるとされるとき、そこに新たに要請されるのが「脳神経」に関する哲学であり、また鋭く提起されるのは「脳神経」をめぐる倫理である。

　「脳神経倫理（Neuroethics）」には二重の倫理問題が含まれている[(3)]。その一つは、脳に対する生物学的・生化学的介入の是非をめぐる問題である。バイオエシックスにおける生殖細胞の遺伝子操作では、未来世代に対する不可逆的な影響が問われたのに対して、脳への不可逆的な介入の場合、現に生きている人間個体が直接に影響を受けることになる。もう一つは、社会性あるいは道徳性に関わる人間心理、とりわけ同情（sympathy）または共感（empathy）の感情と、脳のニューラルネットワーク状態との間の対応関係に関わる問題である。脳神経科学者や哲学者の一部が主張するように、人間の道徳心理が脳状態を調べることによって分かり、したがって脳状態を操作することを通じて道徳心理を改善することも不可能でないとすれば、従来の（古典的な）人間観や倫理観・教育観を基礎にした方

法は不要になるはずである。そしてそれは人類がこれまで培ってきた伝統や常識に対する、ラジカルであからさまな挑戦を意味することだろう。しかし、そのような見地はどの程度まで妥当するのであろうか。

　最近（2008年前後以降）になって、以上のような動向の延長線上に、**モラル・バイオエンハンスメント**（Moral Bioenhancement：MBE）を主張するグループが現われ、論争を引き起こしている。もとより従来でも、心理エンハンスメントが問題にされる中で、モラルに関わる人間性の改良に関して、したがってモラル（道徳）エンハンスメントをめぐって議論がなかったわけではない。しかし、そこに新たに「バイオ」が加わり、具体的な実践例が示されるに及んで、議論はにわかに現実味を帯びてきたのである。ただし、実際の議論をながめてみると、道徳と倫理の定義やエンハンスメントの意味が漠然としており、モラル（道徳）とは何か、エンハンスメントとは何か、どこにどのように介入すればモラルエンハンスメントになるのか、といった肝心の点が定まっていないように見える。その意味では、議論の前提を改めて問い直すような考察こそが、いま求められているといえよう。

　そこでこの章では、モラル・バイオエンハンスメントをめぐる議論の前提を正面から問い直すことにしたい。それは同時に、倫理を脳に還元する脳神経倫理学そのものの立脚点を問い返すことにもなるはずである。モラル・バイオエンハンスメントを提唱しているのは、オックスフォード大学・上廣実践倫理センターの研究者たち、とりわけJ・サヴレスキュ教授（以下、敬称略）である。その彼が東京大学で2014年、自説に対する種々の反論をふまえて包括的な講演を行っている。以下ではその講演を精査することを通じて、建設的・積極的な論を立てることにしよう。

1. モラルエンハンスメントからモラル・バイオエンハンスメントへ

　まずは、「**モラルエンハンスメント**（Moral Enhancement：ME）」の意味を確認することから始めよう。これは文字どおりには、個々人の道徳性を高めることを指し示している。しかし、そこで用いられる道徳性とは何であり、またその道徳性が高まるとはどういうことか。サヴレスキュによれば、「道徳的にエンハンスする」とは、衝動をコントロールできること、認知能力を高めること、自己利益の計算力を高めること、共感能力を高めることなどであり、実に幅が広い。しかし、それでは部分的すぎる。むしろ一般的にいえば、自分が信じる正しい理由（根拠）にもとづいて判断したり行為したりできること、すなわち「自律」（Autonomy）を高めることに包括できるだろう。

　元来、この広義のモラルエンハンスメントに携わってきたのは、情操教育を含む道徳教育であった。伝統社会では洋の東西を問わず、宗教的権威に裏打ちされた「良心」や「仏性」、「誠意正心」、「清明心」といった心（魂）の理想が「養生」

と結びつき、修養を通じてめざされた。そうした中で、西欧では17世紀の後半以降、いわゆる近代社会が形成されるにつれて、伝統的な道徳性そのものが改めて問い直されるようになる。その皮切りはホッブズによる「利己心」（自己保存欲望）の大胆な肯定であった。これに触発されて、「モラルセンス」、「同情」、「快楽計算」、「権利の平等」、「人類愛」、「友愛」等、新たな道徳思想が次々と打ち出される。そして19世紀後半以降、とりわけ20世紀に入ると、道徳教育の介入に関して（国民対人類という対抗軸を伴いながら）、心理学や教育学や社会学の分野を中心に組織的な方法が模索されていったのである。

　道徳教育への介入をめぐる論点は以下の三点にまとめられる。最初の論点は介入の「焦点」、つまり何に対して働きかけるかである。ここには二つの焦点がある。すなわち、利己心・自己利益・エゴに介入してこれを制限するのか、それとも親愛的な同情に働きかけるのか、という対立である。前者なら知性を刺激して長期的計算や状況の想像力を育てることになるし、後者なら情動を導いて相手に対する感情移入を涵養することになる。二番目の論点は「到達目標」、つまりどこをめざして介入するのかである。これにも二つの見方がある。その一つは正義感覚を拡大して、相互尊重にもとづいた権利の平等をめざす。それに対して、もう一つは深い意味での共同性、つまり一体性・自己犠牲の上にそびえ立つ人類愛もしくは愛他精神（利他主義）をめざす。要するに、正義かそれとも人類愛かという対立である。そして三番目の論点が「方法」、つまりどのように介入するのかである。ここでも大きく分けて二つの考え方がある。一方には伝統的な人間教育（パイデイア）を継承する教養の涵養がある。他方には社会的・法的・経済的環境の改善がある。このやり方をめぐって、功利主義者は立法による社会制度の改良の下で独立と自由を強調し、社会主義者は経済的救済のため福祉行政の充実に期待する。

　以上の三つの論点をめぐる対抗軸は、19世紀から今日に至るまで基本的には変化していない。ところが、既述のように最近（2008年前後以降）、従来のモラルエンハンスメントに飽き足らないサヴレスキュらによって、モラル・バイオエンハンスメントが唱えられた。この主張は基本的には道徳教育に生物学を結びつける試みである。もちろんこの結合じたいには先例がある。古典となったダーウィンの『人間の由来と性選択』（1871年）を別にして1970年代以降にかぎるなら、例えば社会性動物における遺伝子中心の自然選択に注目するE・O・ウィルソンや、利己的遺伝子の戦略を全面的に押し出すドーキンスらの社会生物学が目を引く[7]。あるいは、攻撃性の儀式化に注目したローレンツや、共感（empathy）を強調するドゥ・ヴァールの動物行動学もある[8]。しかし、新たに唱えられたMBEはそれらとは一線を画している。決定的な相違点は、生物学的・生化学的手法によって個々人の道徳心理に対して「介入」することである。従来のように動物としての人間の自然状態の中に道徳性を見出すのではなく、その種の介入によって道徳性のポジティヴな向上あるいはネガティヴな最小化を人為的にめざすからで

ある[9]。
　サヴレスキュが提唱するMBEの枠組みは以下のようになる。

① 社会の急速な変化と科学技術の急激な進展をうけてグローバルな問題が山積している。例えば、大量破壊兵器とくに生物兵器（biological weapons）や、不平等と貧困、地球温暖化である。
② 人類の道徳性が制限されているため、それらの問題にはうまく対処できていない。それどころかむしろ、攻撃性・利己心・協調の困難さといった道徳心理の結果として、種々の問題が発生している。
③ 道徳性の焦点は同情・共感や、正義感、利他（愛他）心にある。しかし、従来の道徳教育や社会環境の改善のやり方では、それらを効率的に育成できていない。
④ 脳神経科学の進展によって、心理と行動を支える神経ネットワークのしくみが解明されつつある。それを通じて脳こそは、人間の心理と行動の基盤であることが明らかとなった。
⑤ 脳神経科学の研究を応用した実例を見るかぎり、行動の予見可能性や回避可能性は大いに期待できる。したがってそれらの知見を応用することで、制限された道徳性を向上することも不可能ではない。
⑥ それゆえ、生物学的手法によって人類の道徳性に介入することは、脳神経科学時代にふさわしい道徳的責任のとり方である。

　サヴレスキュの考える神経生物学的手法による介入（MBE）には次の3つのタイプがある。すなわち、**A行為者（agent）タイプ**、**B行為（act）タイプ**、**C生物因果（causal）タイプ**である。ここでAタイプは、生物的因果連関に介入することによって、一定の自然的・社会的な環境下で、「正しい信念とそれにもとづく正しい行為」への「動機の可能性」を高める。他方、Bタイプは、同様の条件下で、正しい「行為の可能性」を高める。そしてCタイプは、同様の条件下で、正しい行為を「因果的」に引き起こす。
　MBEの枠組みに対しては、直ちにいくつかの疑問が生じるはずである。例えば、とり上げられるべき問題とは、はたしてその類のものだけであろうか（①）。人間個々人のあるいは集団の心理がそのまま危機をもたらすという捉え方は、事柄をあまりにも心理主義的に単純化していないか（②）。効果の有無をどうやって評価するのか（③）。脳のシナプス結合が道徳性の基盤にあることは、たんなる対応関係の指摘でないとすれば、どうやって説明されるのか（④）。実例を通じて知られている予見可能性はどの程度まで信頼できるのか（⑤）、「正しい信念と行為」を判断するのはそもそも誰か（タイプ）、等々。
　実は、サヴレスキュの講演の主眼は、モラル・バイオエンハンスメント（MBE）に対して投げられた数々の反論に反駁することにあった。彼はそれらを3つの反

論群にまとめている。すなわち、第1はモラルエンハンスメントの概念の曖昧さ、第2は自由や平等に対する不可避の悪影響、第3は不適切な対応もしくは不相応な問題設定、である。MBEの3タイプを批判的に検討する前に、上述の疑問と絡めて、それらの反論とこれに対する反駁を概観しておきたい。

2. モラル・バイオエンハンスメントに対する3つの反論群

　最初に、MBEの道徳性の概念が曖昧だとする反論をとりあげよう。これに関連する主張にはいくつかある。例えば、道徳が要求するものに関してコンセンサスがないから、道徳性をめぐって相対主義と普遍主義との間で対立が生じるという主張がある。これに対してサヴレスキュは、最小限の普遍主義があるという立場を採る。あるいは、モラルエンハンスメントの唯一の中身は認知エンハンスメントだとする主張がある。これに対してサヴレスキュは、そうだとすればそれはたんなるプルーデンス（prudence）、つまり自己計算の見通しという主知主義であって、道徳ではないとする。また、MBEの主張がエリート主義・完全主義ではないかという反論に対しては、MBEはネガティヴな介入に止まっており、道徳心理にバイアスを与える因子の最小化をするだけとする。さらに、道徳心理は生物学的に決定されており、介入による向上は期待できないとする反論に対しては、自然的な正常性とはあくまで統計的であって規範的ではないとし、またすでに種々の物理学的・生化学的な作用をバックグラウンドで受けているとする（この点は後述する）。以上から分かるように、サヴレスキュでは一定の普遍道徳の枠組みが前提されているが、これに関しては後で改めて詳しく論じよう。

　次にとりあげるのは、自由や平等という価値に対するMBEの悪影響が避け難いとする反論である。悪影響をめぐる論点には二つある。その一つは、「**自発性**」と「**自律**」という二つ自由に関わる。例えば、ハリスは道徳的に堕ちる自由の選択を含めて「自律の自由」が損なわれると批判する。あるいは、「真正性」（「無垢の私」もしくは自然性 authenticity）を擁護する見地から批判するのは、サンデルである。さらに、人類の道徳性の根源がDNAにあるとし、これが操作されることによって道徳性が毀損されると反論するのはハーバーマスである。他方、もう一つの論点は平等に関わる。ここには、権力者による弱者への侵害（不平等）、モラルエンハンスされた少数者による支配という危険、権力の乱用、道徳心理の向上を要求されるべき人たちがエンハンスメントの手段を追求するという危うさ（ブーツストラッピング）、搾取の可能性、などが含まれる。以上から分かるように、サヴレスキュだけでなく「バイオ保守主義」たちもまた、モラル・バイオエンハンスメントが実現したらどうなるかという想像の上で話を進めている。しかし、かりに想像通りに実現したとしても、実際にそこでは何が起こるのであろうか。この点も後に改めて詳細に検討しよう。

　三つ目の反論群は、科学技術に関連する現代社会の諸問題に対して、MBEと

いうアプローチが不必要なだけでなく、さらに不適切でもあるという主張である。これは問題の立て方そのものへの反論である。例えば、エンハンスメントを促進する手段が開発されるはずがないとする批判は、実現性に対する疑問である。また、グローバル化するほどの必要性はないという反論は、問題そのものの解消である。あるいは、社会の変動に関しては政治的・社会的要因に働きかける方がより効果的であるとか、社会問題には生物学的介入ではなく、政治的解決を図るべきだとする批判がある。さらに、MBEが最初から道徳的な不平等と力の不均衡を前提にしているかぎり、それはそもそも道徳教育には相応しくないとか、その介入によって多様性の価値が否定されるといった反論もある。しかし、以上のような反論群は、MBEの内部に立ち入っての批判というより、たぶんに常識に寄りかかったものである。常識的な結論を確認するだけの議論水準を超えて、MBEを内在的に検討する必要がある。

　以下では、サヴレスキュの問題の立て方（フレーミング）をいっそう踏み込んで内在的に検討するために、上述の疑問や反論群を次のような三つの根本的な問題点に絞ってみたい。それがすなわち、(1)道徳や倫理の捉え方、(2)グローバルな問題と道徳心理の関係、そして(3)実現可能生と自由の問題である。この最後の問題点を論じる中でMBEの3タイプが登場する。

3. 道徳性とシステム間の〈変換構造〉

3.1　諸システムの交錯・交流とその結節点

　まず、道徳や倫理の捉え方から検討しよう。サヴレスキュ自身は道徳性に関して、相対主義をしりぞけ、正しい道徳的信念や正しい行為があるとする普遍主義の立場をとっている。彼が依拠するのはロールズの「合理的な熟慮（rational deliberation）」の見地である。ここで熟慮を支えている条件の一つが、A・スミス流の想像力による同感的知（sympathetic knowledge）である。サヴレスキュの引用から判断するかぎり、初期のロールズの考えではその種の同感が極端に理想化されている[14]。しかし、中立不偏でありつつ、他者の観点を我が事のように想像し、自他を比較できるような「合理的熟慮」は、実際には非現実な想定だといえる。

　むしろ、普遍道徳があるか否かを問う以前に、立ち止まって考える必要があるのは、そもそも「道徳」とは何であり、それは「倫理」とどのように関係するかという点であろう。これについてはすでに**序章の1**で論じているから、ここではその要点だけをくり返すことにしたい。

　本書で用いる「倫理」という言葉が指しているのは、人々の間でやりとりされる意味接続としてのコミュニケーションを安定的に接続させる、条件づけとしての「構造」（一定の意味パターン）である。この「構造」をもってはじめて人々のコミュニケーションは「社会システム」になる。ただし、この「構造」はシス

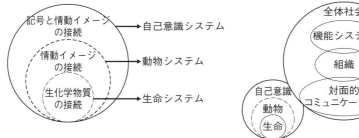
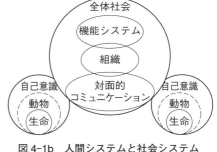

図 4-1a　人間システムのサブシステム　　図 4-1b　人間システムと社会システム

テム一般についてあてはまるから、社会システムだけでなく、人間システムにおける自己内対話のコミュニケーションでも、条件づけとして働いている。それが信念（または人生観やものの見方）であり、社会システムの「倫理」と交錯する。したがってこの「信念」もまた「倫理」と呼ばれてよいが、「道徳（モラル）」という言葉が特別に割り振られている[15]。

　さて、以上をふまえて論を一歩進めよう。個々の人間システムにおける自己内対話のコミュニケーション（意味接続）には、一方のいわば外側の外部から、社会システムのコミュニケーション（意味接続）が直接的に（つまり同一の言葉を用いつつ）影響を及ぼしている。またそれと同時に、他方のいわば内側の外部から、生命システムにおける生化学物質の接続（化学反応の連鎖）と動物システムにおける情動イメージの接続とが間接的に影響を及ぼしている。つまり、自己内のイメージ・記号の接続において、二重の外部における接続が交錯し交流していることになる。この点をもう少し敷衍しよう。**図4-1a、4-1b**を見ていただきたい。

　個人の自己内対話のコミュニケーションの外側の外部、すなわち他者との間で広がっているのは、社会システムの構造によって方向づけられた意味のコミュニケーションである。**序章**の1.4でも上記図を用いて説明したように、社会システムの基底で動いているのは対面的コミュニケーションである。そしてこれを組み込んで成り立つのが、組織内コミュニケーションであり、この組織によって担われるのが、機能システムである。さらにそれらのすべての社会システムを包含するのが、全体社会である。そして、いずれのレベルの社会システムであれ、そこには意味コミュニケーションの接続を安定化させる「構造」がある。この構造は社会システムごとに異なっており、全体社会の構造の場合は「社会常識」といってもよい。ともかく、それらの構造によって（決定されるのではなく）方向づけられる意味接続が、個々人の意識において道徳（構造としての信念）によって方向づけられる自己内対話の意味接続と交錯・交流するのである。

　他方、個人の自己内対話の奥底、いわば内側の外部すなわち生物の内部には、進化を通じて形成された構造（本能）によって方向づけられる情動の接続がある。

これが生物の心理状態の基底で働いており、ここが安定しないと不安や、恐怖、衝動、抑うつ等が生じる。この情動ネットワークは生物の内部から突き上げるようにして、意識の自己内対話における道徳（信念）を刺激する。さらに、この情動を中核とする動物システムの下位レベルで作動しているのが、生化学的な反応が連鎖する生命システムである。この反応連鎖をコントロールする脳のシナプス結合において過剰・過少などの接続トラブルが発生すると、それが情動レベルの接続に影響を及ぼし、不安定な状態をもたらすことになる。

　要するに、個々の人間システムにおける意識的な自己内対話のコミュニケーションでは、多重のレベルの意味接続の循環が入り込んで交錯・交流しており、その中で多重の「構造」もまた自己内対話を方向づける構造（道徳）と交錯している。ちなみに、以上のような観点から見れば、個人の道徳心理の実態に比較的に即しているのは、カントのいう感性（傾向性）・理性の二元的構成ではなく、フロイトのいう欲動・自我・超自我の三元的構成のほうであろう。いずれにしても、サヴレスキュの依拠する道徳性の普遍主義的で理想主義的な枠組みがきわめて狭く、偏っていることだけは確かである。

3.2　変換構造の理論化へ向けて

　それではさらに一歩進めて、異なるレベルにある複数のシステム同士の意味接続の循環における交錯・交流そのものに視線を向けてみよう。一般に（レベルの異同を問わず）、別個のシステム同士の交錯・交流において、外的な刺激は相互にどのように変換され、システム内部の個々の接続プロセスにいかに組み込まれているのだろうか。またそのとき、複数のシステムにおける構造同士は、そのような交錯・交流においてどのように接続し合っているのだろうか。これらの点の解明は本章の主題にとって決定的に重要な意味合いをもっている。というのも、そもそも「脳に介入してモラルをエンハンスする」という事柄の根幹にあるのが、とりわけ異なるレベルにある複数のシステム同士の交錯・交流における、まさにその種の変換だからである。

　複数のシステムの間で意味接続の循環が安定的に交錯・交流しているとすれば、そのときそこでは、相互の外的刺激を変換する一定の構造が形成されているはずである。これを〈変換構造〉と名づけよう。それには二つの類型がある[16]。一つは複数のシステムのレベルが異なる場合、例えば人間システムと社会システムとか、人間システム内部のサブシステム同士の場合である。ここではミクロレベルとマクロレベルの別個の意味接続が、微分積分的あるいはフラクタル的とでもいえるような構造化によって接続される[17]。これをとくに〈転換構造〉と呼ぼう。もう一つは同レベルのシステム同士が交錯・交流する場合、例えば個人の間の対面的コミュニケーションとか、科学や技術のような機能分化システム同士の場合である。ここでは意味（区別連関）を相互に置換ないしは翻訳するような構造化が生じる。これをとくに〈互換構造〉と呼ぼう。要するに、システムはすべて内

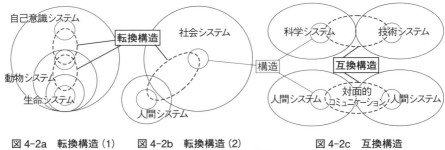

図 4-2a　転換構造（1）　　図 4-2b　転換構造（2）　　図 4-2c　互換構造
　　　　　人間システム　　　　　　　人間システムと社会システム

部的に構造をもつが、ここで新たに形成された変換構造は、それらの内部的構造同士をゆるやかに媒介する高次の構造ということができる。その意味では〈ハイパー構造〉とも、〈間－構造〉ともいってよいかもしれない。以上については**図4-2a、4-2b、4-2c**を見ていただきたい。

　それでは、外的刺激の受容に続いて生じる意味接続のプロセスに注目しよう。まず、特定のシステムが外的刺激を受容する際、その受容は〈変換構造〉によって方向づけられるが、この方向づけは因果決定的なものではなく、**偶発性と未決定性**を織り込んだゆるやかな条件づけである。次に、そのように変換された刺激を受容するシステムの側では、すでに個々の意味接続が進行している。**序章**の**1.1**で論じたように、この内部的な構造による方向づけもまたゆるやかであり、個々の意味接続にはそのつど偶発性と未決定性がともなっている。したがって、変換的受容のプロセスに続く意味接続のプロセスは、二重に倍加されたゆるやかさの中で、因果的に決定的でもなければ、逆にまったくの非決定でもなく、あくまで一定のゆるやかな幅をもった方向づけを受けていることになる（ここには「半構造化」という表現がふさわしいかもしれない）。その結果として当該システムは自己変容したり、しなかったりする。

　以上をふまえて、外部から「介入する」という事態を解明してみよう。ここで「介入」とは「接続方向の変更」を意味する。これには間接的介入と直接的介入の二つがある。

　まず、間接的な介入とは、下位レベルの接続方向を変更することを通じて、焦点となる上位レベルの接続方向を変更することである。人間システムを例にとれば、薬物の摂取によって生体分子反応における接続方向を変更し、これを通じて動物システムにおける情動の接続方向を変更することである。あるいは逆に、上位レベルの接続方向の変更を通じて、焦点となる下位レベルの接続を変更することでもある。例えば、意識の自己内対話における瞑想を通じて、動物システムにおける情動の接続方向をコントロールすることである。以上のような双方向の間接的介入では、狙いどおりの効果が必ず得られるという保証はない。なぜなら、

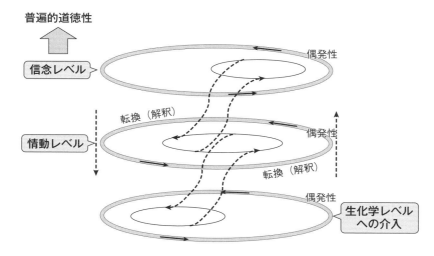

図 4-3　上位／上位レベル間の転換

上位と下位の双方のレベルの接続においては、偶発性と非決定性が一定の幅の中で残り続けるからである。

　次に、直接的介入とは、同一レベル同士の接続方向を変更することである。例えば、頭痛薬を服用して炎症部位を鎮静させるとか、先導者の指導を受けて瞑想する中で悟りの境地に至るといったことである。ただしこの場合でも、間接的介入ほどではないが、介入による条件づけが接続方向を変更して、狙いどおりの効果をもたらす、という必然的な保証はない。頭痛薬を服用しても鎮静効果が得られないときもあるし、瞑想しても誰もが悟りの境地に達するわけではない。介入という方向づけの刺激を解釈しつつ自己変容するのは、あくまで介入されたシステム内部における複合的な交錯の効果だからである。以上については、**図4-3**を見ていただきたい。

3.3　人間システムと社会システムの間の変換（転換）

　モラルエンハンスメントや道徳教育との関連を視野に入れつつ、人間システムと社会システムの間の変換（ここでは転換）に注目してみよう。この転換では、人間内部のサブシステム間の場合よりも、個々人による自己解釈を通じて個性的な変異がより強く現われるはずである。ただし、忘れてならないのは、幼少期から周囲の大人（常識）による介入を受け続けることによって、個々人の信念とそれに関連する動機づけ（情動）がすでに習慣化されていることである。つまり、人間は白紙状態からではなく、すでに特定の内容が書き込まれた状態から出発する。そしてその後の成長の中で別の刺激を受けつつ自己変容する。そのような構

造としての信念（道徳）の形成には以下の四段階を想定できる。これはごくありふれた想定にすぎないが、それでもサヴレスキュの単純化された見方を解毒する程度の価値はあろうかと思われる。

(1) 第一段階は無意識の習慣形成である。周囲の関係者からの働きかけを受けつつ（社会環境）、自然環境の寒暖や季節のリズムが身体と気分に刻み込まれる。そもそも社会環境じたいが、自然環境の中で慣習として歴史的に形成されている。慣習や伝統は秩序維持、協調性、従順といった社会的善への偏向をもつ。ここでの受容と変換は非自発的・無意識的であり、自然環境を共通の培地にしつつ、社会の構造がほとんど直接的に人間システムの信念（構造）を方向づける。

(2) 第二段階は組織的な方向づけである。学校教育は明確な目標と方針と規律をもって、子どもを社会人すなわち国家を支える成員へと育成する。とりわけ道徳教育は秩序と善の側面を強調し、期待される人間像を言語的・非言語的に教え込む。それはあまりにも建て前に終始し、およそ面白味に欠けるとはいえ、情動レベルの動機づけに対する刺激は圧倒的である。

(3) 第三段階は意識的な反省である。青年期の人間は時代の変化をもっとも敏感に感じとることができる。その結果、既存の慣習や組織的な方向づけに対して反発する態度を募らせる。それは概して潔癖さをともなうから、秩序を反転させた世界に憧れたり、善／悪（白／黒）の中間を認めなかったりする。場合によっては、善／悪の分割線を流動化させる思考を生むこともある。この段階において初めて自覚的な自己変容が始まる。

(4) 第四段階は社会人すなわち組織人への組み込みである。社会の一員（大人）になるためには、慣習の歴史性や組織の拘束性のもつ重みと、それらを継承する責任を理解する必要がある。その上で慣習や組織の秩序を不断に再構造化し、改善することが要請される。さらには特定の慣習や組織を包含する全体社会の倫理（常識）を問い直すような、再帰的視点も要請されることだろう。以上が大人にふさわしい倫理的責任である。

この節では、多レベルのシステムの構造同士が交錯・交流する事態を論理的に把握しようと試みてきた。脳神経倫理学を含めてすべての還元主義的な理論では、そのような論理的把握がこれまでほとんど突き詰められてこなかった[18]。もとよりここでの論理化が素描の域を出ていないことも確かである。しかしそれでも、停滞した理論の現状を少しでも変容する意義はあるかと考えられる。

4. グローバルな危機と道徳心理

二番目の論点は、グローバルな社会問題と道徳心理あるいは人間性との関係で

ある。サヴレスキュは、人間の道徳心理が制限されているため、そこからグローバルな問題群が直接的に、あるいは間接的に発生するかのような捉え方をしている。逆にいえば、道徳心理さえ向上すれば、問題はほとんど解決するかのようないい方である。しかし、多くの人々が感じるように、そのような連関づけには大いに疑問がある。サヴレスキュの考え方には、西洋の19世紀に支配的であった心理主義、すなわち人間本性論がそのまま色濃く残存している。

近代社会への移行に際して、19世紀のコントやJ・S・ミルやスペンサーが実証主義・経験主義・進化論の立場から倫理を論じたとき、そこで問われていたのは人間本性であった。その後、新カント学派の（認識において精神的な構成力を強調する）二元論が一世を風靡し、これに対抗してマッハやベルクソンやジェイムズが（物質と精神の）一元論を唱える。そして1920年代から、伝統的な人間観を改めて問い直すシェーラーやゲーレン等の哲学的人間学が登場する。やがて20世紀の半ば以降になると、社会生物学や動物行動学が現われ、「系統発生的なアプリオリ」という考え方が提唱される。以上については序章の**3.3.3**や結章の**3**を見られたい。

そもそも人間性とは、普遍的にして不変なのであろうか。それとも、時代・社会・個人ごとに相対的にして可塑的なのであろうか。社会性動物をめぐる科学的知見に照らしていえば、実はそのどちらでもない。進化における形成の方向づけが経路依存的（エピジェネティク）な拘束力をもつかぎり、現在の情動ネットワークを中核とする心理システムの基盤には、歴史的に形成された一定の普遍性と不変性があるといえそうである。そしてその形成に際して、心理システムは社会システムと複雑に交錯してきている。その結果、社会性動物では同情・共感が本能として組み込まれ、社会的親密化の方向に遺伝子プール群が偏向することになる。

以上をふまえていえば、人間心理における道徳性、つまり道徳心理の核心にあるのは、情動である。少なくとも情動を抜きにして道徳性を語ることはできない。認知エンハンスメントや身体エンハンスメントが道徳性と直接的に結びつかないのは、そこに情動が織り込まれていないからである。道徳心理では通常、自己配慮と同情・共感の上に、正義感と利他心（愛他心）が位置づけられる。正義と利他主義とはもとより同じでない。人間同士の相互的尊重と自己犠牲的な自他の一体化とは異なる水準にある。ここでともかく重要なことは、個々人の情動、つまりとりわけ同情・共感がどんなに豊かであったとしても、それが直ちに「倫理」に転化するわけではないという点である。

序章の**1.5**で既述したように、倫理は多レベルに分岐しており、社会システムと個々の人間システムとはレベルを異にしている。例えば「疎外」とか「非人間的」という言葉でもってどんなに非難されようとも、倫理に関して人間主義の及ぶ範囲にはおのずから一定の限界がある。同情・共感はあくまで個々人間の想像的な関係の範囲に止まり、社会システムの倫理水準には届かない。たとえいかに共感力に富んだ人物であっても、それだけでは組織人として不適格であ

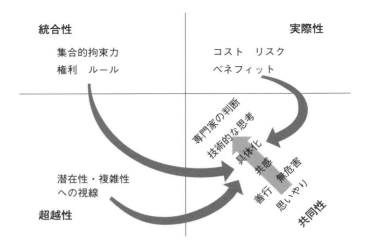

図4-4　臨床倫理における技術的な思考

る。この点をさらに臨床倫理の例を通じて示してみよう。

　序章の**2.2**で説明したように医療は、痛み苦しんでいる人に向けられた癒しの働きかけに淵源するかぎり、究極的な価値理念として〈共同性〉の実現を目標にしている。この目標から直接的に導かれるのは、思いやり（compassion）のある態度や善意のふるまいである。しかしそれだけでは未分化であって、具体的な臨床の倫理にはならない。それを具体化するためには、〈共同性〉以外の他の三つの次元、すなわち〈実際性〉と〈統合性〉と〈超越性〉にかかわる要件を繰り込みつつ、目標を実現するための手段・方法が選ばれなければならない。**図4-4**を見ていただきたい。ここに示されているのは、目標に至るための適正な手段を選択する技術的プロセスである。このプロセスの中で養生の方法や、無危害、真実告知、秘密保持、研鑽といった徳や規範が位置づけられる。倫理を具体化するとは実際には技術化することである(23)。そして専門家とは技術的に、つまり直面する状況に相応しい手段に関して適切に思考し、行動できる社会人のことである(24)。ここで〈共同性〉の具体化について指摘したことは、他の次元の価値理念（究極目標）の具体化、すなわち技術化についても妥当するはずである。

　以上を要するに、グローバルであろうとなかろうと、いかなる社会問題であっても、それが人間心理から直接的に発生することはありえない。この点は本章の**2**で言及した三番目の反論に関連している。ここでは省略するが、序章の**2.3**で論じたように、現代社会における機能分化システム同士の相互連関とその変容については、個々人のレベルを超えた社会システムの枠組みから捉えられなければならない。サヴレスキュの見地には、自然科学者にありがちな単純化思考のみならず、ある種のヒロイズムやエリート主義の臭いも漂っている。

5. 介入による実現可能性と自由の問題

5.1 前　提

　前述のように、サヴレスキュは最小限の普遍道徳の存在を信じており、信念や行為の「正しさ」を同定できると考えている。彼によると、正しい帰結を実現する能力にかぎっていえば、もちろん人類は平等ではない。しかしそれを補うための方法として、生物学、心理学（教育）、社会環境、自然環境の四つがある。そして自然の配分が理想的でない以上、それらの方法を動員してエンハンストすべきである。それらのうちで彼がとくに注目するのは生物学である。生物は因果のネットワークの一部であり、遺伝子と環境の二方向から影響を受けている。その際、環境の変更は脳のニューラルネットワークの改変を通じて我々に影響するし、心の中の出来事もすべて脳を通じて起こる。このように因果の「最終的な共通経路」が「脳」なのである。したがって、脳に直接介入してニューロン活動をコントロールできるならば、道徳性に関して相当の効果が期待できそうである。それがMBEにほかならない。

　サヴレスキュのMBEでは、普遍道徳への信頼と並んで、科学的知見とその効果への信頼が目立っている。つまり、道徳の普遍主義と科学的な予見可能性との結合がMBEを支えている。しかし、そこでいわれる「予見可能性」や「回避可能性」とは、具体的にはどういうことであり、そしてそれはまた、そもそも実現可能なのだろうかという疑問が生じる。というのも、**3.2**で指摘したように、脳のニューラルネットワークの接続においても、偶発性と未決定性が避けられないからである。しかも上位の心理システムとの間のレベル差が、未決定性をいっそう増幅する。したがって、下位レベルのシナプス結合に介入しても、上位レベルの接続の方向変更を狙いどおりに引き起こすとはかぎらないわけである。そこで以下、**1**で言及したMBEの三つのタイプ（ABC）の「実現可能性」について、具体的に一歩ふみこんだ検討をしてみよう。くり返すならば三つのタイプの可能性とは、薬剤や外科手術によって、「正しい信念とそれにもとづく正しい行為」を「動機づける可能性」（A）、正しい「行為を遂行する可能性」（B）、そして正しい「行為を因果的に引き起こす可能性」（C）である。

　実例の検討に入る前に、サヴレスキュが用いる「可能性」の意味について確認しておきたい。ここでいう「可能性」とは、選択の自由度（幅）を指している。一般に「自由」には二つのレベルがある。まず、一定の信念と動機にもとづいて行為を選ぶ自由がある。これは広義の「自律」といわれる。哲学では通常、「自律」といえば直ちにカントの「自律」が想起される。しかしこの意味での「自律」は普遍的かつ客観的な水準の「正しい信念や行為」と「善い動機」を必然的に含意しているから、あまりにハードルが高い。したがってカント的な自律は、ここでいう広義の「自律」の一部ということになる。次に、行為を始動する「自発性」

としての自由がある。⁽²⁵⁾例えば、むくっと起き上がり、辺りをきょろきょろ見渡すといった行動である。この自発性は広義の自律の必要条件である。

以上をふまえるなら、Ａタイプの「正しい信念や行為への（善なる）動機の可能性」が意味するのは、あくまで広義の「自律」ということにならざるをえない。他方、Ｂタイプの「正しい行為の可能性」においては、信念の正邪や動機の善悪の別はおろか、そもそも信念の存在すら問題にされていない。行為が外部（他者）の正の基準に適合するか否かにだけ関心が払われているからである。それゆえ、「行為」だけを見ているかぎり、一定の信念を有したＡタイプと、理由を問われることのないＢタイプとを区別することは困難である（自由については**第5章の6**に詳しい）。

さて、実現可能性に関してサヴレスキュは次の三つの実施例をもちだす。すなわち、第一は小児性愛者に対する去勢の例であり、これには化学的・外科的・電子的なやり方の三種がある。第二はうつ病の患者に対するDBS（脳深部電気刺激法）の例である。そして第三がADHD（注意欠陥多動性障害）患者に対するリタリンの処方例である。これらのうちリタリン処方例は、脳神経倫理における典型ケースとしてしばしばとりあげられている。実際、ADHDの子どもに対する処方は衝動を鎮静させる効果があるため、米国の一部の教育現場では学習改善に効果的であると評価されているようである。ただし、長期的に見るとコストがかかる上に、健康への影響が未知であることから懸念が表明されている。リタリンはまた健常な大人でも集中力を高めるために服用されている。

5.2 検 討

最初にリタリンの例から検討しよう。はたして本人（子どもや大人）が自発的にリタリンを予防目的で服用し、心理状態を落ち着かせて自己をコントロールする中で、「自律」の状態を維持することは、実際に可能であろうか。もしそれが可能であれば、そのときには自発性はもとより、自律もたしかに侵害されていないことになる。また、リスクとコストとベネフィットを自分で比較考量するかぎり、リタリンの服用は強制されていないし、衝動的な行為とその結果に対する処罰や刑罰が社会的あるいは法的に正当だと認められているかぎり、搾取されているわけでもない。

サヴレスキュはリタリンの延長線上で、一人の判事をめぐって思考実験をしている。そこにはリタリンの例では見えなかった問題点が露呈している。ジェームズという名の判事（この名前は有名な心理学者を想起させる）は、自分の心に潜む人種差別の偏見に気づいている。そこでこの偏見を減らすために、「プロプラノロール（propranolol）」という薬剤を自ら進んで服用する。ちなみにこの薬は、実際に処方されているアドレナリン作動性効果遮断薬の一つであり、高血圧や狭心症に対して効果があり、さらに頭痛発作の発症を抑制する。さて、ジェームズ判事はそれを服用した結果、人種差別の偏見を克服して公正な裁判を指揮するこ

とができた、という例である。

　サヴレスキュによれば、ジェームズは「真の自己」と「本能的自己」のせめぎ合いの中で、薬の力を借りて本能的自己から真の自己を解放したことになる。しかし、ここにはサヴレスキュの偏見（先入見）が示されている。**3.3**で描いたように、そもそも社会的偏見の大部分は、社会化の結果であって本能ではない。そのかぎり社会的偏見を減らす薬などありえない（ちなみに「プロプラノロール」はＡ・スミス流の「適宜性薬」とも訳せる）。本能的自己対真の自己というカント的な構図はいかにも安直である。何度も指摘したように、薬が因果的作用を及ぼすのは（この作用じたいにも偶発性と未決定性がともなう）、社会的偏見（信念）の下位レベルの情動の、さらに下位レベルにある生化学的反応に対してである。例えば、本章の冒頭で紹介したように、オキシトシンは緊張や恐怖や不安を和らげる薬として有名であるが、それを服用したからといって、見知らぬ人に対して必ず親近感や信頼感が生じるというわけではない。むしろ、自己の社会的偏見に気がつくということじたいが、同一レベルにおける方向変更、つまり偏見克服への第一歩である。それにも関わらず、サヴレスキュはその点を無視し、いきなり生化学的な下位レベルへと飛んでいるのである。

　サヴレスキュはまた別の思考実験例をもち出している。「ゴッドマシーン」なる装置に個々の人間の脳のニューロン活動が接続され、それを通じて個人が外部から不断に操作されるという例である。これは非自発的な形での介入の例である。非自発的な介入のやり方としては、もちろん遺伝子の組換えによる改変もあるが、この方法では同レベルの接続変更や上位レベルへの影響となると、未知に止まる。その点では脳への介入のほうが因果的により直接的で確実である。とにかく、このように外部から脳がコントロールされることによって、犯罪を行う自由が未然に除去され、その結果として刑罰を発動するまでもなく、甚大な害が予防できたという例である。

　ちなみに、この例が下敷きにしているのは、Ａ・バージェスの『時計じかけのオレンジ』（1962年）である。この小説（1971年に映画化）に描かれているディストピアの世界では、「ルドヴィコ療法（Ludovico technique）」を受けた者は、暴力に対して嫌悪感や吐き気をもち、暴力そのものに対して無防備になる。しかし、現実味という点で先行しているのは、**序章**の**2.4**で紹介したように、最適環境を自動制御する「ユビキタス社会」のほうであろう。ここで個々人の行動を非人格的に誘導しているのは、一個の超越的な視点をもつゴッドマシーンではなく、無数の視点を編集したクラウドコンピュータ（ビッグイット）である。ただしここでの介入の標的は、認知情報であって情動ではない。

　再び「ゴッドマシーン」の例に戻ろう。ここでの生物医学的介入は、「自発性の自由」を妨害して不可能化することによって、「反道徳的なことをする自由」、つまり、信念にもとづいて「堕ちる自由」を選ぶこともできる「自律の自由」を遮断するものである。サヴレスキュはこう問いかける。このような介入はたしか

に自由全般を損なっている。しかしそうだとしても、それは悪いことであろうか。自由はなるほど大切な価値ではあるが、多くの価値のうちの一つの価値にすぎない。状況によっては公共の福祉や基本的な権利の尊重のほうが優位する場合もある。そうなると問題は、諸価値の間の比較考量ということになる。しかも衝動的な攻撃性を低減させることは、搾取的ではない。そのかぎりでいえば、悪くありたいという自由を損なうこと——これはとりもなおさず自発性そのものを損なうことであるが——は、むしろ好ましいことなのではなかろうか、と。

　たしかにサヴレスキュの論法には一理ある。しかしそこでは、少なくとも次の二点が考慮されていない。一つは価値の連関構造である。比較考量するとはバランスをとること（優先度の強弱をつけること）ではあっても、そのうちのどれか一つを消去することではない。この点は価値理念の枠組みや技術的な具体化を論じた序章で言及している。もう一つは「自発的自由」とシステムとの関係である。自律の自由が意識システムにおける自己内コミュニケーションそのものの特性（信念による自己統治）であるとすれば、自発性の自由は、これまた序章で説明したように、自己意識システムを包含する〈外的刺激を変換しつつ（意味解釈して）自己変容するシステム〉一般の特性なのである。したがって、システム一般の特性の消去は人間システムの一部の消去ではなく、人間システムそのものの消去になる。

5.3　小　括

　以上の検討を受けて、MBEの「実現可能性」と自由の関連を小活してみよう。まずは**Aタイプ**である。リタリンを自発的に飲む例では、情動をおおまかに安定させることによって自律の自由がたしかに保障される。つまり、心理のレベルが安定することによって穏やかな時間が確保され、その中でものの見方や人生の意味について思いをめぐらすことができる。ここで保障される自由はもちろん広義の「自律」である。そして広義の自律の自由であるかぎり、その中で選びとられた信念は、特定の時代や社会の常識に合致する場合もあれば、そうでない場合もある。あるいは、信念のたんなる再構造化を超えて、善悪の分割線そのものを問い直すような再帰的な反省に達する場合もあれば、そもそも一定の信念の形成にすら至らない場合もある。

　次は**Bタイプ**である。リタリンを服用して情動を安定させることによって、いかなる信念（モラル）が内心にあろうとも、それとは無関係に何らかの道徳的に正しい行為が保障されるのだろうか。この答えは、たしかに一定の行為は保障されるが、それは道徳的に正しいものとはかぎらない、である。行為に関するかぎり、BはAの外延上にあり、Aと間の違いは見えてこない。もちろんその際、知的な想像力が働くならば、たいていは常識的または法律的な意味での正しい行為に収まるはずである。しかし一般的にいえば、MBEによって確保されるのは、長期的なプルーデンス（賢慮という名の計算）にほかならない。ここでは内心の

信念や動機は「人格」という社会的仮面の背後に隠される。

　最後はCタイプである。反社会的行動への衝動が押さえられないとき、殺人につながる暴力や性犯罪がくり返されるという状況において、MBEが非自発的に介入するかぎり、そこにはいかなる意味での自由もない。とはいえ、その介入がいつでも非自発的とはかぎらない。例えば性犯罪者に対する「去勢」では、性犯罪者自身が去勢の処置を嘆願するケースもある。これは、冷静なときに善悪の判断にもとづいて、自発的に自律の自由を棄てる選択である。加えて、去勢の「化学的」処置は自発性を毀損しても、一時的である。サヴレスキュは価値の比較考量の観点から、暴力を未然に防ぐために、一時的に嫌悪感を引き起こす処置を自発的に選択するやり方を推奨している。とすれば残る問題は、既存の懲罰システムと比べてどちらがより効果的かということになろう。

　結局、モラル・バイオエンハンスメントは、その効果が因果決定的ではないという前提の上で、また乱用や安全性に対する配慮を必要とするという条件の下で、情動の自己コントロールを維持または回復するために、自発的かつ一時的に用いられるかぎり、倫理的に見て許容されると考えられる。

6．モラル・バイオエンハンスメントに対する限界の画定

　サヴレスキュは講演の結論としてMBEの実践的倫理学を提唱している。その柱となるのは、介入の比較考量のほか、ユートピア思考の拒絶、予見可能性・回避可能性、知識と力にともなう道徳的責任、そして研究を行う責任である。最後の研究に関していえば、一方に倫理学があって普遍道徳を理論的に位置づけ、他方の科学がエンハンスメントの方法を探索し、その効果を検証する。要するにMBEの実践的倫理学とは、予知可能性・回避可能性をふまえた道徳責任論なのである。[26]

　MBEの実践的倫理学の前提には、これまで論じてきたように普遍的道徳、道徳心理と社会問題の連関、それに実現可能性がある。しかし、すでに検討してきたように、それらの論点には重大な錯認があった。とはいえ、そこにはまた理論的に見て重要な指摘も含まれている。この点は考慮されるべきだろう。

　その第一は、道徳教育がたいてい非自発的であるという指摘である。幼少時の習慣形成や学校教育が非自発的である点はいうまでもない。この指摘じたいはMBEの非自発的な介入を正当化するためにもち出されている。しかしそれでも、自発性と自律の自由を過度に強調する通念に対するカウンターバランスの意義がある。第二は、自然性としての正常性に関する指摘である。道徳心理にも個人差があり、単一の自然的（正常的）な心理は存在しない。つまり正常・異常は規範的ではなく統計的な事柄に属する。とすればどこまでが治療であり、どこからがエンハンスメントであるかという区別じたいも流動的となろう。第三は、人類の道徳心理が進化の中で、すでに一定レベルの放射線や薬物の影響を受けていると

いう指摘である。例えばプロザックや、セロトニン、オキシトシン、リタリン等を服用する以前に、人類はすでにバックグラウンドレベルの影響を受けており、その上での個人差なのである。とすればMBEの介入は、たんなる追加にすぎないことになる。サヴレスキュは以上の三点を指摘することによって、自由を過度に強調し、自然性を固定し、進化による人類の変容や、個人間の変異と流動性を認めない論者、すなわちレオン・カス、サンデル、フクヤマ、ハーバーマスといった「バイオ保守主義者」の幻想を厳しく批判しているのである。

　結局のところ、サヴレスキュのいうMBEとは完全主義の実現やポジティヴな積極的改良ではなく、道徳心理に及ぼす偏見因子を最小化するネガティヴな試みである。これは具体的には、心理のうちでも情動レベルのコントロール喪失状態に働きかけ、情動の安定化を通じて自己をコントロールするために、心理レベルより下位の生命レベルの生体化学反応の接続に介入し、この接続方向を変更させるものである。そのかぎりでMBEはエンハンスメントというより、むしろ回復をめざす治療というべきであろう。

　たしかに、心理レベルにおける情動接続の一定の安定があってこそ、人間は意識的な自己内対話のコミュニケーションの中で冷静にモラルについて考えることができる。既述のように、「道徳（モラル）」とは、自己内対話における接続を安定的に継続させる「構造」の働き方であり、構造としての一定の信念による自己の生き方の統治である。この「自己統治（self-governance）」は人生の歩みの節々において問い直され、熟慮され、新たに形成されるものである。そして新たな変容のためには、不断の構造化にとどまらず、高次の再構造化が求められる。以上のすべての接続において、道徳レベルの下位にある心理レベルでは、情動はもちろんのこと、認知や身体運動が総動員されている。

　MBEで用いられる薬物・外科処置・機械は、生命レベルに介入することを通じて、モラルをめぐる心理レベルの安定性を支えることになっている。しかし、生命レベルへの介入が、その上位の心理レベルにおける接続の回復・安定を必ずもたらすという保障はない。その理由はすでに何度も説明してきたように、各レベルの接続にはそもそも偶発性と未決定性がともなうことに加えて、異なるレベルの構造同士の変換じたいでも偶発性と未決定性が避けられず、したがってそこに増幅されたゆるやかさが生じるからである。要するに、MBEができることは、情動レベルの間接的な安定化である。その上位にある道徳レベルの熟慮や自己変容に至っては間接の間接になるから、はるかに遠い目標（希望）である。とすれば、自己内コミュニケーションに対する介入の主役はMBEではなく、従来からの道徳教育であるほかない。ただし、道徳教育という介入（モラルエンハンスメント）の本質やその効果については、実はそれほど分かっているわけではない。最後にこの点に言及して結びとしよう。

7. 再び、モラルエンハンスメントへ

　本章ではここまで、直接的にはモラル・バイオエンハンスメント（MBE）を具体的に検討してきたが、それを通じて本質的には、「モラル（道徳）」という事柄にあらためて反省の視線を向けてきた。モラルはそもそもどこに、どのように位置しているのか、モラルをエンハンスするとはどういうことか、モラルに介入するとは何をどうすることか、生物医学的な介入によって何が可能になり、何が不可能になるのか。これらの一連の問いをめぐって考察するために、序章で導入した〈意味コミュニケーションシステム〉の視点から、人間システムと社会システムの交錯・交流、そして人間システム内部の諸システムの交錯・交流に焦点を合わせる中で、主としてレベルを異にするシステム間の〈変換構造〉の理論化を図ってみたわけである。

　以上の検討と考察によってMBEという企ての限界を画定するということは、とりも直さず、脳神経倫理学そのものの限界を露わにすることでもある。もちろん、脳神経倫理学が主張するように生物進化の中で、社会性（道徳性）に傾斜するニューラルネットワークが選択的に形成されてきたことは、おそらくそのとおりであろうし、思いやり・同情・共感といった道徳心理の生物基盤が脳にあるという主張も、間違ってはいないと考えられる。しかし、個人の道徳心理がそのままで多レベルの社会システムの倫理になるということはありえない。そのためには種々の媒介が必要である。MBEの限界は同時に脳神経倫理学の限界でもある。

　個人道徳（モラル）と社会倫理の関係についてもう少しふみこんでみたい。モラル（個人の自己内対話の構造）は、「人格」を評価し合う社会システムである道徳的コミュニケーションの「常識」とは同じではない。ましてや、世の中で流通する倫理（歴史的に形成されてきた構造）とも異なる。たしかに個人の道徳は種々の社会システムの倫理と交錯するが、意味解釈の微妙な多義化が避けられない以上、個人の道徳観は世の中の倫理観とぴったり重なることはない。とりわけ道徳（信念と動機）を生体内部から刺激する性欲動をめぐっては、その溝は大きいだろう。モラルは自己の生き方の倫理というよりは、むしろ美的センスに近い。サヴレスキュにとってモラルは社会倫理のたんなる個人心理版である。人は社会常識に合わせて生きているが、それは他人向けの顔であり、複数の顔のうちの一つにすぎない。実際には個々人によって幅があるとはいえ、理論的にはその辺りの複雑さ（闇）を押さえておく必要がある。

　モラルエンハンスメント（ME）を人間と社会の共通の目標にするのであれば、そのために必要とされる介入は、教育から環境の改善まで含めて総合的なものでなければならない。もとよりいかなる介入も外部からの働きかけであるかぎり、モラルの変容を促すためのたんなる外的刺激に止まる。個人道徳においても、すべてのシステムがそうであるように、変容は外的刺激の意味変換と自己解釈を通

過した自己変容である。したがって、期待される効果はストレートに得られるものではなく、長期にわたる促しの反復による偶発的で創発的な、つまりポジティヴ・フィードバックによる帰結である。例えば、ネパールの首都カトマンズの子供たちは、幼少の頃から異民族・異教徒と仲良くするようくり返し教えられる。その結果、そこでは中世以来、人々は憎しみや偏見を持たずに共存してきたという[28]。社会倫理（慣習・常識・制度）が個人道徳と交錯しつつ伝承される際の典型例がそこにある。これと比べるなら、ジェームズ判事の例をもちだすサヴレスキュの思考はあまりに薄っぺらであり、悲しいほどに貧弱ではなかろうか。結局、モラルエンハンスメントを促すための基軸は身近な他者を含めた人々のコミュニケーションであり、モラル・バイオエンハンスメントはそのための条件付きの限定的な補助具に止まるのである。

※本章の執筆は当初、病気療養中の虫明茂氏が担当する予定であった。しかし、病気の進行はことのほか速く、執筆が困難になったため、相談の上で急遽、編者の森下が代わって執筆することになった。森下は独自の視点から論を構想して執筆したが、それが短期間のうちに可能になったのは、虫明氏によって提供された文献資料の土台があったからである。死は4月半ばに訪れた。在りし日の氏を偲びつつ、ここに感謝と哀悼の気持を記しておきたい。

【註】
（1）例えば、倉持武監訳『治療を超えて——バイオテクノロジーと幸福の追求』（青木書店、2005年）、生命環境倫理ドイツ情報センター編『エンハンスメント——バイオテクノロジーによる人間改造と倫理』（原著2002年、松田純・小椋宗一郎訳、知泉書館、2007年）がある。
（2）これについては、虫明茂「倫理エンハンスメントの倫理問題」、実存思想協会編『生命技術と身体』、実存思想論集27、理想社、2012年、83-100頁、とくに83-85頁に詳しい。
（3）次の文献で論じられている。M・S・ガザニガ『脳のなかの倫理——脳倫理学序説』（梶本あゆみ訳、紀伊國屋書店、2006年、Original Ver.2005）、Farah, M.（2010）, Neuroethics: An introduction with readings, MIT Press.
（4）この論争については上記虫明論文で詳しく紹介されている。
（5）これらの点は、例えば芋阪直行編『道徳の神経哲学——神経倫理からみた社会意識の形成』（社会脳シリーズ2、新曜社、2012年）にうかがえる。
（6）J. Savulescu, Understanding Moral Bioenhancement: A Philosophical Approach to objections, Lecture, University of Tokyo, 2014.9.4.
（7）E・O・ウィルソン『社会生物学』（原著1975年、思索社、翻訳旧版5分冊1983-85年、新版合本1999年）、R・ドーキンス『生物＝生存機械論——利己主義と利他主義の生物学』（原著1976年、紀伊國屋書店1980年、改題『利己的な遺伝子』紀伊國屋書店1991年）。
（8）K・ローレンツ『攻撃——悪の自然誌（1・2）』（日高敏隆・久保和彦訳、みすず書房、1970年）、フランス・ドゥ・ヴァール『共感の時代へ——動物行動学が教えてくれること』（原著2009年、紀伊國屋書店2010年）。
（9）ここで優生学と関連づけるならば、MBEがねらっているのは集団（人種）単位の強制的な優生学でなく、個人単位の自発的優生学の延長線上にある。ただしそこには、後述するように非自発的な処置も含まれているから、事柄は単純ではない。
（10）有名なトロッコないしトローリーの例は、人によって功利的計算から身近な直感重視まで幅があることを示している。しかし、芋坂前掲書（第1章）の著者は全員の答が一致しているという前提の上で、二つのモデルを比較検討している。

（11）Harris, J.: Moral Enhancement and Freedom, Bioethics, 2011.
（12）M・J・サンデル『完全な人間を目指さなくてもよい理由』（原著2009年、林芳紀・伊吹友秀訳、ナカニシヤ出版、2010年）。
（13）J・ハーバーマス『人間の将来とバイオエシックス』（原著2001年、三島憲一訳、法政大学出版局、2004年、新装版2012年）。
（14）Rawls, J. Outline of a Decision Procedure for Ethics, Philosophical Review, 1951, 177-97.
（15）対面的コミュニケーションや組織では、「善い人／悪い人」というコードを用いて個々人の「人格」を横断的に評価している。これが「道徳システム」である。ここでは特定の人物の振る舞いを通して「個人」の自己内対話における「道徳」が考慮されている。そのかぎり「道徳」という言葉が用いられてはいるが、この場合の「人格」はあくまで社会システムにおいて捉えられた「個人」にすぎない。
（16）ちなみに、ルーマンは異なるレベルのシステム同士の接続を「カップリング」とし、同レベルのシステム同士の接続である「相互浸透」から区別している。『社会システム理論上・下』（原著1984年、佐藤勉監訳、恒星社厚生閣、上1993年、下1995年）を見よ。しかし以下で論じるように、筆者はルーマンとは異なる捉え方をしている。
（17）本多久夫『形の生物学』（NHKブックス、2010年）が参考になる。
（18）ちなみに、その例外の一人がウォディントンである。彼は生物システムにおける遺伝子型空間と表現型空間の中間に「エピジェネティク空間」を設定し、この特徴である安定した時間軌道を「クレオド」と名づけた。ウォディントン「現代の進化論──後成的システムへの展開」、A・ケストラー編著『還元主義を超えて』（原著1968年、池田善昭監訳、工作社、1984年）所収、473-505頁を見よ。彼の試みは、現代の数理科学の研究を組み入れることによって継承するだけの価値があろう。
（19）暴力に関してはピンカー『暴力の人類史 上・下』（幾島幸子・塩原通緒訳、青土社、2015年）の方が、サヴレスキュよりも事態をはるかに複雑に捉えている。
（20）社会学の創始者のコントは、一方では知性の発達を軸にした進歩史観を描きながらも（三段階）、他方では道徳性に関して情念を重視しており、とりわけ後期に至ると、エリート主義の立場から一挙に愛の人類教を唱えた。またスペンサーは、自然的同情の発達を中軸に据えつつ、その発達の原動力として（軍事国家から商業国家へと至る）社会状態の進化を想定した。つまり、情動を社会の関数として捉えていた。あるいはJ・S・ミルは、自愛と同情の二つの傾向性があって、これらが知性の教育を通じて、まずもって相互尊重する協働の共同性へと至り、そこからさらに創造的な個性と普遍的な人類愛の段階へと進むことになる、と考えた。
（21）カントにとって道徳の本質は、理性による自己統治であるが、それでもそこに尊敬の道徳感情が組み込まれている。
（22）「人格」を機能目的とし「善い人／悪い人」をコードとする「道徳システム」では、「共感」は重要ではあるが、「人格」の要素の一部でしかない。
（23）従来の徳倫理学には「行為」はあっても、村田（「まえがき」中の科学技術倫理学B）が指摘するように、行為を具体化する「技術」の視点が欠如していた。
（24）ここに教養教育と連動する専門人教育の目標がある。もちろん技術化とは不可避の単純化でもあるから、その点について不断に自覚している必要がある。
（25）自発性の自由が成り立つ根拠は、〈外的刺激を変換しつつ（意味解釈して）自己変容するシステム〉である。これについては序章の1.3を見よ。
（26）これと対照的なのが、例えばH・ヨナス（『責任という原理』）やU・ベック（『危険社会』）である。彼らもまたグローバルな危機意識から出発するが、アンチ専門家の立場に立って反科学主義へと向かう。反科学主義に傾斜しないサヴレスキュはあくまで専門家の立場に立っている。思想上の立場については結章を見よ。
（27）これを筆者はかつて「背景的な安らぎ」と名づけた。「健康／病気」（『生命倫理の基本概念』シリーズ生命倫理学　第2巻所収、丸善出版、2012年）を見よ。
（28）NHKBSプレミアム「世界ふれあい街歩きカトマンズ」2015/1/13放送より。

第5章
反社会性パーソナリティ障害者と自由意志

久保田 進一

　近年になって、脳神経科学はかなり発展してきている。脳を研究することによって、人間の行動や精神活動までもが説明ができるようになってきた。これまでは脳を検証するというよりも脳の指令によって現れる行動や性格などから判断して、いわゆる「心」という概念を用いて、人間の行動は説明されてきた。そして、「心」や「人格」や「理性的存在者」や「道徳的主体」という概念を使って、倫理学を構築し、さらには社会制度をつくってきた。しかし、このような概念を使わなくとも、脳を見ることによって、倫理的メカニズムを自然科学的に明らかにできるのではないのかという試みがある。すなわち、脳神経倫理学（Neuroethics）である。ガザニガの定義によれば、「私は脳神経倫理学をこう定義したい——病気、正常、死、生活習慣、生活哲学といった、人々の健康や幸福にかかわる問題を、土台となる脳メカニズムについての知識に基づいて考察する分野である、と。脳神経倫理学は治療法を模索する学問ではない。個人の責任を、できるだけ広い社会的、生物学的視点から捉えようとするものだ。脳神経倫理学は、脳から得られた知見に基づく人生哲学を模索する研究分野であり、またそうあらねばならない(1)」としている。要するに、脳神経倫理学とは脳神経科学にもとづいた新しい倫理学といってもいいだろう。
　さて、このような脳神経倫理学において、さまざまな課題があると思われる。そのうちの一つとして、精神障害者およびパーソナリティ障害者（特に、サイコパス）に対する責任能力なり、彼らに対する処罰をどうするのかという課題がある。この問題は、これまでの自由意志という概念にもとづいた社会制度の下では、精神障害者が犯罪を犯したとき刑法39条によって免責および減刑がなされてきた。すなわち、精神障害者の場合、自由意志によってなされた行為ではないとされてきたのである。しかし、脳神経科学の発展により、道徳のメカニズムや脳にもとづいた基準が生み出されるかもしれないのである。こうした場合、自由意志の概念はこれまでと異なるかもしれない。しかし、一方で自由意志という概念は、これまで通り残るのではないかとも考えられる。
　最終的には、このまま脳神経科学が発展していくと、自由意志という概念も必要ではなくなるかもしれないが、自由意志にもとづかない社会制度を構築する前に、考えなければならない問題があるのではないだろうか。つまり、これまでの社会は自由意志を前提にして社会制度を構築してきたが、もし自由意志が前提さ

れなくなると、自由意志に関わっている概念も変更を余儀なくされるし、そもそも人間観がこれまでと変わってしまうかもしれない。しかし、そうはいっても、これまでの概念は、そのまま幻想あるいは仮構（フィクション）として残っていくかもしれない。したがって、本稿ではパーソナリティ障害者（特に、サイコパス）を通して、自由意志の概念と今後の社会制度について考察をしていこうと思う。

1. 脳神経科学の成果からの脳神経倫理学

　脳は久しくブラックボックスといわれてきたが、近年において、CT（コンピュータ断層撮影）、fMRI（磁気共鳴機能画像法）、PET（ポジトロン断層法）やSPECT（単一光子放射断層撮影）などによって、脳の機能について以前に比べてわかるようになってきた。特に、心と脳の関係が明らかになってきているともいえる。これらは医療のために用いられてきた面があるが、脳研究にも重要な役割を果たしてきた。そのため、認知科学という学際的な分野が登場し、神経科学や認知神経科学の発展に寄与することになったのである。

　また、このような研究分野の発展として、以下のような研究がなされている。「近年、画像化の手法を用いて、実にさまざまな個人的特性を検出する試みが数多くの研究のなかで行われている。例えば、無意識の態度もしくは偏見の存在についての研究はこの点に深く関与している。そのような、研究のなかの一例では、白人の被験者に見知らぬ黒人の顔写真を見せ、見知らぬ白人の顔写真と比べたときに、恐怖反応が成立する際に本質的な役割を果たすとされている扁桃体における活動性の高まりと人種偏見との間に相関関係が認められた。その他の研究における検査目的は、疾病や薬物依存、暴力への傾向性、人格特性（例えば神経症的傾向や外向性）などの同定であった」というような研究がなされている。つまり、これらは脳と心の関係を明らかにしようとする研究である。心で恐怖を感じた場合、脳ではどのようなことが起こっているのかを明らかにしているのである。アリストテレスが心を心臓に求めたり、デカルトが脳に求めたりしてきた時代を経て、今日に至るのであるが、かなり心と脳の関係は解明されてきている。

　このように昔と比べて、脳と心の関係が解明される時代になってきて、さらに今後その関係が明らかにされていくとなると、人間の行動についても脳の状態によって解明されていくだろう。もちろん、すぐに明らかになるのはまだ先だと思われるが、いずれ人間の脳の状態と行動が説明されるかもしれない。人間の行動は、他者と関わる場合に、必ずそこには倫理問題が発生する。これまでは、倫理問題はいわゆる「心」あるいは「人格（パーソナリティ）」あるいは「道徳的主体」などを前提にして扱われてきていた。しかし、近年の脳神経科学の発展により、これまでの倫理観が変わる可能性がある。それが脳神経倫理学である。脳神経科学にもとづいて、倫理のメカニズムや道徳の起源などを自然科学的に探求す

るということである。いわゆる、倫理学の自然化といってもいいだろう。もちろん、それがどこまで達成できるのかわからないが、これまで宗教や伝統や文化などによって決められていた道徳観や価値観は変わってくる可能性はある。特に、これまで当然のように使われてきた「心」、「人格」、「理性的存在者」、「道徳的主体」などという概念も変わる可能性がある。さらには、「人権」とか「自由意志」とか「責任」という概念も変わる可能性がある。こういう概念がどのように変わるかは、脳神経科学の今後の発展に関係してくる。そこで、倫理や法律が重要な問題となる場面として、精神障害者の犯罪および人格障害者の犯罪の場合について考察していく。

2. 刑事責任能力

2.1 犯罪とは

通常、犯罪が起こった場合、その犯罪者は刑法にのっとって裁かれる。しかし、裁判で裁かれる前にさまざまな手続きが行われるし、そもそも、その行為が犯罪となるかどうかも考えなくてはならない。刑法上、犯罪といわれるときは、次の三つの条件をすべて満たさなくてはならない。①構成要件該当性、②違法性、③責任能力である。これらを満たしていないと、犯罪とはいえないというのが、現在の犯罪の定義である。

構成要件該当性とは、その行為が刑罰法規に規定されているか否かということである。規定されている行為であれば、犯罪であるが、規定されていなければ犯罪ではないということである。例えば、刑法第199条には「人を殺した者は、死刑又は無期若しくは五年以上の懲役に処する」と規定されているので、殺人は犯罪なのである。ただし、殺人罪は故意犯だとされているため、「故意」つまり殺意があるかどうかが問われる。殺意がなければ殺人罪ではない。例えば、喧嘩の際に相手を殴ったところ、打ち所が悪くて相手が死んでしまった場合は、殺人ではなく傷害致死である。また、車で人をはねてしまい、相手が亡くなった場合は、殺人ではなく、過失運転致死となる。傷害致死罪も過失運転致死罪も殺人罪に比べれば、刑は軽いことになる。

構成要件が該当した場合、次に問われるのが違法性の判断である。ある行為に関して構成要件が該当したといっても、違法とされない場合は犯罪とはならないというものである。例えば、正当防衛の規定がそうである。強盗を撃退した場合、その強盗が怪我をしたとしても過剰防衛でなければ正当防衛として認められるのである。また、医師が手術で患者の身体にメスを入れても、傷害罪にはならない。それは正当な医療行為であるからである。

犯罪を定義する三つめの条件は、責任能力である。責任能力とは、是非善悪を合理的に判断したり、その判断に従って行動したりする能力のことである。そして、この責任能力の欠いた者の行為は犯罪とはならない。わが国の刑法第41条で

は、14歳未満の子供には責任能力がないとされている。そのため、犯罪とはならないのである。ただし、14歳未満の子供が犯罪に当たる行為をした場合には、「触法行為」とされ、家庭裁判所で少年審判を受ける。また、刑法39条では、精神障害者の犯罪については責任能力が欠けているとされ、犯罪にはならない。しかし、医療観察法の規定に従って、特別な病院に入院して治療を受けることになる。正常な人の場合、犯罪を犯せば、逮捕され、警察で取り調べを受けたあと、書類送検され、検察で起訴されるか不起訴になるかが決められ、起訴された場合、裁判所で裁判が行われ、有罪あるいは無罪が決められ、有罪である場合は、刑が確定される。その判決に不服があれば、上級裁判所で控訴し、上告するが、いずれにしても刑が確定され、刑が執行されるという手続きを踏む。しかし、責任能力の欠いた14歳未満の子供や精神障害者は、犯罪として成立しないので、このような手続きを踏むことはない。

2.2 精神障害者の犯罪における責任能力

現在の法制度の下では、精神障害者の犯罪における責任はどうなっているかといえば、刑法39条において次のように規定されている。

 刑法第39条（心神喪失及び心神耗弱）
 1. 心神喪失者の行為は、罰しない。
 2. 心神耗弱者の行為は、その刑を減軽する。

法律の定義では、責任とは「構成要件に該当する違法な行為をしたことについて、その行為者を道義的に非難しうること」を指し、責任を負う能力が責任能力である。したがって、たとえ犯罪を犯しても、是非善悪の判断をして、それに従って行動する能力がまったくない場合には、責任を問うことはできないのである。「責任がなければ刑罰なし」というのが、近代刑法の基本原則なのである。

実際に、精神障害者が犯罪を犯した場合、精神鑑定が行われるし、逮捕時には通院歴があったりすれば、報道に規制がかかり、写真や名前は公開されることはない。さて、精神鑑定といっても、起訴前に行われる精神鑑定は、年間2,000件以上ある。しかし、9割以上が簡易鑑定で占められている。本鑑定が鑑定留置として刑事訴訟法に明記されているのに対して、簡易鑑定の法的位置づけは軽く、法文上、簡易鑑定という文言はない。このため、東京都では、鑑定という用語を使わず、簡易精神診断と称している。(3) 簡易鑑定は1〜2時間の診療と数万円の鑑定料で済むが、本鑑定が通常3〜4ヵ月の時間と40〜50万円の鑑定料がかかるのを考えれば迅速で安価に対応できるのである。

ただ、精神鑑定にはいくつかの問題があるのも事実である。精神鑑定医による個人差があるということである。つまり、鑑定医によって、鑑定にばらつきがあるということである。例えば、「東京・埼玉連続幼女誘拐殺人事件」の容疑者と

して逮捕された宮崎勤は、日本で初の複数の精神鑑定医による鑑定が行われた事件であった。最初に受けた簡易精神鑑定では、精神分裂病（当時の呼称で、現在は統合失調症）の可能性は否定できないが、現時点では人格障害の範囲に留まるとされた。次に、公判開始後に第1回の本鑑定では、5人の精神科医と1人の心理学者によって行われ、人格障害とされた。その後、第2回の鑑定が弁護側の依頼により3人の鑑定医によって行われた。そのときには、1人は統合失調症、2人は解離性同一性障害の鑑定を提出した。結局、逮捕時に責任能力はあるとされ、一審で死刑となり、二審、三審も一審が支持され、2008年に死刑が執行された。いずれも鑑定は逮捕時において責任能力はあるとされたが、その鑑定内容は、鑑定医によって異なっていた。これは精神鑑定の難しいところである。また、犯行前、犯行時、犯行後のときの被疑者の精神状態がどのようなものであったのか、ということを正確に知ることは難しいのである。つまり、犯罪行為が重層構造をなしているということから、何を犯罪の要因としての直接因なのか、直接因につながった間接因なのか、さらには間接因の基盤となった下部要因なのかを考えるのが困難なのである。以上のように精神障害者の場合の精神鑑定において、鑑定を正しく行えるのかどうかは、きわめて困難である。

　また、人格障害と精神病との関係がさらに問題となったのが、2001年に大阪教育大学附属池田小学校における児童殺傷事件の犯人である宅間守の精神鑑定の診断と経過である。この事件直後、犯人は精神病院に入院歴があり、犯行は自殺目的で抗精神病薬を大量に飲んでの錯乱状態に陥ったためと報じられた。実際、2年前の傷害事件では統合失調症と診断されているし、指定医によって医療保護入院該当とされ、38日間の入院もしている。しかし、尿や血液での簡易検査では抗精神病薬は検出されなかった。動機もいろいろと変わってきていた。福島によれば、「宅間被告の生活史を見れば、「反社会性人格障害」と「統合失調症」の二つの診断は疑いがないように思われ、「境界性人格障害」を疑う余地もある(4)」としている。「反社会性人格障害（サイコパス）の診断根拠になる行動としては、小中学校時代から動物虐待や暴力（いじめ）、高校時代には対教師暴力と家出、20歳時の銃による自殺のそぶり、母親への暴力、強姦罪による実刑判決（21歳）と3年後の満期出所、前妻らに対する暴力（DV）とストーカー行為、同僚・バスの客・ホテルのドアマンらに対する暴行・傷害事件等々、枚挙にいとまがない(5)」というものである。こうなると、ますます、精神鑑定は複雑化してしまい、正しい鑑定ができるかどうか疑問になってくる。宅間のように、「反社会性人格障害」と「統合失調症」の症例の二つを持っていたり、もしかしたら「境界性人格障害」まで持っているかもしれないというように、実際には、何が本当のところの原因かはわからないというのが、現在の精神鑑定の状態ではないだろうか。もちろん、正しく鑑定されているものもあるが、そこで、議論をよりわかりやすくするために、犯罪と深い関係があるとされるサイコパスと呼ばれる反社会性パーソナリティ障害者の犯罪について考えてみよう。というのも、反社会性パーソナリ

ティ障害というのは、法律などの規範や他者の権利や感情を軽視して、犯罪に関わる傾向があるからである。その際に、彼らは自分の自由意志によるものなのか、脳の機能障害によって引き起こされているのかのどちらかである。いずれにしても、その結果、彼らの行動は犯罪に結びついてしまっているのである。彼らの自覚のない行動は、当然、反省もないし、良心の呵責もないのである。彼らの行動を引き起こしているのが、心なのか脳なのかということを考えると、今後の脳神経科学の発展と大きく関連してくる。彼らを通して、自由意志を今後どう捉えていくべきなのかの一つの可能性として、考察してみよう。

3. 反社会性パーソナリティ障害者について[6]

3.1 反社会性パーソナリティ障害者とは

　反社会性パーソナリティ障害者とは、どのような人たちをいうのであろうか。もちろん、反社会性パーソナリティ障害者イコール犯罪者ではないが、犯罪傾向が高いということはいえるだろう。最新のDSM-Vによると、パーソナリティ障害という疾患群があり、そこには三つのカテゴリーに区分されている。それぞれA群（奇異型）、B群（劇場型）、C群（不安型）と名付けられている。特に、犯罪と関連があるのがB群であり、そのB群の中に反社会性パーソナリティ障害が入っている。反社会性パーソナリティ障害の特徴としては、規範の軽視、衝動性、浅薄な情緒性、他者操作的傾向が見られる。少し古いが、反社会性パーソナリティ障害について述べている町沢によると「DSM-Ⅳの診断基準でいう反社会性人格障害とは、きわめて独立心が強い人格である。その独立心への願望は自分の価値に対する信念から生じるよりは、他人に対する不信感から生じるものである。この反社会性人格障害の人たちは自分自身しか信頼せず、他人から独立している時のみ安全感を感じる。つまり他人とは危害を加え、辱めを与えるものとして捉えている[7]」という。そして、独立心の強い人格でも受け身的で独立心の強い人格は自己愛性パーソナリティ障害となるが、能動的で独立心の強い人格は、より自分を大きく見せようとする人格で、DSM-Ⅳでは反社会性パーソナリティ障害と呼ばれている。「彼らはいつも、自分の優秀さを証明する欲求に駆られており、常に独立心を求めるが、それは自分の価値に基づくものではなく、他人への不信感から生じている[8]」という。

　反社会性パーソナリティ障害者の共通するものとしては、情緒的特性から見ると、共感性が欠けているということである。彼らは他人を殴ったら、相手は痛いだろうとか、他人の物を盗んだら、相手は困るだろうとか、身内が亡くなったら、悲しいだろうとか、そういう共感性に欠けているのである。共感性が欠けているため、反省しようにも反省できないのである。つまり、罪悪感の欠如といってもいいだろう。また、冷徹性や残忍性も、彼らの特徴として挙げられる。思考的特性としては、自己中心である。そのため、他人のことはどうでもよく、自分が一

番大事であるという思考的特性を持っている。また、行動的特性としては、衝動的でもある。本来なら、してはいけないことはどんなに自分がしたくても、その行動をしたらどうなるかを考えて、普通は自己統制力が働く。しかし、反社会性パーソナリティ障害者は、自己統制力が欠けているため、衝動的な行動に出ることがしばしばある。それによって、してはいけない一線を軽く越えてしまい、犯罪を行ってしまったりするのである。

3.2 反社会性パーソナリティ障害者への治療

　さて、このような反社会性パーソナリティ障害者への治療は可能なのであろうか。町沢によると「人の人生を破壊しようとする傾向の強い反社会性人格障害者は、もっとも治療がしにくい人格障害者であることはいうまでもない。(中略)反社会性人格障害者の人たちを治療しても、その治療を受ける態度は反抗的で、拒絶的であり、傲慢で道徳を無視しているので、治療者は多かれ少なかれ治療することに嫌気がさすことが多い。もっとも治療しやすい反社会性人格障害者の人に出会ったとしても、その多くは偽善的で、仮面をかぶっていることが普通である(9)」という。そもそも、共感性を持たないし、道徳心がないし、反省しないのであるから、治療といってもその効果は厳しい状況であり、いい成果は出ていない。年齢を重ねると反抗や怒りは弱くなってくるというので、そのことによって治療効果を得る可能性は高いが、根本的な治療とはならないだろう。

　彼らへの治療が難しい理由として、藤岡が次の点を挙げている。「第一に、彼らは治療への動機づけが乏しい。自発的には変わろうとは思わないし、刑務所などの司法の枠組みの中では強制されているので、うわべはともかく、変化への真の動機づけは困難である。第二に、彼らとは治療関係を持つことが難しい。人を信じにくい傾向があるし、嘘をつき、騙し、操ろうとする傾向もある。第三に、大人になってしまえば、人間の性格なんてそう簡単には変わらないというあたりが理由であろうか(10)」という。こうした理由からすると、どのように治療ができるのであろうか。そもそも、その人のパーソナリティともなる部分を治療という名で変えていいのかという問題も起こりそうである。

3.3 サイコパスの様々な捉え方

　これまで、サイコパスとは反社会性パーソナリティ障害者のことであり、パーソナリティ障害（Personality Disorder：PD）のうちの一つであるとされてきた。そして、パーソナリティ障害とは、精神医学においては、一般的な成人に比べて極端な考えや行為を行ったりして、結果として社会への適応を著しく困難にしていたり、精神病理学的な症状によって本人が苦しんでいるような状態に陥っている人をいうのである。日本語では「精神病質」と訳されるが、サイコパスは病気（illness）や疾患（disease）ではないし、精神病（Mental disease）でもない。つまり、障害（disorder）なのであって、一般的には精神障害（Mental disorder）

といわれる。精神障害（Mental disorder）という語は「精神障害の診断と統計の手引き」（Diagnostic and Statistical Manual of Mental Disorders：DSM）によって、採用されている用語である。

　犯罪心理学者のロバート・D・ヘアによると、「サイコパスは社会の捕食者であり、生涯を通じて他人を魅惑し、操り、情け容赦なく、わが道だけを行き、心を引き裂かれた人や、期待を打ち砕かれた人や、財産を奪われつくした人を後に残していく。両親とか他人に対する思いやりに全く欠けており、罪悪感も後悔の念もなく社会の規範を犯し、人の期待を裏切り、自分勝手に欲しいものを取り、好きなようにふるまう」(11)と述べている。ヘアの説明によると、サイコパスと反社会性パーソナリティ障害は同一のように考えられている。そして、犯罪者同様に捉えているのが特徴的である。

　しかし、ジェームズ・ブレア、デレク・ミッチェル、カリナ・ブレアによると、サイコパスと反社会性パーソナリティ障害（ASPD）の違いを強調した二つのエピソード(12)が紹介されている。それがライアンとタイラーの例である。二人のエピソードを見れば、「ふたりとも明らかに社会的規範に適合しておらず、衝動性、攻撃性、無責任さを有する。したがって、共に反社会性パーソナリティ障害と診断されるであろう。しかし、ふたりは同じ病態ではない、と再度指摘したい。タイラーはサイコパスだが、ライアンはそうではない」(13)としている。この両者の違いは何かといえば、ライアンは自分の犯罪について白状をして法廷でも自分は有罪であることを認めた。それに対して、タイラーは歴然とした証拠があっても、法廷では無罪を訴えており、今なお無罪だと主張して、殺された被害者やその家族への心遣いなどまったくないのである。しかも、余生はずっと獄中で過ごすことになっているのにも関わらず、とても楽天的に捉え、今にも釈放されるかのように話しているという。つまり、ライアンには罪の意識があるが、タイラーには罪の意識がないのである。『サイコパス』の著者らによると、「サイコパスの概念は、DSMでの行為障害や反社会性パーソナリティ障害の診断を発展させ、改善を加えたものだと考えることができる。具体的には、サイコパスは、反社会的行動を示す人々のなかでも独特の病理を有していて、情動の欠如という共通の基盤がある。一方で、行為障害や反社会性パーソナリティ障害の診断では、雑多な人々が一緒になってしまう。この本における主要な目的は、サイコパスが示す情動障害を理解することである」としている。つまり、サイコパスは単なる反社会性パーソナリティ障害だけではなくて、情動障害をもつ人々のことを指すということになる。

　さらには、サイコパスがすべて反社会性パーソナリティ障害というわけではないという主張もある。ケヴィン・ダットンによれば、社会的に成功した人たちの中にはサイコパス度が高い者たちもいるということである。例えば、大統領や成功している企業の経営者や凄腕スパイを挙げている。すなわち、ジェームス・ボンド(14)（架空の人物であるが）やスティーブ・ジョブズ(15)（アップルの元CEO）な

どである。彼らは犯罪を犯すわけではないが、サイコパス度は高いのである。協調性に欠けるが、カリスマ性があり、話術が得意で、プレゼンも魅力的であり、急激な変化にも対応でき、非情でもあるが冷静沈着でもある。こうした人たちはサイコパス度が高くても犯罪を犯すわけではなく、むしろ社会的に成功することができるのである。したがって、サイコパスがイコール「シリアルキラー」とか「サイコキラー」というわけではないのである。現在でも、サイコパスの定義をめぐって、いろいろと反論や提案が出されている状況である。

4. 反社会性パーソナリティ障害者の責任能力という問題点

　以上のように、サイコパスの定義は困難であるが、サイコパスの問題点を見てみよう。ただ、その前に確認しておくこととして、ここで扱う人たちは犯罪を犯したとされる反社会的パーソナリティ障害者ということで限定したいと思う。サイコパスといっても、犯罪を犯していない者は、そもそも問題にはならないからである。サイコパスが普通の犯罪者や一般的な精神障害者と異なるからである。普通の犯罪者であれば、更生することもあるかもしれない。自分の罪を意識して、反省し後悔する日々を過ごすかもしれない。しかし、サイコパスと呼ばれる反社会性パーソナリティ障害者には元々そのような反省はないし、後悔もしないのである。そもそも、彼らには道徳的な規範や倫理観がないのである。また、一般的な精神障害、例えば、統合失調症であるとか双極性障害（躁鬱病）とも異なる。多くの精神障害は治療が可能である。しかし、犯罪を犯した反社会性パーソナリティ障害者の人たちは前頭前野の機能不全で起こるものと推測されている。そうなると、脳そのものをなんとかすることしかないのであるが、果たして脳を外科的に手術したり、薬物による治療によって、脳を弄ることは倫理的に問題ではないだろうか。というのも、それは個人のアイデンティティや人権に関わることであり、かつてのロボトミーのような問題に至るかもしれないからである。そもそも、犯罪を犯した反社会性パーソナリティ障害者は更生あるいは矯正もできないし、治療することすらも困難だからである。

　さらに、犯罪を犯した反社会性パーソナリティ障害者の人たちに、自由意志の概念を当てはめて考えることができるのかということが問題になる。というのも、通常の犯罪者の場合には、彼にその行為をさせた動機として本人の自由意志の判断によって、責任が問われてくる。しかし、反社会性パーソナリティ障害者の人たちは、ある意味、自由意志が働いているのか、すなわち道徳的な善悪を判断できるのかという問題がある。つまり、犯罪を犯してしまうのが、前頭前野の機能不全としたら、脳の障害として、通常の精神障害者として扱わなければならないだろう。ただし、治療不可能な障害者として扱わなければならないだろう。そうなると、犯罪を犯した反社会性パーソナリティ障害者においては、責任能力は問われないことになってしまう。彼らの被害にあった被害者たちは、あたかも

事故かあるいは自然災害にあったようなものになってしまう。被害者は、加害者に対して、賠償を請求することもできなくなってしまうだろう。もちろん、責任も問われないので、加害者に刑罰を与えることもできないということになってしまう。

　では、反社会性パーソナリティ障害者の人たちに対して、社会に適した脳、つまり、道徳脳（モラルブレイン）であるが、これを正しく育てることは可能なのだろうか。そもそも、正しく育てるといっても、これは脳の規格化ということになるのだが、果してそれは正しいことなのか、という問題はある。しかし、多くの人たちは、社会に適応しており、社会に適した脳を持っているといえる。もちろん、社会においては、そのような脳が正しく育てられれば、不幸は少なくなるかもしれない。社会全体の幸福・不幸度の総和から考えると、不幸が少なくなる分、幸福が相対的に増大するかもしれないが、脳という人間の自己同一性にかかわる人体の部分を社会に合うためにコントロールしてもいいのかという問題が出てくる。しかし、精神障害者への薬による治療であるとか広い意味での教育・躾とかは、現代においても社会に適合させるために行われていることである。ある意味、われわれは教育や躾を通して、道徳脳を育てているともいえるのである。しかし、反社会性パーソナリティ障害者の人たちは自分からそういう障害になろうと思って、そのようになったわけではなく、生得的あるいは環境的にそのようなパーソナリティ障害を持ってしまったのである。ある意味、彼らも被害者であるともいえる。本来なら、彼らも社会に適した脳、社会に適したパーソナリティを持ちえたら、犯罪に走ることもなかったかもしれないのである。彼らの被害者になった人にとっては不幸であるが、彼ら自身にとっても不幸といえば不幸なのである。

　現在の社会制度では、自由意志の存在を前提としている。そのため、反社会性パーソナリティ障害者の人たちの犯罪行為は、自由意志にもとづいた行為として裁かれている。例えば、大阪教育大学附属池田小学校における児童殺傷事件の犯人である宅間守は「起訴前鑑定の結果は「人格障害であり、刑事責任を問える程度に善悪を判断できる能力があった」とされた。統合失調症は、生活史の屈折がないという理由で否定された。CTスキャンでは脳に異常は認められなかったが、MRIにおいてかなり問題の異常所見が認められた」[16]という。宅間が本当に人格障害であり、統合失調症（マスコミによって詐病や誤診として報道された）でもあり、脳にも異常が見られたというのにも関わらず、宅間には死刑判決がいい渡されて、死刑が執行されたのである。これらのことについて、福島は次のように述べている。「これらの経過からわかったことは、「重大・有名事件の犯人は必ず完全責任能力者」としなければならず、そのために彼らは「決して精神病者ではない」という認識を国民に確信させるための情報操作を、警察・検察とマスメディアが二人三脚で行っているという事実である[17]」としている。たしかに、そういう側面があるだろう。もし宅間が精神病者として扱われていたら、刑法第39条に

よって、罰することはできなくなってしまう。児童が8名も亡くなっており、これだけのことをやって、罰することができないというのでは、遺族はたまったものではないし、遺族だけではなく、国民感情の面からも許されないという思いが当然起こるであろう。したがって、たとえ宅間が本当は精神病者だったとしても性格が異常なだけであって、精神病者ではないと扱われ、責任能力はあるし、自分の自由意志によって殺人行為を行ったものだとして、裁判にかけて死刑を執行したのである。

このように、脳に異常が見られたとしても、それは行動とは関係なく、むしろ、自由意志によって行われた犯行として扱われたのである。そうすると、自由意志による犯行ではなくても、その犯行は自由意志によって行われたものと説明されてしまう。いうなれば、自由意志は勝手につくることのできるものになってしまう。精神病者にさせないために、健常者であり責任能力のあるものにするために、自由意志は使われているということになっているといえるだろう。

5．脳神経科学と自由意志

脳神経科学の発展により、これまでの倫理学における概念も変わるかもしれない。特に、これまでの倫理の基盤になっていた自由意志の概念は変わるかもしれない。タンクレディは、未来における自由意志について次のように描いている。

> 人間の自由意志とは何かということも、もう解明されています。自由意志とは、実は幻影です。[18]
>
> 自由意志の正体は明らかになりました。ひとつは情動と意志決定のメカニズムの解明によるものですが、それ以外のあらゆる点からも明らかになりました。例えばテストステロンのようなホルモンと性行動には直接の関係があります。つまり、自由意志を離れた性行動があることになります。また、ニューロイメージングで明らかにされた側頭葉の異常とコントロール不能の暴力と犯罪にも直接の関係があります。つまり、自由意志を離れた暴力や犯罪があることになります。[19]
>
> 結論です。自由意志は、人間にはあるかもしれませんし、ないかもしれませんが、仮にあるとしても、人間の行動を左右するものとしては、とても小さいものにすぎません。人間の行動を左右するのは、脳の活動なのです。ということは、道徳的な行動も非道徳的な行動も、本人の自由意志によるものとはいえないのです。道徳とは、正しく育った脳に宿るものであり、それ以上でもそれ以下でもありません。そして、脳を正しく育てるとは、社会に合った脳にするということにほかなりません。[20]

このようにタンクレディによると、自由意志は幻影だし、自由意志の正体も明らかになっているという。そして、自由意志はあったとしても人間の行動を左右するものとしては小さいということである。これまで、われわれは自由意志にもとづいて、倫理や社会制度をつくってきた。殺人事件において問題になる点として、加害者に殺意があったかどうかが、裁判の重要な争点になっていた。そのため、本人の自由意志というものが人間の行動を左右するものとして考えられていた。しかし、脳神経科学の発展によって、自由意志が上記のような扱いになっては、自由意志の存在意義は現在よりも希薄になってくるだろう。

　しかし、脳神経科学によって自由意志が何であるのかが明らかになったとしても人間の行動を説明するのに自由意志に取って代えられることができるのだろうか。つまり、脳神経科学によって、テストステロンのようなホルモンであるとか脳のある部分の血流が多くなったとか脳のある部分のニューロンが発火したとかで、自由意志の正体がわかったとしても、自由意志という概念は残るのではないだろうか。そもそも、自由意志とは何か実体的に自然なものとして存在するものではなく、われわれの行動を説明するために、使われてきたものである。いうなれば、自由意志は元々幻想であったともいえるのである。むしろ、自由意志は自然に存在するものではなく、社会的存在なのである。例えば、国境や赤道のようなものであり、自然には存在しないが、あると便利な概念なのである。つまり、われわれが何かを意志決定したり、何かを行動するときに、自由意志という概念があった方が便利だし、説明が楽だからである。つまり、便宜的なものとして存在していると考えられる。そして、それを使っているうちに、慣習の中に取り込まれ、制度の中に取り込まれて使われているのである。したがって、どんなに脳について局所的に詳細にわかったとしても、自由意志という概念を使った方が便利であることは間違いないだろう。

　ちょうどそれは、遺伝子とDNAの関係に似ているのではないだろうか。DNAの成分がデオキシリボース（五炭糖）とリン酸と塩基から構成される核酸からできていることがわかり、DNAの構造が二重らせん構造だとわかったとしても、遺伝子という概念はなくなっておらず、依然として残っている。そして、DNAが遺伝子であり、それが遺伝情報を子孫に伝えるといっても、それはタンパク質の設計図にすぎず、どのような才能や性格をなすかはまた変わってくるだろう。遺伝子だけでは「カエルの子はカエル」とは、必ずしもいえないのである。そこには環境要因も絡んでくるからである。したがって、DNAについてよくわかったとしても、遺伝情報が子供に伝わり、遺伝形質が発現するかどうかは別の話である。生物学あるいは遺伝学の発展によって、遺伝子の正体がDNAであることがわかっても遺伝子という概念はなくなっていないように、脳神経科学の発展によって、これまで自由意志とされてきた正体は脳の分析によって、詳しくわかったとしても、自由意志の概念はなくならないだろう。遺伝子の正体がDNA

だとわかったというのと同じように、自由意志の正体がホルモンだとか血流とかニューロンの発火だとわかったのと同じ程度に、遺伝子という概念が残るように自由意志という概念も残るのではないだろうか。

　また、脳神経学の発展によって、行動がすべて説明できるとして、未来の行動までが決定づけられるのかというと、これも疑問である。脳内で起こっている現象がそのまま行動にまでつながっていくかといえば、おそらく、そんなに単純にはつながってはいないのではないだろうか。脳内の血流やニューロンの発火や脳内ホルモンの分泌によって、人間の行動は影響されることは確かであろうが、それらがすべて行動に現れるのかというと、途中で何らかのもの（過去の記憶や未来に対する想像あるいは気分の変化）に制御されたりして行動にまで行き着かないで終わることもあるだろう。また、本人はふざけたつもりでやったことが大事になることもある。それは、動機としてはふざけたつもりだったのが、結果としては相手に重大な致命傷や死を与えてしまうこともあるだろう。その時に脳の分析を行って、それは本人が意図してしたことなのかどうかは判断できないだろう。通常、そういう場合は、意図はなかったとされることが多い。つまり、本人の自由意志による行動ではなく、たまたま打ち所が悪かったということになり、相手が死んだ場合でも殺人罪を問うことはできないのが現状である。もし殺人罪を問おうとすれば、計画的であったかどうかとか、日頃から相手を殺したいほど恨んでいたとかという他の理由が必要となってくるだろう。それは脳の分析によるものではない。たとえ、相手が亡くなってしまった時に、脳の分析をしても構わないが、殺意すなわち相手を殺そうという意志があったかどうかが問われたりする場合、脳の分析は一つの参考にはなるが、一番大きな要素は殺意すなわち相手を殺そうとする意志があったかどうかが問題であり、依然として自由意志の概念はそのまま使えるのである。したがって、脳神経科学が発達したとしても、自由意志という概念はわれわれの社会においては便利な概念として残るのではないだろうか。

6. 自由意志における自律性と自発性

　さて、そこで自由意志が残るといっても、その自由はどういう意味での自由なのだろうか（第4章の5.1でも言及されている）。自由意志の概念は、はっきりしているかもしれないが、個々の行為における自由意志の存在はあいまいである。実際に、殺人事件の場合に殺意があったのかどうかは、自由意志そのものを扱うというよりも薬物やアルコールの影響があったのかないのか、心神喪失や心神耗弱の状態ではなかったのかどうかという一連の行動から判断して、自由意志があるのかどうかを判断しているのである。改めて、自由意志とは何か、自由意志はあるのかないのかという議論をする必要があるだろう。その際に、自由意志とは自律性（Autonomy）を指すのか自発性（Spontaneity）を指すのかということか

ら、自由意志の自由とは何を意味しているのかが問題となるだろう。まず、自律性について見てみよう。

自由意志という場合、これまでカントの倫理学でいわれる人格という概念と結びつけられていた。また、それは定言命法とも関係しており、「道徳の最高原理としての意志の自律」として捉えていた。カントは意志の自律について、次のようにいう。

> 意志の自律は意志の性質であって、この性質によって意志が意志自身に対して（意欲の対象の性質が何であろうとそれに依存することなく）一個の法則なのである。それゆえ自律の原理は次のとおりである。「意欲の選択の諸信条が当の意欲のうちに同時に普遍的法則として一緒に含まれているという仕方でしか、選択しないこと」。[21]

カントは意志を道徳の最高原理として定めており、それによって、ある行為が道徳的行為であるのかないのか、そして、その行為によってなされた結果に責任という問題が絡んでくるのである。したがって、責任が問えるのは、自律した状態にある人格と呼ばれる道徳的に主体的な人間に対して問えるのである。逆にいえば、自律していない存在者としての未成年、精神障害者、薬物依存者には責任は問うことができなくなる。つまり、自律とは自分の行為をコントロールすることができ、その行為に責任を持つ状態にあることを意味する。これまで自由意志という場合、自律性との関連で問題とされてきたし、現在の社会制度もそのようになっている。

一方、カントの自律性とは方向性が異なるミルトン流の「堕ちる自由（Free Fall）」という自律性も考えられる。[22] カントの自律性は善に向かっていくものであるが、ミルトン流の「堕ちる自由」とは自ら堕落していく方向である。そもそも、「堕ちる自由」とはミルトンの『失楽園』（「楽園喪失」・「楽園追放」）から由来している。さらに、『失楽園』は『聖書』の有名な「創世記」第3章に出てくる話をモチーフにした叙事詩であり、アダムとエバは神が禁止した「善悪の知識の実」を食べてしまい、エデンの園を追放されるという話である。しかし、この行為はアダムとエバが、自ら自覚して行った行為でもある。これは、カントの普遍的な信念に従うのではなく、自らの信念（理由づけ）を持つことによっての行為であり、自己満足性（self-sufficiency）を伴っているのである。アダムとエバは神が定めたこと（いうなれば、規範）を守っていれば、楽園を追放されることはなかったのである。たとえルシファー（サタン）にそそのかされたとはいえ、神の禁止したことを破ってしまったのは、人間の弱さなのである。そこには自ら「堕ちる自由」を選択したということが、描かれているのである。ある意味、反社会性パーソナリティ障害者（サイコパス）の行為は、「堕ちる自由」を選択しているようである。しかし、問題は彼らが自らの信念（理由づけ）を持って、その信

念に従って行為をしているのかということである。また、その犯罪行為に関して自己満足性を感じているのかである。彼らは短絡的な行為で短期的には満足するのかもしれないが、むしろ、逮捕された場合の時には、多くの不満を持ってしまっているのではないだろうか。また、「堕ちる自由」には自由意志が大きく関わるのであるが、彼らの行為には、自由意志が大きく関わっているのかは疑問である。

さて、自発性に関していえば、自発性は他からの影響・強制などではなく、自己の内部の原因によって自ら進んで行うことである。人が何かを行うという行為レベルでのスタート地点であり、因果系列としての始まりなのである。そもそも、自発性という概念は、自分の内部から発していることであり、自律性と非常に似た概念である。しかし、微妙に異なるのも事実である。自発性には自ら進んで行うということではあるが、そこには正しいことばかりではなく、してはいけないことも含まれている。他方、自律性には、定言命法的な正しい行為を行うことを判断するための自由意志が関わってくる。例えば、自発的な行為として「落ちていたゴミを拾ってゴミ箱に捨てる」とか「お年寄りに席を譲る」という行為がいえるし、正しい行為として認められる。しかし、「通勤電車の中で化粧をする」とか「行列しているところに横から入る」とかいう迷惑行為も自ら行っているので、自発的行為ということができる。しかし、自律した行為とはいえないだろう。前者に挙げた行為は正しい行為であり、自発的でもあり、自律的でもある。しかし、後者の行為は自発的な行為ではあるが、自律的な行為とはいえないだろう。つまり、自発的な行為であっても、そこに善悪の判断をするためのコントロールがなければ、自律した行為とはいえないだろう。もちろん、自分の内部から発していることではあり、自律性と自発性は非常に似た概念である。しかし、微妙に異なるのも事実である。自律性はカントがいうように、道徳的行為と関連しており、自分自身で決めた規則に従い、欲望やわがままを抑えたりすることである。その規則は普遍的自然法則となるようなものでなければならないのである。カントは「自分の行為の信条が自分の意志によって普遍的自然法則になるべきであるかのように、行為しなさい」[23]というのである。自分が正しいと思っているだけでは、その行為は正当化されるものではないし、道徳的にも正しいとはいえない。普遍性を備えてこそ、自分の行為は道徳的に正しいと正当化されるのである。つまり、自律した行為とは自ら立てた格率に従って行動するのでなければならないし、そこから外れてしまった行為は、カントのいう普遍的自然法則にならなくなってしまうのである。

反社会性パーソナリティ障害者（サイコパス）に、照らし合わせてみると、彼らの犯罪行為は、自発的な行為ではあるが、自律的な行為とはいえないのである。彼らはそもそも善悪の価値観が普通の人たちと異なり、自分にとって良いか悪いかという基準にのっとっているからである。他人の痛みや困ったことやそうした感情にはなんら関心がないからであり、共感も持てないからである。そうなると、彼らの行為は定言命法から外れた行為の結果となってしまう。したがって、

もし彼らの行為を自由意志があるものとみなすのであれば、彼らの自由意志というものには、自律性の欠けた単なる自発性だけの自由意志ということになるであろう。結局、それは自分の欲求に従ったままの行為に過ぎないことになる。

7. 自由意志にもとづかない社会制度を構築する前に考えること

　さて、われわれは自由意志にもとづかない社会制度を構築することができるのだろうか。この点について考えてみたい。現代の社会は自由意志があることが前提で倫理も社会制度もできている。したがって、個人が責任を負うべき時に、その本人の自由意志があるかどうかが問われるのである。自由意志の実体は、はっきりしないが、それでもわれわれが何かを決定したり、行動をする時には、その存在が前提とされて説明されたりする。もし自由意志にもとづかない社会制度だとしたら、何を前提にするべきだろう。脳神経科学の発展を考えると、さしずめ脳状態の分析によることになるだろう。その場合、脳の血流とかニューロンの発火、脳内ホルモンの分泌が基準になるのであろうが、そこでは、本人の主観的な心情は一切排除されてしまうだろう。排除されてしまうというよりも必要ないということになる。確かに、これまで犯罪を犯した者が、裁判の時になると、反省の弁を述べて、殺すつもりはなかったとか殺意はなかったとかいうことを主張したりして、情状酌量の余地があるということで、減刑にしてもらうこともあった。しかし、その後、再犯を犯す者も多数いるのである。そうなると、法廷での彼らの反省は何だったのかということになる。減刑を行った裁判官は、一種の詐欺にあったようなものである。そういうことは、これまでにしばしばあった。では、脳状態だけで判断され、客観的なデータだけによって、裁判は行われることが正しい裁判となるのであろうか。

　これまで、ある行為が自由意志にもとづいているというのであれば、それは、その人の行為として責任が関わってくる。しかし、自由意志ではなく、脳の状態によって、決定されてしまっているということであれば、その人の行動はその人の意志によるものではなく、その人の脳によって行動が行われたということになる。そもそも、彼らに自由意志を当てはめて考えたとしても、自律性が欠けているのであって、自発性だけの自由意志をこれまでの自由意志と同じにして考えていいのであろうか。というのも、このことは、その犯罪者自身が自分の脳に支配されてしまい、自分ではブレーキをかけることもできないし、その行為が悪だとも思えなかったから、その行為をしたことになるからである。これまで自由意志と責任は一組であった。責任のあるところには自由意志があり、自由意志を認めるのなら責任を担うことが条件であった。しかし、これまでの自由意志の捉え方は自律性を備えていることが前提となっていたが、彼らの自由意志には自律性が欠けているのである。むしろ、欲望が暴走し、自発性のみが働いてしまった結果だといえる。そうであれば、これまでの自律性を備えた自由意志にもとづいた社

会には、彼らの犯罪を裁くことができなくなってしまう。むしろ、そうした自律性を備えた自由意志にもとづかない社会というのを構築するべきなのだろうか。しかし、そうなるとこれまで、自由意志と結びついていた責任はどうなるのであろうか。単純に、自由意志が脳状態に取って代わるのであれば、脳に責任を負わせることができるのであろうか。これまで、自由意志を持つ存在は単なる生物学的なヒトではなく人格として社会的存在者として考えられてきた。自由意志を脳状態という自然化の方向に向かうということは、人格という概念も捨てることになる。自由意志にもとづかない社会制度は人格という概念も幻想や仮構（フィクション）ということになり、人間を社会的存在者というよりも生物学的存在者と捉えるような方向に進むことになる。自律性を備えた自由意志にもとづかない社会というのは、自由意志だけではなく、人格や責任という概念まで変更を余儀なくされることになる。当然、そこに「人間の尊厳」という概念にも抵触してくる可能性がある。これは自由意志だけの問題ではなくなってくるだろう。

8. 倫理学の概念を変えうる脳神経科学

　脳神経科学の発展は、脳神経倫理学の登場を引き起こしている。脳神経倫理学の登場によって、これまでの倫理学の概念は変わるかもしれない。特に、これまで犯罪行為に見られる場合に、重視されてきた自由意志が、将来的には人間の行動を説明する際に、それほど重要なものではなくなってくるかもしれない。脳神経科学の発展によってもたらされる脳神経倫理学はいかなるものであろうか。これまでの倫理や道徳がそれぞれの宗教から導き出されたものとすれば、むしろ脳神経倫理学は、人類に共通した普遍的な倫理になるかもしれないのである。ガザニガは次のようにいう。「したがって、私たちが捜し求めるべき人類共通の倫理とは、明確に定められて固定された真理ではなく、人間らしさに根差したものだと私は考える。状況に応じて決まり、感情の影響を受け、私たちの生活の可能性を高めるために作られた倫理だ。だからこそ、誰もが納得して従える絶対的な規則を作るのが難しいのである。しかし、道徳が集団の生存にかかわるものであって、状況に応じて変わりうること、また道徳が脳神経メカニズムによって生み出されていることを知れば、倫理問題にどう取り組めばいいかを決めるうえで役に立つ。それこそが脳神経倫理学の使命だ[24]」。

　ガザニガの以上の発言は、どこまで実現されるかはわからない。もしかしたら、人類共通の倫理など存在しないかもしれない。しかし、いまや脳神経科学の成果を無視することはできないし、その成果から善悪の判断・道徳・倫理についても新たなる知見がもたらされるだろう。そうなると、これまでの社会制度も大きく変わらざるをえないかもしれない。これまで、殺人についていうと、殺意があるか否かで殺人罪に問われてきた。自由意志があることが責任を追わせる条件でもあった。自由意志がこれまでと異なる位置付けになると責任の位置付けも変わら

ざるをえないのではないだろうか。

　しかし、一方で自由意志が幻想・仮構（フィクション）であっても、自由意志という概念がなくならない以上、現在の受け入れられている社会制度や倫理もなかなか変わらないのではないだろうか。そもそも、脳状態の分析といっても、犯罪を犯した時と後では、脳の状態が異なっているのであるから、遡ってどういう状態であったのかを厳密に調べることはできないのではないだろうか。また、自由意志に代わる基準が、自由意志ほど有効的な説明が可能かどうかも現時点でははっきりしていない。脳神経科学の発展によって、自由意志の自然化の方向に進んでいることがわかるが、それはDNAの成分や構造がわかっても、未だに遺伝子という概念をわれわれが使っているのと同じで、自由意志と思われている脳の状態がいかに詳しく説明されても自由意志という概念をわれわれは使わなければならない状況は変わらないのではないだろうか。

　ただ、今回見てきたように、自由意志は自律性と大きく関わっているのであるが、一方、反社会的パーソナリティ障害者のように、普遍的な善悪を判断できず、自発性のみの自由意志しか備えていない場合に、彼らの犯罪行為に対して、どのような処置をしたらよいのかということが課題となってくる。普通の犯罪者であれば、刑罰による更生、一般の精神病者には治療・強制入院ということが考えられる。しかし、反社会的パーソナリティ障害者である場合は、更生も期待できないし、治療の効果も期待できない。さらには、宅間のような重大事件の犯人には、まともな鑑定はできず、たとえ、精神病者でも責任能力のある者として死刑を執行することになるのである。このように、反社会的パーソナリティ障害者の処遇には、従来の自由意志による社会制度の下でどのように対処すべきであろうか。このことは、従来からの「社会防衛か、障害者の人権か」という問題をさらにアポリアに深めてしまったということになるだろう。このことの解決に多少なりとも脳神経科学の発展が寄与し、今後の社会制度の構築に役立てることができればいいのではないかと思う。

【註】
（１）Michael S. Gazzaniga, *The Ethical Brain*, p.xv, Harper Perennial, 2005.（邦訳：マイケル・S・ガザニガ『脳のなかの倫理　脳倫理学序説』pp.15-16、紀伊國屋書店、2006年。）
（２）ミヒャエル・フックス編著（松田純監訳）『科学技術研究の倫理入門』pp.298-299、知泉書館、2013年。
（３）平田豊明「起訴前簡易鑑定における責任能力評価」、中谷陽二編『責任能力の現在　法と精神医学の交錯』p.91、金剛出版、2009年。
（４）福島章『殺人という病　人格障害・脳・鑑定』p.105、金剛出版、2003年。
（５）同上 p.105。
（６）以前は「反社会性人格障害」という訳語が当てられていたが、最近では「人格障害」という言葉が、烙印あるいは差別的、偏見的なニュアンスが強いということで、「反社会性パーソナリティ障害」という訳語が使われている。
（７）町沢静夫『人格障害とその治療』p.87、創元社、2003年。本文からの引用はそのままなので、「反社会性人格障害」となっている。

（8）同上 p.88。
（9）同上 pp.111-112。
（10）藤岡淳子「反社会性人格障害の精神療法」、福島章・町沢静夫編『人格障害の精神療法』p.115、金剛出版、1999年。
（11）Robert D. Hare, *Without Conscience*, p.xi, The Guilford Press, 1993.（邦訳：ロバート・D・ヘア『診断名サイコパス　身近にひそむ異常人格者たち』p.4、早川書房、1995年（文庫版2000年）。）。翻訳は多少変更した。
（12）James Blair, Derek Mitchell and Karina Blair, *The Psychopath Emotion and the Brain*, pp.4-6, Blackwell, 2005.（邦訳：ジェームズ・ブレア、デレク・ミッチェル、カリナ・ブレア（福井裕輝訳）『サイコパス　冷淡な脳』pp.4-10. 星和書店　2009年。）
（13）*ibid*. p.6.（同上 p.10。）
（14）Kevin Dutton, *The Wisdom of Psychopaths*, pp.106-108, William Heinemann, 2012.（邦訳：ケヴィン・ダットン（小林由香利訳）『サイコパス　秘められた能力』pp.146-149、NHK出版、2013年。）
（15）*ibid*. pp.186-187.（同上 pp.244-245。）
（16）福島章、前掲書、p.106。
（17）同上 p.106。
（18）Laurence R.Tancredi, *Hardwired Behavior*, p.164. Cambridge University Press, 2005.（邦訳：ローレンス・R・タンクレディ（村松太郎訳）『道徳脳とは何か』p.189.、創造出版、2008年。）
（19）*ibid*. p.166.（同上 p.192。）
（20）*ibid*. p.167.（同上 pp.193-194。）
（21）Immanuel Kant, *Grundlegung zur Metaphysik der Sitten*, in *Kant's gesammelte schriften*, Herausgegeben von der Königlichen Preußischen Akademie der Wissenschaften, Band IV. p. 440.（平田俊博訳「人倫の形而上学の基礎づけ」、『実践理性批判・人倫の形而上学の基礎づけ（カント全集7）』p.82、岩波書店、2000年。）
（22）John Harris, "Moral Enhancement and Freedom" in *Bioethics*, pp.102-104, Volume 25 number 2, 2011.
（23）*ibid*. p.421.（同上 p.54。）
（24）Michael S. Gazzaniga, *op.cit.*, p.177.（前掲書 p.240。）

【参考文献】

Blair, J., Mitchell, D., and Blair, K.,*The Psychopath Emotion and the Brain*, Blackwell, 2005.（邦訳：ジェームズ・ブレア、デレク・ミッチェル、カリナ・ブレア（福井裕輝訳）『サイコパス　冷淡な脳』星和書店、2009年）

Dutton, K., *The Wisdom of Psychopaths*, William Heinemann, 2012.（邦訳：ケヴィン・ダットン（小林由香利訳）『サイコパス　秘められた能力』NHK出版、2013年）

Fuchs, M.,et al. *Forschungsethik : Eine Einführung*, Verlag J. B. Metzler, 2010.（邦訳：ミヒャエル・フックス編著（松田純監訳）『科学技術研究の倫理入門』知泉書館、2013年）

福島章『殺人という病　人格障害・脳・鑑定』金剛出版、2003年

藤岡淳子「反社会性人格障害の精神療法」、福島章・町沢静夫編『人格障害の精神療法』金剛出版、1999年

Gazzaniga, M.S., *The Ethical Brain*, Harper Perennial, 2005.（邦訳：マイケル・S・ガザニガ（梶山あゆみ訳）『脳のなかの倫理　脳倫理学序説』紀伊國屋書店、2006年）

Hare, R.D., *Without Conscience*, The Guilford Press, 1993.（邦訳：ロバート・D・ヘア（小林宏明訳）『診断名サイコパス　身近にひそむ異常人格者たち』早川書房　1995年（文庫版2000年））

Harris, J., "Moral Enhancement and Freedom" in *Bioethics*, pp.102-111, Volume 25 number 2, 2011

平田豊明「起訴前簡易鑑定における責任能力評価」、中谷陽二編『責任能力の現在　法と精神医学の交錯』金剛出版、2009年

Kant, I., *Grundlegung zur Metaphysik der Sitten*, in *Kant's gesammelte schriften*, Herausgegeben von der Königlich Preußischen Akademie der Wissenschaften, Band IV.（邦訳：イマヌエル・カント（平田俊博訳）「人倫の形而上学の基礎づけ」所収『実践理性批判・人倫の形而上学の基礎づけ（カント全集7）』岩波書店、2000年）

町沢静夫『人格障害とその治療』創元社、2003年

Tancredi, L.R., *Hardwired Behavior*, Cambridge University Press, 2005.（邦訳：ローレンス・R・タンクレディ（村松太郎訳）『道徳脳とは何か』創造出版、2008年）

第6章
犯罪者の治療的改造

稲垣 恵一

　2014年12月に愛知県名古屋市で女性大学生が宗教勧誘に訪れた高齢女性を斧で殺害するという事件が起き、2015年2月には神奈川県川崎市で13歳の少年がナイフで刺し殺されるという事件も起きた。これ以前にも、記憶から消しがたい凶悪な事件は「大阪教育大学附属池田小事件」(2001年)、「土浦連続殺傷事件」(2008年)等多数あり、これらでは加害者自身が死刑に処されることを望んでいる。こうした事件の犯行が身勝手で、その被害者にとって理不尽であるのはいうに及ばない。それゆえ、「罰が軽過ぎるから凶悪犯罪が後を絶たないのだ」、「更正の余地のないヤツが死刑に処されるのは当たり前」、「犯罪者に人権はない」、「生ぬるい刑罰では被害者やそのご家族が報われない」、「罪を犯した受刑者が手厚く保護されるのなら、真面目につましい生活しているのが馬鹿らしくなる」といった市民の厳罰化の要求は理解できないわけではない。

　凶悪事件の加害者への厳罰化という世論の背景には、罪への憎しみだけでなく、被害者への同情や矯正の余地のない受刑者の出所への恐れもあるのであろう。現在、カナダや韓国等の一部の国では性犯罪の薬物治療が刑罰の範囲内もしくはその延長で行われている。暴力的行為と脳のしくみの関係が明らかになれば、性犯罪以外の犯罪者にも薬物治療——治療的改造——を行う選択肢も今後、出てくるかもしれない。もしも受刑者を再犯の可能性のない状態に治療によって確実に矯正できれば、少なくとも元受刑者から受けるかもしれない危害への恐れは消える。そうなれば、刑務所での矯正の道はあきらめ、受刑者に薬物治療を施すべきであるという考えや、刑罰を治療へと切り替えるべしという考えが出てくることはあながち奇異なことではないのかもしれない。

　こうした発想の背景にあるのは、生物医学をモデルとする倫理の自然化の流れである(戸田山、390-392頁)。この流れの中にジュリアン・サヴレスキュらも位置づけられよう。サヴレスキュらは、凶悪犯罪者に欠如している利他性を高めることで犯罪者の矯正と犯罪の防止を図ろうとする。そのようなことは可能なのであろうか。そのことを問うのに先立って、刑務所がどのようなしくみでどんな懲罰を行う場所であるのかを確認し、懲罰を中心とする刑罰の方法が受刑者にどのような影響を及ぼしてきたかを見ておかねばならない。また、懲罰以外の仕方——例えば、教育や心理療法等——で犯罪の防止が可能かどうかも再考しなければならないだろう。もしも懲罰以外の方法が有効であるとすれば、そうした矯正政

策や方法が刑務所でどの程度実現されているのかが問題の焦点として浮上する。その上で、薬物治療が刑罰に替わりうるのかどうかを検討することにしたい。

1. 犯罪者への薬物投与というエンハンスメント

　「命を救うより、殺すことの方が容易だ」（Savulescu,2013, sec.2.,par.4）
　「道徳的にエンハンスメントされない限り、大量破壊兵器からの大規模な危険があると主張することは、エンハンスメントが危険を除去するために必要であるということを含意する」（Savulescu, 2013, sec.3., par.1）

　このようにセンセーショナルに主張するサヴレスキュらがターゲットにしているのは、生物兵器や核兵器にアクセスするテロリストや認知エンハンスメントを悪用するような科学者である。彼らの目的は、少数の悪しき人たちに最先端科学技術を牛耳られてしまう前に、彼らを道徳的にエンハンスする手立てを早急に用意すべきだというところにある。ところが、通常の刑法犯よりもテロリスト等を発見するのは難しく、殺すことも困難であるから、サヴレスキュらは、公衆衛生的に市民全体に薬剤を投与し、彼らを道徳的にエンハンスすることが義務であるというのである（Savulescu, 2008, p.174）。
　通常、エンハンスメントとは疾病や障がい（disorder）のないいわば健康な人たちの技能や徳性を高めることを意味する。非合法的な行為や非道徳的な行動をとる者が、既存の精神神経病者に必ずしも分類されるとはかぎらない。しかも、公衆衛生的に薬物を投与する場合、合法的な水準の道徳性を持たない人にも投与されるのであるから、少なくとも公衆衛生的な薬物投与は治療ではないのである。したがって、サヴレスキュらは犯罪防止――それを越えて犯罪矯正――目的での薬物投与をエンハンスメントと呼ぶのだと思われる。
　サヴレスキュらは、小児性愛者の治療をモデルにして犯罪者一般の道徳性の向上を図ろうとする。その際、利他心、正義感と公正感を人間の基本的な生物学的性向とし、中でも利他心を生物医学的に高めることで犯罪傾向を抑え込もうとする。合法的な水準の道徳性を持たない人に生物医学的に薬物が投与されることで合法的な水準にまで道徳性を高めることは認知エンハンスメントであり、すでに合法的な水準の道徳性を持つ人に生物医学的に薬物が投与されることでさらに道徳性が高められることが、モラル（道徳）エンハンスメントである。それに従えば、犯罪者の治療的改造は、認知エンハンスメントに分類される。しかし、もしもサイコパスのような社会性パーソナリティ障がいに対する薬物投与から公衆衛生的な薬物投与に至るまで道徳性のエンハンスメントの手段とされるならば、もはや認知エンハンスメントとモラルエンハンスメントの区別は不明瞭にならざるをえない。そこで本論では、薬剤投与対象者が合法的な水準にあるのかどうかに関係なく、道徳性を高める生物医学的治療全般をモラル・バイオエンハンスメン

ト（MBE⁽³⁾）と呼ぼうと思う。

2. 日本の刑務所では何が行われているのか？

　サヴレスキュらの主張の背景には、教育をはじめとする矯正の方法が成功を収めていないということにあると思われる。そこで、わが国の刑務所がどのような場所であるのかを確認してみることにしよう。

　容疑者は、逮捕されると警察内にある留置場に拘禁された後、送検され、拘置所へ送られる。拘置所では頭髪の先からつま先、性器に至るまで身体検査が行われる。ここで新入者は単独室、前科者は雑居室に入れる（小澤、20-21頁）。拘置所での生活は刑務所と比べて比較的自由がある。実刑が確定すると、受刑者は刑務所へ移送される。ここでも身体検査が行われ、衣服は全身灰色、作業衣、帽子、サンダル、運動靴が渡され、一定の髪型に揃えられる（小澤、26頁）。その後2ヵ月ほど新入受刑者には、処遇調査と新入教育というしつけが行われる（小澤、27頁）。この間、彼らは個室で過ごすが、前科のある受刑者は雑居室で過ごす。処遇調査とは、居室、作業場の配置等を決めるための心理職員が行うIQ検査や神経、精神疾患の有無等の心理検査である（小澤、28頁）。そして、新入教育では「「腕立て伏せ100回」、「天突き体操200回」など到底できそうにもないことにも命令をかけ」（小澤、29頁）て、職員の号令に自然と従えるような体をつくるのである。その後、受刑者を初犯者の多いA級刑務所と累犯者や凶悪犯の多いB級刑務所に分けて労働を課す。受刑者は昼に労働し、夜は雑居室で過ごす。規律に反した者は一時的に独居室へ拘禁される。懲罰を受けたことのない模範的な受刑者の中には、職員を補佐する仕事を担う経理夫となる者もいる。経理とは、食事の支度、図書の整理、作業技術の指導、経理夫の担当する受刑者への備品の配布や管理といった雑務である。雑居室にはたいてい5、6人の受刑者が収容されている。収監中は、年に数回のリクリエーションもある。出所日が近づくと、受刑者に釈前準備指導が行われ、仮釈放申請が認められると、更生保護施設で約半年間受刑者は自立できるように教育され、その後、満期釈放となる。

3. 刑務所は受刑者を矯正しているのか？

3.1　自立できないようにしつける刑務所生活

　受刑者は刑務所内の規則や職員の指示に従わねばならない。したがって、たとえ労働作業を円滑に進めるためにした受刑者の良心にもとづく行動であろうとも、規律に反すれば懲罰が待っている。累犯者が刑務所内でおとなしいのは、職員に従わなければ懲罰や出所の期間の延長が待ち受けているからである。

　刑務所内では、暴力団関係者の受刑者がおとなしい受刑者や老受刑者に厳しい仕事を押し付けたり、リクリエーションにおいて不利な立場に貶めたりすると

いったいじめのようなトラブルもある（小澤、73頁）。特に、作業においては決められた数だけの生産物をつくり上げるという効率性が職員にも求められるため、作業場で指導的役割を果たす受刑者である班長が、作業能力の低い受刑者に圧力をかけるということもある（小澤、74頁）。L級（刑期8年以上の）受刑者が短期刑の受刑者から圧力をかけられ、反則させられる事例もある（小澤、202頁）。特に性犯罪の受刑者は刑務所内でも他の犯罪の受刑者から蔑まれる傾向にある（小澤、92頁）。

　刑務所内で20年以上を過ごすと、受刑者に「刑務所人間化（prisonization）」と呼ばれる症状——無感動、無気力、幼児的な従順さ、非共感性、神経症、独善化——が現れる（小澤、199頁）。

　こうして、受刑者は自己判断によって行動できないようにさせられるので、刑期を終えた受刑者がまともな社会生活をすることはきわめて困難なのである。したがって、刑期を終えたあとの生活に不安を感じ、神経症状が出る受刑者も少なくない（小澤、200頁）。

3.2　働けなくさせる刑務作業

　受刑者の望む作業場に就けるとはかぎらないが、受刑者の適性や能力の範囲内で受刑者の希望は考慮される。刑務作業には月平均で4,000円程度の報奨金が支払われ、光熱費や家賃、生活費や家事生活はほとんど不要である（小澤、174頁）。

　刑期を終えれば受刑者は出所せねばならない。仮釈放の主な条件は、刑の執行開始後10年以上が経過し、改悛の状が受刑者に見られることである。仮釈放者を受け入れる更生保護施設はボランティアに等しい状態で数も少なく、健康で労働意欲のある受刑者が優先的に受け入れられる。出所後の帰住予定先がなければ仮釈放は認められない。身元引受人を持つ受刑者が多いわけではない。したがって、仮釈放の条件に合わない受刑者が多く、仮釈放なしに即釈放されることになる。釈放前には釈前準備指導が行われるが、社会へ出て困らないだけの指導が行われるわけではない。多くの受刑者は矯正されず自立できない状態で塀の外へ放り出され、しかも、職場になじめないせいでトラブルを起こし再犯する者も少なくない。

3.3　反省を促さない刑務作業と反省教育

　刑罰が悪しき心を善き心へと入れ替えることをめざすならば、労働作業によって、受刑者の心は自分の犯した行為を反省し、悪しき行為を選択しない心に入れ替わっていなければならない。しかし、刑務所の規律に従い粛々と作業をすれば、反省の心など身につかなくとも刑期は終わる。仮出所する条件の「改悛の状」ですら、改悛の状があるように刑務所職員から見えればよいのである。もしも労働作業に矯正効果がないのであれば、労働作業に加えて別のプログラムや処遇を受刑者に施す必要が出てくる。

1972年に法務大臣訓令の「受刑者分類規程」にもとづいて、受刑者の必要に応じて教科教育、職業訓練、生活指導、心身疾患者・障がい者への専門的治療処遇、高齢者を対象とする養護的処遇等が用意された。これに従い、道徳教育も若干は行われてきた。それ以前には、道徳教育らしい教育はほとんど行われていない。1972年以前によく利用されていたのは、「内観療法」と呼ばれる方法である。これは浄土真宗一派に伝わる「身調べ」と呼ばれる修行法を一般の人々にもできる方法へと開発されたもので、1954年に非行少年や刑務所で導入された（岡本、144頁）。岡本茂樹によれば、内観療法とは、相手との関係において①してもらったこと、②して返したこと、③迷惑かけたこと、の3つについて具体的な事実を想起させ、例えば、「母親に対する自分」といったテーマを与え、成育史の中で自分に関係する人たちを調べさせ、1週間泊り込みで心の中を見つめさせるというものである（岡本、144頁）。しかし、内観療法は、その指導者が受刑者に罪の意識を持たせようという強い意識で療法に臨みやすいので反省へと受刑者を導くのに失敗しやすい、と岡本は指摘している（岡本、116頁）。

現在行われている「被害者の視点を取り入れた教育[4]」と呼ばれる方法もこれと同じタイプの教育であり、仮に受刑者が被害者の心情を察し反省に至ったとしても自己イメージを低下させることにつながる。したがって、受刑者は社会での生きにくさを強く感じ、社会不適応をさらに促進させてしまうので、再犯を促進させる可能性があるという指摘もある（浜井、85-86頁）。

こうしたことからすると、矯正策は十分ではなかったといえるであろう。1957年に国連経済社会理事会が出した「被拘禁者処遇者最低基準規則」には「受刑者の処遇は、社会からの排除ではなく、社会との継続関係を強調するものでなくてはならない」といわれているが、刑務所はそれとはほど遠く、犯罪者の再生産工場になりかねないのである。

4．ジェームズ・ギリガンの犯罪防止プログラム

そもそも懲罰を施せば犯罪者は矯正されるという信念は有効なのであろうか。ジェームズ・ギリガンによれば、1970年代のマサチューセッツ刑務所では、暴動と殺人が1ヵ月に1件、自殺が6週間に1度の割合で起き、放火や集団レイプ、人質行為、自傷、刑務官や訪問者の殺害等も蔓延していた（ギリガン、37頁）。ギリガンは、暴力行為の背景には受刑者の精神疾患の放置があるということに気づき、各刑務所に精神科救護室と精神相談室を設け、治療的介入、保護拘置、自殺予防措置、心理療法、精神薬理療法等の措置を講じた（ギリガン、39頁）。このプログラムが実施されてから10年間、暴動については深刻な人質事件が2件、殺人と自殺は7名、スタッフや訪問者の殺害は0名であった（ギリガン、39頁）。その次の5年間は、州刑務所全体で1件の殺人と2件の自殺があったのみで、その他の事件は起きていない（ギリガン、19頁）。これらにもとづいてギリガンは、苦

痛としての懲罰が暴力を防ぐという伝統的な**道徳的・法的アプローチ**を放棄し、受刑者がなぜ暴力的行為を起こすのかということについて経験的に調査し、教育的、治療的に介入するように提唱している（ギリガン、39頁）。この介入は、**公衆衛生学的アプローチ**である。

　ギリガンによる暴力予防プログラムの戦略における第一次予防とは、貧富の差の是正である（cf.ギリガン、46頁）。第二次予防とは、リスク集団（教育が不十分な者やその子、児童虐待やDVのサヴァイヴァー、アルコール依存症患者、犯罪率が高い地域の住民、非合法的薬物使用者）の指導である（ギリガン、46頁）。第三次予防とは、刑務所や刑事司法システムを懲罰的（道徳的・法的）アプローチから教育・治療的（公衆衛生学的）アプローチへと転換することである（ギリガン、47頁）。

　ギリガンが、**第一次予防**として貧富の差の是正を挙げるのは、富や所得の不均衡が極端な国で殺人率や暴力発生率が大きくなっているからである（ギリガン、73頁）。ギリガンによれば、経済的不平等や失業が暴力を刺激するのは「恥の感情を増大させる」からである。ここでの恥とは自己肯定感とは反対の感情であり（ギリガン、58頁）、「恥や屈辱を拭い去りたい、取り除きたい」という願望を実現するための何らかの手段（例えば、教養、知識、技能や経歴）がない場合の最終手段として暴力行為が生じてくる（ギリガン、70頁）。特に所得の格差が問題となるのは、経済的に裕福な者によって、そうでない者が「裕福になれないのは、その人は愚かであるか怠け者であるのか、その両方であるにちがいない」（ギリガン、79頁）という烙印を押され、恥を内面化するからである。重要なのは、どんなに努力しても生活状態がまったく変わらず貧困から抜け出せない場合に、暴力のリスクは高くなるということである（ギリガン、80-81頁）。

　第二次予防は、リスク集団——若く貧しいシングルマザーの子どもたち——をターゲットにしている。第一に、学校で問題行動を起こした子どもの親に心理療法を施し、低所得者層の子に読み書き計算を教える就学前プログラムを実施する（ギリガン、175頁）。第二に高校生が卒業できるように資金提供し、暴力行為以外へと動機づける(5)。また、暴力／犯罪行為に子どもたちが巻き込まれるもしくは目撃してしまわないために、警察と地域社会の連携や地域警備等も必要だとギリガンはしている（ギリガン、176頁）。それに加えてギリガンは、児童虐待の発生率も地域社会と看護師、ソーシャルワーカーと連携することで減らせるとしている。

　第三次予防は、受刑者の凶悪性を治癒し再び刑務所へ戻ってこないようにするための治療的介入である。ギリガンは、刑事司法制度や懲罰施設が犯罪率の増加に加担しているという（ギリガン、185頁）。その理由は、凶悪犯罪者の多くは幼少期から暴力の被害者であり、自己肯定感の回復のために暴力を他者に対して振るってきたのだから、さらに刑務所で処罰という暴力を振るわれれば、それへの抵抗としての暴力性がさらに強化されてしまうからである（ギリガン、185頁）。

そうならないために、刑務所を教育・治療の場へと転換する必要がある。
　そのために、第一に動物の檻のような刑務所の建物のつくりを変えねばならない（ギリガン、189-190頁）。というのは、そのつくりが受刑者を他の受刑者に関心を向けさせないようにしつけることになるからである。第二に受刑者に心理療法を施し、「行動——暴力行為も含む——の代わりになる唯一のものは言葉だ」（ギリガン、193頁）ということを身につけさせる。グループ討論等により「男性役割信仰体系」の脱構築を促すことで人とのつながりが構築されるとギリガンはいう（ギリガン、201頁）。ギリガンによれば、男性中心社会では男性は、自分自身が暴力を振るったり振るわれたりする対象とならない場合に恥をかかされる。したがって、男性は暴力によって他者に勝つこと（別言すれば、他者を支配すること）以外に名誉を回復する手段がないのである。しかも、虐待や厳罰によって育てられた人々は、つらいという感情を他者に吐露する仕方を学び損ねている場合も多い。だからこそ、ジェンダー役割体系信仰の脱構築が必要なのである。このプログラムを卒業した受刑者は、集中的プログラムに参加し、後輩新入受刑者の指導や地域社会の暴力防止活動にあたる（ギリガン、202頁）。こうすることで、受刑者は更正した先輩受刑者から更正の動機づけや希望を見出すことができる。また、元受刑者が第二次予防のために社会貢献することで、刑法違反のハイリスク集団に属する人たちが刑務所に入るのも未然に防ぐ可能性も高くなるのである。
　累犯者の多くは、十分な教育を受けるチャンスに恵まれなかったせいで、刑務所を出てからもまともな仕事につけず、人間関係をうまく築くことができない。したがって、ギリガンは、第三次予防でこそ無償で高等教育を受けさせるべきだと主張する（ギリガン、159頁）。ギリガンによれば、マサチューセッツ刑務所で受刑者に無償で高等教育を受けさせたところ、25年間で200人以上の凶悪犯罪の受刑者が刑務所で学士学位をとったが、再び刑務所に戻ってくることはなかった（ギリガン、159頁）。凶悪犯罪に対して性犯罪者は他の暴力行為で収監された受刑者に比べて暴力的ではないので、ギリガンは、強制的に集中的に外来治療を行えば、収監の必要はなく、受刑者が望むならばインフォームド・コンセントを得て薬物治療を施してもよいという（ギリガン、206頁）。

5．経済発展と教育による犯罪防止

　ギリガンの提唱する第一次予防と第二次予防は個別に考えることは難しい。というのは、社会と家庭の経済的安定と家庭、学校、地域社会の教育/福祉の充実は連動するということが多くの論者によって指摘されているからである。そのことはわが国にも該当するように思われる。そこで、ここからはわが国の犯罪防止について第一次予防と第二次予防を明確に分けずに議論を進めたい。
　長谷川寿一と長谷川眞理子は、1888年から1995年までの100万人当たりの殺人率をデータ化し、1950年代に35－40名だった殺人率が、1990年代には5人程度に

まで減少しているということを指摘している（長谷川、561頁）。1994年の10代後半から20代の男性の殺人率は、1955年のそれの1/13にまで激減し、他国と比較しても殺人率は際立って小さい（長谷川、564-565頁）。長谷川らはこの背景として、急激な高学歴化、経済の繁栄、農業人口の減少と雇用人口の増加を挙げ、よりよい雇用条件を得るために高学歴化していったと指摘している（長谷川、565頁）。学歴については、1960年代は義務教育しか受けていない男性がほとんどだったのに対し、最終学歴が高校、大学の者が増えていったということを挙げている（長谷川、565頁）。広田照幸によれば、1955年代の全国の高校進学率が5.5％だったのが1974年には90％を超え、大学進学率も55年に10.1％だったが、74年には34％へと上昇している。また、広田は星野周弘の議論を援用し、「犯罪を犯す者の大部分が、生活態度、職業、学歴などの尺度を統合して測定した社会階層では、下流階層に属している」（広田、139頁）といっている。さらに広田は松本良夫の議論とデータを援用して、非行者を多く出す傾向にある下流階層が減り、家庭の生活水準が「普通」と判定される範囲が広がったせいで非行が減ったと述べている（広田、139頁）。

　わが国において高校・大学の進学率は1955年代から右肩上がりに伸び、長谷川らの出した「年齢別最終学歴の比率」の1990年の30歳から35歳の高校もしくは大学を最終学歴とする比率は、約80％である（長谷川、566頁）。広田は、貧富の差が非常に大きかった時期にはしつけに関して階層間の格差や地域格差が非常に大きく、富裕層以外のしつけは緩く、労働に関するしつけは農村や地域社会、職場といったところで厳しく行われていたという（広田、174頁）。しかし、1960年以降中学校は高校受験の対応、集団生活の訓練や礼儀作法の習得に追われるようになる（広田、107-108頁）。経済の発展は教養への支出も可能にし、家庭もまた勉強や学歴を重視した（広田、122頁）。しかし、1980年代以降、仕事の個人化が進み、学校の進路指導が不利な進路への振り分けの場として捉えられることで学校が家庭からの信頼を失い、家庭の多様な希望の下請け機関としての役割を担うようになった（広田、121頁）。浜井浩一が平成18年度版犯罪白書等のデータからつくった世代別（12〜19歳）非行歴のグラフでも、1971、1975、1984、1986年生のそれぞれのグラフで少年犯罪が多くなったという傾向はほとんど見られない（浜井、55頁）。

　ただし、こうした見方には反論もある。前田雅英は、少年刑法犯検挙人員率と年齢別少年検挙人員率の変化を比較し、少年の検挙人員率が戦後一貫して増え続けているということを指摘している（前田、6-7頁）。前田によれば、他の先進国の少年刑法犯の検挙人員率と比べても、日本のそれは、犯罪大国と呼ばれるアメリカのそれを凌いでいる（前田、11-13頁）。しかし、この比率を引き上げている要因は、主に窃盗罪や占有離脱物横領の増加であり、凶悪犯の犯罪率は他に比べて著しく低いが、近年の日本の少年の凶悪犯の増加率は著しいと前田はいう（前田、15、93-94、106頁）。たしかに、戦争直後において多発した窃盗、強盗、殺

人の検挙率が、朝鮮戦争景気後、減っていったので（前田、70-71頁）、前田は経済的安定が犯罪を防止するということは否定しない。しかし、前田は、「戦後一貫して進行した規範脆弱化の病弊」、「少子化による受験の緩和やゆとり教育政策」、「家庭の規範維持力の弱体化」、「母親の社会進出」といった要因を挙げている（前田、5頁）。また、家庭裁判所の少年問題の処理状況は、1998年では審判不開始や不処分が全体の3/4を占めている（前田、54頁）。そのせいで、中学校・高等学校の段階での不適応の少年が増加している（前田、96頁）。もしもこれらが少年犯罪の温床でありうるとすれば、教育は不十分になりつつあるということを指摘することができる。

6. 懲罰から教育矯正へ

　第三次予防の場である刑務所の改善はどの程度行われてきたのだろうか。1908年に施行された監獄法に代わり、2006年に「刑事収容施設及び被収容者等の処遇に関する法律」が施行された。この法律の目玉は、矯正・処遇が刑務所の目的として明確化された点である。矯正処遇の柱は（1）作業、（2）改善指導、（3）教科指導である。これにもとづき法務省矯正局は、再犯防止対策としては①対象者の特性に応じた指導や支援の強化、②社会における「居場所」と出番をつくる、③再犯の実態や対策の効果等を調査・分析し、さらに効果的な対策を検討・実施する、という3つを挙げている。

6.1 作　業

　懲罰として定められた刑務作業の多くは、内職的仕事であり、出所後の再就職に役立たないことが少なくない（日弁連、21頁）。1990年以降日本経済が不景気に入ると、業者から刑務所への受注が大幅に減った（小澤、237頁）。さらに、受刑就業者数は1994年には3万5,000人だったのが、2004年には約6万人へと増加したのに、刑務所作業から国家への歳入は約130億円から約65億円にまで落ち込んでいる（小澤、238頁）。これに伴い、刑務所での労働時間も8時間から6時間に減少していた。そこで作業の代わりに職業訓練の機会を設けた。

　しかし、実用的な職業訓練を受けられる刑務所が3ヵ所しかなく、実際に職業訓練を受けられた受刑者は、2009年で2007名（出所した受刑者3万213人中の約7%）である（日弁連、24頁）。また、（2）で述べる特別改善指導として就労支援指導も行われている。この内容は、①これまでの就労生活の見直し、②社会生活を営む上での基本的スキルの習得、③職場での危機的場面の対処法の習得、④就職指導（履歴書の書き方や面接の受け方等）である。この指導を受け始めた者は、2008年で1,617名である（日弁連、110頁）。ただし、職業訓練を受けた者でなければこの指導を受けられないし、職業訓練を受けられる受刑者も極めて少ない。したがって、実際には多くの受刑者が職業訓練を受けないまま出所することになる。

6.2 改善指導

改善指導には一般改善指導と特別改善指導がある。まず、一般改善指導は、①罪障感を養うこと、②心身の健康増進、③社会適応に必要なスキルを身につけさせるための指導であり、実施頻度も少ない（日弁連、76頁）。この指導は、受刑者の個性に合わせた教育ではないので、どの程度効果があるのかと疑問視されている（日弁連、76頁）。ただし、認知行動療法にもとづくプログラムや実社会適応プログラムを実施しているセンターが国内に数か所ある（日弁連、100頁）。

それに対して特別改善指導とは、犯罪を類型しそれぞれの犯罪に合わせた指導である。それには6つの指導があり、①薬物依存離脱指導、②暴力団離脱指導、③性犯罪再犯防止指導、④被害者の視点を取り入れた教育、⑤交通安全指導、⑥就労支援指導である。①～③については主に認知行動療法にもとづいたプログラムが組まれている。

①については2008年で4,344名（覚せい剤取締法違反新規受刑者全体の約70%）の受刑者が指導を開始している（日弁連、133頁）。しかし、保護観察が6ヵ月未満の者はプログラムを受けられていない。②については、2008年の暴力団の新受刑者3,265名のうち暴力団離脱指導を開始した受刑者数は、455人である（日弁連、104頁）。したがって、ほとんどの暴力団関係者は矯正されないまま、再び組へと帰っている。③については、2008年で443名（2008年の性犯罪の新入受刑者は838名）がプログラムを開始している。しかし、このプログラムを開始した者は性犯罪者の中でも問題の多い受刑者であるから、性犯罪者の半数は矯正されないまま出所している。④の被害者の視点を取り入れた教育とは、被害者やその遺族等の生の声を聞かせたり、ビデオ教材等を材料にし、グループセッション、作文、発表等を行ったりして、受刑者が改悟の情を持つように促すプログラムである。[6]

その他、殺人や傷害といった暴力犯罪者に対しては、暴力防止プログラムも用意されている。このプログラムでは、怒りや暴力につながりやすい考え方を学び、自覚させ、暴力を起こしそうな場面での対人関係技術（アンガーマネージメント）を、ロールプレイ等を通じて受刑者は学んでいく（日弁連、156頁）。このプログラムの実施件数は2009年で249件であり、これの実施件数は、薬物依存離脱指導や性犯罪再犯防止指導の実施件数892件に比べてはるかに少ない（日弁連、156頁）。

6.3 教科指導

さまざまな理由で義務教育を満足に受けていない受刑者も少なくない。そこで、教科指導も行われている。2009年度に出所した受刑者は3万213名だが、そのうち、指導を受けた受刑者は1,341名（6.6%）である。2007年からは高等学校卒業程度認定試験の受験ができるようになった。ただし受験者は2009年度で305名、認定試験合格者が98名と人数はきわめて少ない。さらには就労支援の一環として、国家資格を取得した受刑者もいるが、2009年度には国家資格を取得した受刑者は1316人である。したがって、多くの受刑者は十分な指導は受けておらず、出

所後の就職には結びついていない（日弁連、25-26頁）。

7. 治療的改造は教育矯正に代替しうるのか？

　凶悪犯罪の代表である殺人については、わが国では1960年代には100万人当たり約40名だったものが、1990年代には約10名まで減少おり（長谷川、561-562頁）、しかも、この水準は他の国に類を見ない。また、わが国の犯罪の凶悪化を危惧する前田ですら1960年から1970年にかけて成人と少年の殺人罪の検挙人員率が減少し（前田、73頁）、それ以降成人の検挙率は横ばいであることを指摘している（前田、105頁）。こうしたことからも、ギリガンのいう犯罪の第一次予防、第二次予防に相当する犯罪予防策は、少年犯罪の凶悪化の傾向が近年見られるもののおおむね成功していると思われる。第三次予防については、教育的処遇や受刑者の就職場所の確保等に力を入れてから間もなく、システムが十分に運用されていないということは指摘できる。そのことが累犯者の矯正を妨げているかもしれない。もしもそうなら、これまでの処遇を整えることで、受刑者の矯正効果をさらに上げることはできるのだから、MBEを人々の道徳性を高めるのに導入せねばならないという主張は疑わしく思われる。

　サヴレスキュらは、バロン・コーヘンの議論を援用し「共感能力のより少ない男性が、男性の攻撃性をより多く示すのと連動しえ、その攻撃性が殺人のような犯罪の統計によって裏付けられている」（Savulescu, 2013,sec.4., par.13）という。犯罪者の厳罰化を求める論者ですら犯罪者に共感性の欠如を指摘する研究者は多いから、サヴレスキュらの指摘は犯罪学的に共有された考え方であるといってよい。しかし、共感性の乏しい人たちを生物医学的にエンハンスすることが果たして犯罪率を下げることにつながるかどうかは大いに疑問である。

　長谷川らによれば、殺人の多くは血縁のない知人を殺すことが多く、血縁者を殺すことは少ないのだが、わが国では血縁殺人が多く、その多くは実母による嬰児殺しである（長谷川、562頁）。その社会的背景として、長谷川らは「シングルマザーが社会的に容認されず、社会的サポートがほとんどないこと」、「女性の望まない出産が多い」、「子殺しに対する量刑が甘く、他の諸国と比べて抑止効果が弱い」（長谷川、563頁）を挙げている。長谷川らの「進化生物学的に考えれば、母親が実子を殺すことは、ふつうは理に適ってはいない。子どもは、母親自身の生殖成功の指標である適応度そのものだからだ」（長谷川、563頁）という主張は、サヴレスキュらのいう女性は男性よりも強い利他能力を持つというのと同じ意味を持つであろう。しかし、女性たちが嬰児殺しをするのは利他性が欠如しているからではなく、養育の条件が整っていないから殺す、逆説的ないい方をすれば、子どもを愛するがゆえに殺すのである。もしそうなら、利他性を強くする薬剤をこうした女性たちに投与してもその効果は疑わしいのではないか。仮に嬰児を殺そうとする直前に女性をエンハンスすることで嬰児殺しを思いとどまる女性が増

えたとしよう。しかし、今度は子育てに困窮するシングルマザーが溢れかえることになるだろう。MBEによって嬰児殺しが減っても、手厚い子育て支援がなければ、母子ともに逃げ場のない生活苦に陥り、子育て支援の不十分な制度だけが残り続ける、つまり、母子の居場所がないということにもなりかねない[7]。これは女性たちを道徳的に高めたことになるのだろうか。

　また、長谷川らは殺人高リスク世代の男性についても、「繁殖期の男性（10代後半から20代前半）の男性は、他のどの性・年齢グループよりも強い競争心、自己顕示欲を持っており、多少のリスクを冒してもそのようなものを守りたいという動機づけが強い。〈中略〉人間の進化の歴史上、男性がこの時期にこのような心理的特性をもつことは、その後の人生における男性間の競争や女性からの配偶者選択に有利に働いてきたと考えられる」（長谷川、565頁）という。にも関わらず、日本では他の国と比べて、繁殖期の男性のみならず、どの年代でも殺人者の数は際立って少ない[8]。そのかぎりでは、繁殖期の男性は、攻撃性を暴力以外のこと——例えば文化的なこと——へと仕向けているように思われる。しかし、これに対しては異論もある。前田は、平成に入ってから、全刑法犯罪の検挙率が落ち込み、凶悪犯の検挙率も落ちているといい、しかも、警察の検挙方針が凶悪事件などに精力を傾けるように転換したことを指摘している（前田、29-30頁）。にも関わらず、少年の殺人罪の検挙人員率は、1990年以降、急激に高く推移している。したがって、長谷川らのいう繁殖期の男性の殺人率が他国のそれと比べて少ないという主張も低く見積もらねばならず、現状では繁殖期の男性が攻撃性を、暴力以外のことへと仕向けていると断定はできない。では、こうした男性たちに利他性を高める薬剤を投与したらどうだろうか。サヴレスキュらは、利他性を高める薬剤が親族間の紐帯は弱めるかもしれないといっている（Savulescu, sec.4., par.6.）。もしもそうなら、犯罪抑止力となりうる家庭や学校といった親密圏や地域社会を破壊することにつながるかもしれず、却って犯罪を増やしてしまうかもしれない[9]。親密圏や地域社会の破壊は、結果としては新全体主義ともいうべき事態を生み出すかもしれない[10]。

　さらに、長谷川らによれば、90年代の40代以上の世代の殺人犯の約6割が低学歴者で、些細な小競り合いが殺人につながったケースが多いとも指摘している（長谷川、567頁）。殺人の受刑者の累犯は高いものの、2回目以降の犯罪は窃盗や交通違反等の犯罪で再び刑務所へ戻ってくることが少なくない（浜井、211頁）。こうしたことが生じるのは、彼らが自分で生活できるだけの術もトラブルを回避する技術もなく、彼らが働けるだけの条件も整えられておらず、さらには家族がいないという場合も少なくないからである。窃盗に関しては、累犯率が高いが、累犯者は小金やはした金を盗んだ者ばかりである（長谷川、145頁）。彼らは刑務所にいた方がましだと思っているのである。しかも、窃盗犯の攻撃性も少ない。こうした犯罪者は、利他性が欠けているから罪を犯すのではない。もちろん攻撃性の減少は、人とのつながりを構築する可能性を高める。しかし、そのことか

ら直ちに自分の居場所となる人間関係が構築されるわけではないのだ。したがって、薬剤が攻撃性を減少させるということと、攻撃性の減少させられた人が暴力以外の別の有益な行動をとるということとはまったく別なのである。

　もしもそうなら、こうした人々に必要なのは居場所である。近年、累犯の受刑者が高齢化し、刑務所は質の悪い老人養護施設化している。しかも、その受刑者の2/3は循環器等の疾病や精神・行動障害の患者であるともいわれ、刑務官も介護士のような仕事をしているという報告もある。また、刑務所で高齢受刑者の面倒を見た場合と、彼らが生活保護を受けて彼らが生活した場合を比較してみると、後者の方が遥かに安くつくともいわれている。しかも、社会福祉士の支援で養護老人ホームに入れた元受刑者は、「今が生きていた中で一番幸せだ」といっているのである。こうしたことからも、犯罪防止や矯正に必要なのは、エンハンスメントではなく、刑務所に替わる居場所なのである。そして、老人養護施設での生活ができないほどに心身に何らかの疾病がある場合にのみ、医療的介入が行われるべきである。しかし、それはもはやMBEではなく、治療というべきものであろう。

　しかし、MBEが少なくとも有効かもしれない分野はある。すでにカナダや韓国では、性犯罪者の薬物治療が実施されている。性犯罪者の治療は認知療法的な治療が一般的である。認知療法的な治療では、静的リスク要因（犯罪歴、幼少期の問題、年齢、性格特性、知的能力）と動的リスク要因（親密さの欠如、性的自己統制等）に分け、後者の方を変えるためのスキーマづくりを行う（Marshall, pp.21-22）。MBEがターゲットにするのは前者である。しかし、実際には持続性抗男性ホルモン剤の投与で強迫的な接触行動が止まる者もいれば、そうでない者もいる。これがうまくいかない場合には、心理療法を併用すれば違法な性行動を抑えることに成功している例もある。このことからも、MBEが犯罪の傾向を低くする可能性があるとしても、そのことが犯罪行動の阻止に直結しないということはいえる。したがって、ここでも教育刑を含めた刑罰から生物医学的な治療的改造へと全面的に切り替えることはできないだろう。

　今後MBEが使用される可能性があるのは、サイコパスと呼ばれる反社会性パーソナリティ障がいのうちの一部に分類される人々である。サイコパスとは、反社会的行動を示す人々の中でも情動の欠如という基盤を有する人たちである（Blair, p.19、第5章参照）。反社会性パーソナリティ障がいや行動障がい等は、アメリカ精神医学会の診断・統計マニュアルDSM-Ⅴに従って判定される。しかし、これによってサイコパスは判定できないので、ロバート・ヘアのPsychopathy Checklist（PCL）で判定される。ジェームズ・ブレアらは、これらの人々は再犯性がサイコパス以外の反社会性パーソナリティ障害の人たちよりも高いということを示している（Blair, pp.20-21）。ネグレクトや学校でのいじめや不遇等といった経験は、サイコパス傾向を強化するが、その原因となるものではないといわれている（Blair, p.56）。したがって、「生物学的な要素からの影響をより強く受け

ている可能性が高い」（Blair, p.15）とブレアらはいう。ブレアらは、サイコパスの生物学的な要素として扁桃体の機能が阻害され、そのことが嫌悪刺激に対する反応性を低下させるので、反社会性を学習させやすくし、社会化が妨げられる、つまり、罪を極めて犯しやすくなるとしている（Blair, p.207）。こうした傾向は、何らかの処遇によっては矯正しがたいということでもある。

　サイコパスの診断や治療の大きい問題は、サイコパスの生物学的基盤についてはまとまりのある仮説が提示されかなり精度の高い推論がたてられるようになっただけであって、遺伝的負因については未だ不明だということである（Blair,p.208）。PCL-Rでサイコパス傾向があると判定された人たちの再犯率については、65％程度といわれているが、犯罪前にサイコパス傾向があると判定された人のうちどのくらいの数の人が実際に罪を犯したのかというデータは筆者が知るかぎり見当たらない。サイコパス傾向を示す初犯者でもそのすべてが再犯するわけでもないし、再犯の罪状も不明である。しかも、家族特性等の劣悪な環境的な要因はサイコパス傾向を高めうる（Blair, p.58）。したがって、反社会的行動を生物学的な基盤がすべて決定づけているとは今の段階ではとてもいえない。もしそうなら、ここでもせいぜいのところ認知エンハンスメントと教育や心理療法の併用が有効とはいえても、生物医学的治療のみへと全面的に切り替えることはできない。

8. モラル・バイオエンハンスメントの利用できる対象と限界

　犯罪者の人柄も経歴も多様であり、犯罪には複合的な要因が絡んでいる。それに伴い刑務所での処遇プログラムも類型化されつつある。犯罪のほとんどが脳の異常によって引き起こされるので**モラル・バイオエンハンスメント（MBE）**が利用できるという、現状では極めて実現困難で空想的な事態を仮定してみよう。受刑者の犯罪を引き起こす犯罪病因はさまざまである。したがって、利他性を高める薬剤以外の薬剤も個別に処方されることになるだろう。さらには複数の罪を犯している人や累犯者は過投薬になるかもしれない。罪は犯していないが罪を犯す可能性のある刑務所外にいるリスク集団のMBEも同時に実施せねばならず、彼らもまた多様な人たちなのである。したがって、犯罪矯正医療は複雑に個別化（オーダーメイド）されざるをえない。ギリガンの提唱する**公衆衛生学的アプローチ**と比べて、MBEがどの程度効率的で、コストの面でどの程度合理的なのかも疑問が残る。

　したがって、MBEが利用できる矯正の対象は、今後、科学技術の進展に伴ってその範囲は拡大するとしても、当面は性犯罪者やサイコパスのように比較的確実に成果の出る人たちで、治療を望む者に制限されねばならない。こうした犯罪者にMBEが利用されるには一定の条件が必要である。2006年から義務づけられた改善・矯正を目的とした処遇は効果が現れなくとも刑期が終われば終了するので、それ以後処遇（教育/治療）の継続はできない。矯正/治療は、効果を出すた

めには継続されねばない。コロラド州やマサチューセッツ州では元受刑者は高密度の一生涯保護観察を受けることが求められ、保護観察官によってチェックされている（Marshall, p.73）。MBEを限定的に導入するためにも同様の法制度が必要である。

　最後に、犯罪には必ず被害者やその家族の存在があるということを忘れてはなるまい。それは、限定的にMBEが使用される場合でも同様である。被害者やその家族は、加害によってひどく傷つけられ苦しんでいる。彼らが望むのは、被害者が加害される前と同様の安寧な生活を取り戻すということである。しかし、取り戻せないから加害者への憎しみや応報したいという感情で二重に苦しむことになる。被害者やその家族の医療的ケアは特に重視されねばならないし(16)、事件を人生の過酷な一ページとみなし、せめても事件の生々しい苦しみから距離をとって日常生活が営めるようになるまで、彼らはケアの専門家や地域社会によって手厚く支えられる義務がある。そのために認知エンハンスメントの力を借りるのは当然である。しかし、そうしたケアを受けたところで、加害者への憎苦が記憶から完全に消えるわけではないし、消してはならない。というのは、そうすれば犯罪を嫌悪するという、高度な知性をもった人間にのみ備わった道徳性を棄損することになるからである。被害者が加害者に対して最低限望むのは、過去の過ちをずっと背負いながら反省しつつ道徳的に生きていくことである。自己の過ちに対峙し、被害者の痛みに共感して生き続けることもまた道徳的なのである。したがって、MEBを限定導入するとしても、治療前と治療後の意識や記憶や感情の継続性はなければならない(17)。というのは、それがなければ、過ちについて反省し悔やむという道徳的な生き方すらも破壊してしまうからである。そうした道徳的価値をも失わせ、悪しき行為への選択可能性すらもまったく絶つようなMBEがあるとすれば、それはもはやエンハンスメントではないのではないか。そんなMBEは、あらゆる加害・被害関係の和解の可能性も奪ってしまうのである。

【註】
（１）凶悪犯を精神病の診断カテゴリーには収まりきらない「殺人者精神病」の罹患者とした方がよいという意見もある。cf.福島、200-215頁。
（２）第4章1節参照。
（３）第4章1節参照。
（４）被害者の心情を内容とするビデオ教材の視聴、被害者の手記、命の尊さを訴える文学作品を読ませ感想を述べさせるという仕方の教育である。cf.岡本、86頁。
（５）例えば、「深夜バスケット」等のリクリエーションや地域活動。深夜に青少年にバスケットボールをさせることで、薬物や犯罪から青少年を遠ざけ、コミュニケーションの発達を狙った。cf.ギリガン、175頁。
（６）犯罪者は自己イメージが悪い。被害者の視点を取り入れた教育を施すと、却って悪いことをした自分を見つめるという辛い作業に直面することになるので、それを避けようとするようになることが多い。cf.浜井、85-86頁。
（７）長谷川らによれば、母親によって殺された嬰児のうちの半数以上が非嫡出子である（cf.長谷川、563頁）。2012年でも日本の婚外子の出生率は約2%である。こうした背景には、これ

まで法律上非嫡出子への差別があるからである。それゆえ、子どもができるとすぐに結婚してしまう場合も多い。非嫡出子への相続差別については2013年に違憲との最高裁判決が出ているが、その他社会保障は十分に行われていない。(角田由紀子『性と法律——変わったこと、変えたいこと』岩波書店、2013年、23頁）。
（8）長谷川らが提示しているグラフによれば、60代以上の高齢者についてどの国でも殺人者が少ない（1、2名）が、とりわけ、殺人者の多い20〜24歳では、1965〜81年のシカゴが100万人あたり30名であるのに対し、日本は5名以下である。cf. 長谷川、565頁。
（9）金井淑子は、「家族そのものが暴力性を帯びている」と述べている。そしてここでいわれている家族は、「異性愛で性別役割分業の血縁的核家族」を指す。もしもそうなら、こうした家族の在り方が犯罪の温床になりうるとも考えられる。森下直貴は、代理出産をめぐる家族の新たな形態について、「身近な他者たちの協同作業」を重視し、家族としての物語に参加できる者からなる家族を提示しているが、同様のことが犯罪問題についても構想されてもよいように思われる。cf.金井淑子『依存と自立の倫理——〈女/母〉の身体性から』、ナカニシヤ出版、2011年、109頁、森下直貴「「子育て」に今日的意義はあるか——〈身近な他者たちの協同作業〉という視点」、『都市問題』第102巻第12号、2011年、50-51頁。
（10）ハンナ・アレントは、全体主義の原因を大衆のアトム化とそれに伴う共同体的な人間関係の全領域を失ったことにあるとしている。cf. Hannah Arendt, Elemente und Ursprüge totaler Herrschaft, Frankfurt am Main, 1955[1962], S.523-524.
（11）「老人ホーム化する刑務所、「出るのが怖かった」——高齢化で医療費増も」、Bloomberg 4月16日（木）6時32分配信、http://headlines.yahoo.co.jp/hl?a=20150416-00000017-bloom_st-bus_all
（12）cf. ibid.
（13）cf. ibid.
（14）この例は小田晋が行ったのは窃盗症を伴う小児性愛者の治療である。cf.小田晋「性犯罪」、小田晋他編『脳と犯罪／性犯罪／通り魔——無動機犯罪』新書館、2006年、148-153頁。
（15）データの取り方によってパーセンテイジにかなりばらつきがあり、どれを信じたらいいのか分からない。cf. Blair, p.20。
（16）現在でも、警察をはじめとするさまざまな団体や組織が被害者ケアに尽力している。(cf.「対人援助の倫理と法」、49-61頁。) しかし、そのことは一般市民にはあまり知られていない。このことが、一般市民から被害者への同情心とその裏返しである加害者への憎しみを高めている面は否定できない。しかし、従来の凶悪犯罪被害者に比べて近年の被害者による加害者へ憎しみは強くなっているという議論も方々で聞かれる。その背景には地域社会によるケアの減少——癒しあう他者の欠如？あるいは社会のアトム化？——もあげられるだろう。
（17）森岡正博は、道徳性のエンハンスメントの導入の条件として、第一に道徳的統合性を周りの人とのかかわりの中で形成されるようにすること、第二に自律、第三に歴史的な統合性を挙げている。第二の自律性については、第5章第6節を参照のこと。第三の点については、被害者と加害者との関係を持ち込んだときに両者の認知エンハンスメントにとって必要不可欠な論点である。cf.森岡正博「道徳性の生物学的エンハンスメントはなぜ受け入れがたいのか？——サヴァレスキュを批判する」、『現代生命哲学研究』第2号、2013年、110-111頁。

【参考文献】

Blair,James, Mitchell,Derek,Blair,Karina,2005, The Psychopath:Emotion and the Brain,Blackwell Publishers. ジェームズ・ブレア、2009、『サイコパス——冷淡な脳』、福井裕輝訳、星和書店

Gilligan,James, 2001,Preventing Violence,Thomas & Hudson, London. ジェームズ・ギリガン、2011、『男が暴力をふるうのはなぜか——そのメカニズムと予防』、佐藤和夫訳、大月書店

Marshall,L.William, Fernandez,Yolanda, Marshall, Liam and Serran, Geris (ed.), 2006, Sexual Offender Treatment:Contriversial Issues, John Wiley & Sons. ウィリアム・L・マーシャル他編、2010、『性犯罪者の治療と処遇——その評価と争点』、小林万洋、門本泉監訳、日本評論

社

Persson, Ingmar and Savulescu, Julian, 2008, The Perils of Cognitive Enhancement and the Urgent Imperative to Enhance the Moral Character of Humanity, Journal of Applied Philosophy, Volume 25, No.3.

Persson, Ingmar and Savulescu, Julian, 2013, Getting moral enhancement right: The desirability of moral bioenhancement, Bioethics,Volume 27, pp.124-131.

岡本茂樹、2013、『反省させると犯罪者になります』、新潮社

小澤禧一、2007、『「懲役」と「担当さん」の365日――刑務所心理職員の見た異次元世界』、文芸社

小田晋、2006、「性犯罪」、小田晋他編『脳と犯罪／性犯罪／通り魔――無動機犯罪』、新書館

金井淑子、2011、『依存と自立の倫理――〈女／母〉の身体性から』、ナカニシヤ出版

角田由紀子、2013、『性と法律――変わったこと、変えたいこと』、岩波書店

戸田山和久、2014、『哲学入門』、ちくま新書

日本弁護士連合会、刑事拘禁制度改革実現本部編、2011、『刑務所のいま――受刑者の処遇と更正』、ぎょうせい

長谷川寿一、長谷川眞理子、2000.7、「戦後日本の殺人動向――とくに、嬰児殺しと男性による殺人について」、『科学』第70号

浜井浩一、2009、『2円で刑務所、5億で執行猶予』、光文社新書

浜渦辰二（代表）、2006、「対人援助の倫理と法――「臨床と法」研究会活動報告」第1号、科学研究費（基盤研究B）に基づく共同研究「対人援助（心理臨床、ヒューマンケア）の倫理と法、その理論と教育プログラム開発」（課題番号173200005）

広田照幸、1999、『日本人のしつけは衰退したか――「教育する家族」のゆくえ』、講談社現代新書

福島章、2005、『犯罪精神医学入門――人はなぜ人を殺せるのか』、中公新書

前田雅英、2000、『少年犯罪――統計から見たその実像』、東京大学出版会

森岡正博、2013、「道徳性の生物学的エンハンスメントはなぜ受け入れがたいのか？――サヴレスキュを批判する」、『現代生命哲学研究』第2号

森下直貴、2011、「「子育て」に今日的意義はあるか――〈身近な他者たちの協同作業〉という視点」、『都市問題』第102巻第12号

第 7 章

動物に対するエンハンスメント
―その是非をめぐる考察

三谷 竜彦

　一般的にエンハンスメントといえば、人間に対するそれを指す。具体的には、美容整形や、知的能力や運動能力の向上などが、それに当たる。エンハンスメントは、よく治療と対比される。治療が、ごく大雑把にいって、通常の人間のレベルよりマイナスの状態に落ちているのを通常の人間のレベルに引き上げることを意味するのに対して、エンハンスメントは、通常の人間のレベルよりさらにプラスの状態へと高めることを意味する（**第3章**の**3**を見よ）。このようなエンハンスメントは、基本的には生きていくうえでの必要性からなされるものではない。このようなエンハンスメントをなすことの是非をめぐって、現在、主として生命倫理学の分野でさまざまな議論がなされている。

　ところで実は、エンハンスメントは動物――本章において「動物」は一貫して、人間をのぞく動物を指すが、具体的には犬か猫か馬を指す――に対しても現になされている。あるいは今後、なされる可能性がある。現になされているものは、ペット――本章において「ペット」は一貫して、犬か猫を指す――の美容整形や、競走馬に対しての薬物を使用するドーピングなどである。今後なされる可能性のあるものとしては、競走馬に対しての遺伝子を操作するドーピングを挙げることができる――本章において「遺伝子操作」は、人間に対する遺伝子治療としてすでに行われている、特定の遺伝子を導入した細胞を投与するというような、当の人間ないしは動物の遺伝子を直接的に操作するのではないものも含めて、広く遺伝子を扱う技術全般を指す――。このような動物に対するエンハンスメントに関しては、あまり議論されることがないようである。それはおそらく、今挙げたもろもろのものが、エンハンスメントとしてカテゴライズされるという発想自体が、あまり生じないからであろう。しかしやはり、それらのものは何らかの点で通常の犬や猫や馬などのレベルよりさらにプラスの状態へと高めるものである以上、エンハンスメントに当たるということができるであろう。本章では、あまり議論されることのない、そうした動物に対するもろもろのエンハンスメントを取り上げ、その是非をめぐって考察をしてみることにする。具体的に取り上げるエンハンスメントは、大きくはペットの美容整形（断尾・断耳、プチ整形）、競走馬のドーピング、ペットのモラルエンハンスメント（吠え・鳴き防止）の3つである。

　以下、この3つについて、まずそれぞれについての解説を行い、次いでその解

表7-1 動物におけるエンハンスメントの目的と技術

エンハンスメント	目　的	技　術
1．ペットの美容整形（断尾・断耳、プチ整形）	（人間から見ての）美容	外科手術
2．競走馬のドーピング	競技能力	薬物使用・遺伝子操作
3．ペットのモラルエンハンスメント（吠え・鳴き防止）	対人関係・社会性	薬物使用・外科手術

説にもとづいての考察を行うという仕方で、議論していく。考察にさいしては筆者は、当該動物にとって苦痛があるかないかという点、および当該動物の生命や健康にとって害があるかないかという点を、最重視している。この点での評価が、考察にさいしての基軸となっている。

　なお、動物を対象とする倫理には、もちろんさまざまな立場（動物倫理学）がある。代表的なものとしては次の2つがあげられる。それはすなわち、功利主義（ピーター・シンガーなど）[1]と権利論（トム・レーガンなど）[2]とである。ごく簡単に概要を述べておくと、前者は、感覚を有する存在者は基本的にすべて平等に配慮されなければならず、動物も感覚を有する存在者である以上、人間も動物も基本的に平等に配慮されなければならないというものである。後者は、ある程度の知能を持っている存在者（レーガンによれば、少なくとも1歳以上の正常な哺乳類）には内在的な価値があり、それ自体として尊重されなければならず、道具的に利用されてはならないというものである。

　筆者の立場はおおむね功利主義的な立場だといえる。逆に、もし権利論の立場を取るなら、基本的に動物に対するエンハンスメントはすべて認められないという結論になるであろう。なぜなら当の者自身のためという場合をのぞいて、当の者の心身に対する改変は基本的に権利侵害になるからである。だが、筆者はこうした権利論の立場は取っていない。

　他に、現代の倫理学において功利主義および権利論と並ぶ一大陣営を形成しているものとして、徳論と契約論とがあるが、これらの立場においては、動物を対象とする倫理に関しては、それほど強い主張はなされていないようである。徳論（ロザリンド・ハーストハウスなど）の立場においては、自分が所属している社会の中で通用している徳に反しない行為は基本的に問題にならないので、おおむね、せいぜい動物に対する残酷な扱いはすべきでないという程度の議論にとどまる[3]。そして契約論（ジョン・ロールズ）においては、動物には倫理契約を結ぶ能力がないので、基本的に動物は倫理の対象外となる[4]。

1. ペットの美容整形

ペットの美容整形としては、断尾・断耳がよく知られている。断尾・断耳以外のものとしては、中国で近年行われるようになってきている、二重まぶたへの整形などのいわゆるプチ整形がある。以下、これらについて取り上げる。

なお整形にはもちろん美容目的ではなく医療目的のものもある。例えば歯のかみ合わせの悪さ（不正咬合）を矯正することなどがそうである。このような整形は基本的にエンハンスメント的要素を含まないため、以下において取り上げることはしない。

1.1 解　説
1.1.1 断尾・断耳[5]

断尾とは、犬の尾を切断して短くすることであり、通常は生後10日以内に麻酔なしで施術される。この時期に施術されるのは、感覚が未発達であるために苦痛を感じない、もしくは感じにくいとされているからであるが、実際に苦痛を感じているのか、感じているとすればどの程度の苦痛を感じているのかについては、諸説あって判然としない。さしあたってここにおいては、一定程度苦痛を感じている可能性があるというにとどめておきたい。施術の対象となる主な犬種は、ウェルシュ・コーギー、グレート・デーン、シュナウザー、スパニエル、テリア、ドーベルマン、プードル、ボクサーなどである。

断耳とは、犬の耳の一部を外科的に切除することによって垂れ耳を直立させることであり、通常は生後2～3ヵ月頃に全身麻酔下で施術される。施術の対象となる主な犬種は、グレート・デーン、シュナウザー、テリア、ドーベルマン、ボクサーなどである。[6]

ヨーロッパでは動物愛護の観点から断尾・断耳を禁止する動きが強まってきており、例えばオーストリア、オランダ、スウェーデン、デンマーク、ドイツ、ノルウェー、フィンランドなどでは原則禁止されている（2013年現在）。しかし日本では禁止されていない（2015年現在）。

断尾・断耳は、もともとは美容目的ではなく、次の①〜⑤などの目的で行われていたといわれている。その後、次の⑥〜⑪などの目的で行われるようになり、近年になって美容目的でも行われるようになったといわれている。

① 狩猟犬が狩猟のさいにイバラなどで尾を傷つけないため（断尾）
② 狩猟犬が狩猟のさいに尾を振って、尾と草とが擦れたさいに出る音で、獲物に気づかれてしまわないため（断尾）
③ 狩猟犬が狩猟のさいに獲物であるキツネと見間違われないため（断尾）
④ 牧畜犬が牛などの家畜に尾を踏まれないため（断尾）

⑤　オオカミなどとの格闘のさいに尾や耳を噛まれないため（断尾・断耳）
⑥　社団法人ジャパンケンネルクラブ（Japan Kennel Club: JKC）（純粋犬種の犬籍登録および血統証明書の発行などを行う機関）においてスタンダードとされているため（断尾・断耳）
⑦　ブリーダーの慣習として（断尾・断耳）
⑧　ストレスなどで自分の尾を噛まないため（断尾）
⑨　排泄物が尾や尻などにつきやすく不衛生であるため（断尾）
⑩　耳を聞こえやすくするため（断耳）
⑪　耳のなかが湿気で不衛生にならないため（断耳）

なお⑩⑪に関して、断耳をすることによって実際に耳の聞こえがよくなったり衛生状態がよくなったりするかというと、科学的には今のところ定かではないようである。

1.1.2　プチ整形[7]

　経済発展の著しい中国では近年、人々の生活のゆとりの増大とともに、ペットを飼うことがブームとなっているそうである。その中国では、おそらく他国ではあまり例のない、ペットを対象とした二重まぶたへの整形などのプチ整形が行われているそうである。「現在、中国では空前のペットブーム。そんな同国では、飼育する犬猫を二重まぶたにするなど、ペットの美容整形が流行しているという。／ペットの美容整形は、飼育する犬猫に個性を持たせたいという飼い主たちの要望から中国・吉林省吉林市にて流行し始め、ペット愛好家へ徐々に浸透。／二重まぶたや輪郭矯正といった、いわゆるプチ整形レベルのものが一般的というが、中には整形後毛色を変えるなどし、パンダのように姿形を類似させるという飼い主もいるのだとか。／ただ、この動きに対して各国愛護団体は難色を示している様子」[8]。

1.2　考　察

　ペットの美容整形に対しては、動物虐待だという批判がある。この批判は基本的に妥当であろう。美容といっても人間目線でのそれであり、当のペット自身が美容を意識してはいないであろう。もちろんペットに服を着せたり――ファッションとしてのそれであり、防寒などの目的によるものはのぞく――カラーリングをしたりすることも、目的は基本的に美容整形と同じであろうが、当のペットの生命や健康にとって害がなく、当のペットに苦痛を与えていないかぎり、許容範囲内と考えてもよいであろう。それに対して美容整形は、当のペットの身体への侵襲度が高く、麻酔を使用するとしても術後に痛む可能性がある[9]。また傷口から感染症にかかる可能性や、最悪の場合、麻酔事故によって死ぬ可能性もある。したがってやはり美容整形は、基本的にはするべきではないであろう。

2. 競走馬のドーピング

これまでドーピングといえば、競走馬の世界でも、また人間の競技者の世界でも、薬物を使用するドーピングを指していた。今後はそれに加えて、遺伝子を操作するドーピングも行われるようになるかもしれない。以下、これら2種のドーピングについて取り上げる。

2.1 解　説[10]
2.1.1 薬物を使用するドーピング

現在、日本でも外国でも（おそらくほとんどの国で）、競走馬に対する薬物ドーピングは禁止されている[11]。興奮作用や運動能力向上作用などのあるさまざまな薬物が、禁止薬物として指定されている。2006年に日本の競走馬であるディープインパクトがフランスの凱旋門賞（G1）に出走したさいに3位で入線するも薬物ドーピングで失格となった事件は、まだ記憶に新しい――別言すれば、われわれの記憶にディープなインパクトを残した――。現在、国によって禁止されている薬物に多少の違いはあるが、日本では、アンフェタミン、カフェイン、コカイン、ニコチン、メチルフェニデート、モルヒネなど、数十品目の薬物が禁止されている[12]。

競走馬に対する薬物ドーピングの歴史は古く、古代ローマ時代に二輪馬車競技の馬に対してアルコール発酵させた蜂蜜ドリンクを与えていたそうである。人間の競技者に対する薬物ドーピングの歴史は、古代ギリシア時代にまでさかのぼるといわれている――コカの葉が使用されたそうである――。したがって競走馬に対する薬物ドーピングは人間の競技者に対する薬物ドーピングと大差ないほど歴史が深いといってよいであろう。

薬物ドーピングの検査に関しては、競走馬に対するものの方が人間の競技者に対するものの方よりも歴史が深いそうである。世界初の薬物ドーピングの検査は、1911年にオーストリア・ウィーンで開催された競馬のさいに競走馬に対して実施されたとされている。人間の競技者に対する薬物ドーピングの検査がはじめて実施されたのは、1966年とされている。この年に国際自転車競技連盟（Union Cycliste Internationale：UCI）および国際サッカー連盟（Fédération Internationale de Football Association：FIFA）がそれぞれの世界大会で薬物ドーピングの検査を実施している。ちなみにオリンピックで薬物ドーピングの検査がはじめて実施されたのは、その2年後の1968年である。

2.1.2 遺伝子を操作するドーピング

将来的には遺伝子操作による遺伝子ドーピングが行われる可能性もある。何か運動能力を高めたりするような遺伝子を競争馬に導入したりするという仕方での

ドーピングである。現在のところ、国際血統書委員会(International Stud Book Committee：ISBC)(サラブレッドの血統書登録などを統括する機関)によって、サラブレッドに対する遺伝子操作は国際的に(したがって日本でも)禁止されているので、その点で遺伝子ドーピングを行うことは不正行為になる。人間の競技者に関しても、将来的な遺伝子ドーピングの可能性はときおり問題となるが、競争馬に関しても人間の競技者に関しても今までのところ実際に遺伝子ドーピングが行われたという確実な報告はない。すでにネズミを対象にした実験では、遺伝子操作によって運動能力を向上させることができることは実証されている。このような技術が人間や馬に応用されるまでには、おそらくそれほど長い時間はかからないであろう。

2.2 考　察

薬物を使用するドーピングは、馬の場合でも人間の場合でも、使用する薬物によっては健康被害を生じさせる可能性がある。そういう危険性のある薬物に関しては、まさにそういう危険性があるという理由で、使用されるべきではないであろう。一方、そういう危険性のない薬物に関しては、使用されてよいかどうかの問題は、基本的に競技の公正性の問題へと還元されるであろう。具体的にどの薬物を禁止とするかは、実際に国によっても多少の違いがあるということにも現れているように判断が難しいが、しかるべき組織(日本の場合は、日本中央競馬会(Japan Racing Association：JRA)と地方競馬全国協会(The National Association of Racing：NAR)と全国公営競馬主催者協議会とで構成される「禁止薬物問題に関する連絡協議会」)において十分に討議・検討されて決定されれば、基本的にそれに従えばよいであろう。

問題となるのは、医療用に用いられる薬のなかにも、ドーピング対象となる薬物が含まれている場合があることである——実際、先にふれたディープインパクトの場合、体調不良を起こしたために投与された薬のなかに禁止薬物が含まれていたと、担当調教師は弁明している——。つまり生命や健康のために必要とされる薬物が、競技の公正性を担保するためには使用できないという場合があるのである。人間の競技者の場合であれば、病気やケガの治療のために禁止薬物を使用する必要がある場合、その薬物の使用を願い出て認められる場合もある。この制度は「治療目的使用に係る除外措置」(Therapeutic Use Exemptions：TUE)といわれている——TUEは遺伝子治療をも対象に含めている(少なくとも遺伝子治療を排除していない)——。だが競走馬の場合は、このような制度は少なくとも日本においては(おそらくどの国でも)ない。競走馬の場合においても、このような制度は取り入れられてもよいかもしれない。しかし競走馬の生命や健康の保全を重視するならば、やはり医療目的で禁止薬物を使用する間は、出走させずに治療に専念させる方がよいであろう。

それでは、次に遺伝子を操作するドーピングについて考察する。これに関して

も、やはり健康被害を生じさせうるという問題と競技の公正性が損なわれるという問題とがある。例えば人間に対する遺伝子治療はすでに行われているが、白血病を発症するなどの重篤な副作用の発生が報告されている。さらには死亡例さえある。このように人間の遺伝子治療はいまだ安全性が担保されていないのである。競走馬に対する遺伝子操作はまだなされていないとしても、やはり同様に重篤な副作用が生じる可能性はあるのではないだろうか。そうであるとするならば、やはり競走馬に対する遺伝子操作によるドーピングは、競技の公正性が損なわれるという問題があることも踏まえて、なされるべきではないであろう。

3. ペットのモラルエンハンスメント

　人間のエンハンスメントにおいてモラルエンハンスメントとは、遺伝子や脳などを操作して攻撃性や暴力性などを除去ないしは抑制することによって、人間をより道徳的に行為することのできる存在へと改善しようとすることを意味する（**第4章を見よ**）。もちろんこのようなことは今のところ現実に行われてはいない[15]。技術的にも、またまさに倫理的にも、まだハードルが高い。

　一方、ペットのモラルエンハンスメントという言葉は、おそらく今までほとんど使われたことのない言葉であろう。これは筆者が独自につけた言葉である。その意味するところは、ペットが吠えたり鳴いたりしないように改善（あくまで人間の視点で改善）することによって、ペットが人間に迷惑をかけることをなくそうとすることなどである。他の人間に迷惑をかけないことは、人間社会――ペットも人間社会の一員である――における最低限のモラルの1つである。

3.1　解　説
3.1.1　吠え・鳴き防止のためのサプリメント
　ペットのサプリメントの一種として、ペットのストレスを緩和するためのものがある。さまざまなハーブが主成分となっていることが多いようである。これは主として人間のためにペットの吠え・鳴きを防止することを目的としているようである。

3.1.2　吠え・鳴き防止のための声帯除去
　ペットの吠え・鳴きを防止するために声帯を除去するということも行われている。声帯を外科手術により除去し、吠えたり鳴いたりしても小さなかすれた声しか出なくなるというものである。

　ヨーロッパではやはり動物愛護の観点から上述の断尾・断耳同様に声帯除去を禁止する動きが強まってきており、多くの国で原則禁止されている。しかしやはり日本では禁止されていない（2015年現在）。

3.2 考察

　吠え・鳴きの問題は、基本的にはしつけで対処すべきものであろう。飼い主（および飼い主の友人・知人など）のみによるしつけが難しい場合には、自治体や民間団体などが行っているしつけ教室に通うなどして専門家の指導を受けることも可能である。ただし犬の場合であれば、しつけはそれほど難しいことではないであろうが、猫の場合はやはり簡単ではないであろう。そこで、犬の場合も含めて、しつけによる対処が首尾よくいかないならば、別の対処法を取ることを考えざるをえなくなろう。取りうる対処法はおそらく大きく次の3つであろう。①吠え・鳴きを我慢する。②飼育を放棄する。③サプリメント使用ないし声帯除去。

　もし当該ペットの吠え・鳴きが近所迷惑を引き起こしてはおらず、単に飼い主家族だけの問題であるならば、場合によっては①でもよいであろう――①が対処法と呼ぶに値するものであるかどうかは、判断のわかれるところかもしれないが――。しかし近所迷惑を引き起こしていたり、そうではないにしてもやはり我慢できなかったりする場合には、②か③が考慮されよう。②は、より具体的には、新たな飼い主に譲渡するか、自治体に引き取ってもらうかの、基本的にはいずれかとなろう――日本（およびおそらくほとんどの先進国）では、遺棄することは犯罪である[16]――。前者であれば、それほど問題はないであろうが、後者であれば、多くの場合は殺処分になるので、可能なかぎり避けた方がよいであろう[17]。③を取るとすれば、やはり声帯除去ではなく、サプリメント使用が望ましいであろう。その理由は、全身麻酔下で行われる声帯除去には麻酔事故の可能性があることや、声帯除去には感染症への罹患の可能性や術後の痛みの可能性があることや、当該サプリメントの直接的な効果はペットのストレスの緩和であることや、当該サプリメントには少なくとも管見のかぎりではこれまでのところ特に副作用の報告がないことなどである。

　以上をまとめれば、次のようになろう。最も望ましいのは、しつけで対処することであり、次いで望ましいのは、我慢することか、新たな飼い主に譲渡することか、サプリメント使用であり、最も望ましくないのが、自治体に引き取ってもらうことか、声帯除去である。基本的には、しつけで対処できないような人は、そもそもペットを飼うことをやめた方がよいであろう。ペットには吠え・鳴きの問題があるということを十分に認識しないまま、ペットを飼いはじめる人もいる。ペットには吠え・鳴きの問題があるということは、社会的にもっと知られるようになった方がよいであろう。

4. 動物に対するエンハンスメントのゆくえ

　動物に対するエンハンスメントは、おそらく今後もその種類を増やしていくことであろう。筆者は基本的には、当該動物に苦痛がなく、当該動物の生命や健康に害がないのであれば、問題はないとする立場であるが、本章の導入部において

ふれた権利論のように、あるいはアニミズム思想などのように、より根本的なところで、人間が動物の生命を操作することそれ自体や、人間が動物の心身を改変することそれ自体を、問題視する見方もあるだろう。筆者はこうした見方には基本的に与しないが、こうした見方によるものも含めて、今後、動物に対するエンハンスメントをめぐる議論が、いっそう盛んになされるようになっていくことを望む。

【註】

（1）Cf. Peter Singer, "Animal Liberation", *The New York Review of Books*, 1973, pp. 17-21（reprinted in K. S. Shrader-Frechette, *Environmental Ethics*, Second Edition, Rowman & Littlefield Publishers, 1998, pp. 103-112）（ピーター・シンガー「動物の解放」、K・S・シュレーダー＝フレチェット編『環境の倫理 上』、京都生命倫理研究会訳、晃洋書房、1993年、187-207ページ）; Peter Singer, *Animal Liberation*, Avon Books, 1975（ピーター・シンガー『動物の解放』、戸田清訳、技術と人間、1988年）; Peter Singer, *Practical Ethics*, Second Edition, Cambridge University Press, 1993（ピーター・シンガー『実践の倫理 [新版]』、山内友三郎・塚崎智監訳、昭和堂、1999年）。

（2）Cf. Tom Regan, *The Case for Animal Rights*, University of California Press, 1983.

（3）Cf. Rosalind Hursthouse, *Ethics, Humans and Other Animals. An Introduction with Readings*, Routledge, 2000.

（4）Cf. John Rawls, *A Theory of Justice*, Harvard University Press, 1971（ジョン・ロールズ『正義論』、矢島鈞次監訳、紀伊國屋書店、1979年）。なお動物を対象とする倫理全般について概観するためには、次のものが非常に参考になる。David DeGrazia, *Animal Rights: A Very Short Introduction*, Oxford University Press, 2002（デヴィッド・ドゥグラツィア『動物の権利』、戸田清訳、岩波書店、2003年）; 伊勢田哲治『動物からの倫理学入門』、名古屋大学出版会、2008年。

（5）1.1.1における解説は、主として次のものを参考にしている。http://dogactually.nifty.com/blog/2008/11/1-654a.html（犬に関する情報のインターネットサイト）; http://pet.goo.ne.jp/contents/variety/cn_339.html（ペットに関する情報のインターネットサイト）; http://roysfunnyfactory.com/wish.aspx（ブリーダーのインターネットサイト）; http://wankoukiuki.blog106.fc2.com/blog-entry-282.html（ドッグトレーナーのインターネットサイト）; http://www.bowbow-dog.com/oyakudati/danji-danbi.html（ペットショップのインターネットサイト）; http://www.dear-dog.jp/40fundamentalknowledge/croppingdocking.html（ブリーダーのインターネットサイト）; http://www.geocities.jp/inuneko_sutenai/kaiho13.html（動物愛護団体のインターネットサイト）; http://www.puppy-club.jp/danzi-danbi.html（ペットショップのインターネットサイト）。

（6）断尾・断耳がなされていることは一般的にはあまり知られておらず、例えばプードルの尾が短いことやドーベルマンの耳が直立していることは、それぞれ生まれつきの性質であると誤解している人も多いようである。ただしたしかに、フレンチ・ブルドッグやボストン・テリアのように、生まれつき尾の短い犬種もあるし、やはりフレンチ・ブルドッグがそうであるが、生まれつき耳が直立している犬種もある。

（7）1.1.2における解説は、主として次のものを参考にしている。「レコードチャイナ」（電子版）2008年10月22日付記事（http://www.recordchina.co.jp/group.php?groupid=25102）；「ナリナリドットコム」（電子版）2009年7月15日付記事（http://www.narinari.com/Nd/20090711962.html）; http://www.petpress.jp/news/detail_1271.html（ペットに関する情報のインターネットサイト）。

（8）http://www.petpress.jp/news/detail_1271.html。

(9) 例えば次のものを参照。http://roysfunnyfactory.com/wish.aspx（ブリーダーのインターネットサイト）；http://www.geocities.jp/inuneko_sutenai/kaiho13.html（動物愛護団体のインターネットサイト）。

(10) 2.1における解説は、主として次のものを参考にしている。http://www.medience.co.jp/doping/06.html（日本で唯一の世界アンチ・ドーピング機構（World Anti-Doping Agency: WADA）公認ドーピング検査機関である株式会社三菱化学メディエンスのインターネットサイト）；http://www.jta-tennis.or.jp/doping_control/index/sub_text/sub_text_01.htm（財団法人日本テニス協会ドーピングコントロール委員会のインターネットサイト）。

(11) 日本では「競馬法」で罰則つきで禁止されている。「出走すべき馬につき、その馬の競走能力を一時的にたかめ又は減ずる薬品又は薬剤を使用した者」は、「三年以下の懲役又は三百万円以下の罰金に処す」される（「競馬法」第31条）。

(12) 「日本中央競馬会競馬施行規程」（http://company.jra.jp/0000/law/law07/law07.html#09/kinshiyakubutsu）を参照。

(13) 競走馬に関しては不確実な報告ならある。「2004年にロンドン大学医学部（University College Medical School in London）外科部門のジェフリー・ゴールドスピンク（Geoffrey Goldspink）教授（理学博士）は、遺伝子ドーピングがサラブレッド競馬においてすでに利用されているとカナダの日刊紙「グローブ・アンド・メイル（Globe and Mail）」に発表した。同教授は生物学者であり、筋肉量を遺伝子的に増大させることにより、筋肉消耗疾患を治療するための遺伝子療法の開発を行っている。／その主張を立証してもらおうと、3ヵ月間にわたり同教授へ頻繁に接触し、また同教授の上司あるいは医学部のメディア対応室を通じてたびたび接触を試みたが、同教授から回答を得ることはできなかった。したがって、遺伝子ドーピングが英国競馬において実際に広がっているかどうかは、憶測の域を出ていない」（http://www.jairs.jp/contents/w_news/2009/1/2.html（財団法人ジャパン・スタッドブック・インターナショナルのインターネットサイト））

(14) 例えば次のものを参照。「ワイヤードニュース」（電子版）2004年2月18日付記事（http://wired.jp/2004/02/18/%E7%AD%8B%E5%8A%9B%E5%9B%9E%E5%BE%A9%E3%81%AE%E9%81%BA%E4%BC%9D%E5%AD%90%E6%B2%BB%E7%99%82%E3%80%81%E3%83%89%E3%83%BC%E3%83%94%E3%83%B3%E3%82%B0%E3%81%AB%E6%82%AA%E7%94%A8%E3%81%95%E3%82%8C%E3%82%8B/）；「ワイヤードニュース」（電子版）2004年8月25日付記事（http://wired.jp/2004/08/25/%E9%81%BA%E4%BC%9D%E5%AD%90%E6%93%8D%E4%BD%9C%E3%81%A7%E7%AD%8B%E5%8A%9B%E5%A2%97%E5%BC%B7%E2%80%95%E2%80%95%E9%80%9A%E5%B8%B8%E3%81%AE2%E5%80%8D%E3%81%AE%E8%B7%9D%E9%9B%A2%E3%82%92%E8%B5%B0%E3%82%8A/）；「ナショナルジオグラフィックニュース」（電子版）2010年2月5日付記事（http://www.nationalgeographic.co.jp/news/news_article.php?file_id=20100205003）。

(15) ただし一部の国で行われている、性犯罪者に対する物理的去勢（精巣を摘出するという外科手術）・化学的去勢（男性ホルモンを抑制するホルモンを投与するという薬物使用）は、1種のモラルエンハンスメントとみなしてもよさそうである。物理的去勢はチェコ、ドイツなどで、化学的去勢はアメリカ、韓国などで行われている。

(16) 日本では「動物愛護管理法」で罰則つきで禁止されている。「愛護動物を遺棄した者は、百万円以下の罰金に処する」（「動物愛護管理法」第44条）。「愛護動物」とは、「牛、馬、豚、めん羊、やぎ、犬、ねこ、いえうさぎ、鶏、いえばと及びあひる」および「人が占有している動物で哺乳類、鳥類又は爬虫類に属するもの」である（同上）。

(17) 野良で捕獲されたり、路上などで負傷しているところを保護されたり、あるいは飼い主に飼育放棄されたりして、保健所などの行政施設につれてこられた犬・猫のうちで、殺処分されている数は、日本全国で1年間に138525頭（2013年度）である（http://www.env.go.jp/nature/dobutsu/aigo/2_data/statistics/dog-cat.html（環境省自然環境局総務課動物愛護管理室のインターネットサイト）を参照）。これは1日平均にすると380頭（小数点以下四捨五入）

である。いちおうこの5年間にほぼ半減しており、相当なペースで減ってきてはいる。それでもまだ多いというのが、おそらく多くの人のいだく印象であろう。保健所などにつれてこられた犬・猫のうちで殺処分されているのは73％（小数点以下四捨五入）である（同上参照）。このパーセンテージも、この5年間で15％ほど減っている。なお殺処分をまぬがれた犬・猫というのは、もとの飼い主に返還された犬・猫か、新たな飼い主に譲渡された犬・猫かの、基本的にいずれかである。

※インターネットサイトの引用・参照は、注（5）（7）（8）（9）（10）のなかのものが2011年9月15日時点、注（12）（13）（14）のなかのものが2014年2月17日時点、（17）のなかのものが2015年3月14日時点。

＊本章の1と2の一部を、2013年8月30〜31日にInternational Society for Clinical Bioethics（於：釧路市観光国際交流センター）でポスター発表させていただいた。また本章のほぼ全部を、2014年4月12日に名古屋大学哲学会大会（於：名古屋大学）で口頭発表させていただいた。いずれの会においても、多くの方からたいへん有益なご意見などをいただいた。末筆ながら、ここに感謝の意を表させていただきたい。

第8章
欲望の中のヒューマノイド

粟屋　剛

　「ロボデックス⁽¹⁾が掲げるテーマは人間のパートナーとなるロボットです。人間型ロボットが家族の一員になる日は確実に近づいています。」「ロボットが人間と心を通じ合う日も夢ではなくなりつつあります。」これらは2002年5月に放送されたテレビ番組のナレーションである。[2]

　え、そんなことが！　なんと牧歌的な！　そもそもロボットに心があるのか？[3] なぜロボットと心を通じ合わせる必要があるのか、人間同士でも難しいのに！　これらが筆者の疑問の始まりである。

　こんなのもある。2003年のものである。「5年から10年以内には、アシモ Asimo のようなヒューマノイド・ロボットが街を歩いて、買い物をしているだろう。……多くの研究者は、そう予測する」[4]。どこかおかしい、何かおかしい、とてもおかしい。そのような現実はない。

　今日、世界中の多くの国で人工知能ひいてはロボットに関する研究が行われている。これらの研究の少なくともある一方向の集約点[5]はまさに、程度の差はあれ人間の形をしたロボット、すなわちヒューマノイド・ロボット humanoid robot ［人型ロボット］である—以下、本章では一般的な用語法にしたがって、これを「ヒューマノイド」と称する—。近時、日米欧で多くの研究者が競ってこのヒューマノイドの開発を行っている。とくに、「世界のヒューマノイド開発は日本の独壇場」とも言われてきた。[6]

　このようなヒューマノイド開発に関して、筆者には、前述のような素朴な疑問を背景として、以下のようなさまざまな疑問がある。なぜ、何のためにヒューマノイドを開発するのか。ヒューマノイド開発に必然性はあるのか。果たして現実的なニーズはあるのか、将来的なニーズを見越しての開発なのか。我々は本当にヒューマノイドを必要としているのか。人々は「ロボットとの共存」など、本気で考えているのか、等々。本章はこれらについて、文字通りの管見を開陳するものである。

　ところで、そもそもロボットとは何か。ロボットの定義は定まっていない（千差万別である）が、本章では、ロボットとは「コンピュータ制御の機械」としておく。そして、ここでは便宜的に、ロボットをヒューマノイドとその他のロボット（産業用ロボットなど）に分類しておく。

　では、ヒューマノイドとは何か。ヒューマノイドの定義も定まっていないが、

本章では、ヒューマノイドとは、「程度の差はあれ、人間のような（human-like）外観（顔/身体）をもつロボット」としておく。2000年に登場して世界を驚かせたホンダの二足歩行ヒューマノイド「アシモ」や石黒浩教授（大阪大学）作製の、人間そっくりの顔や表情を持つ「ジェミノイドF」などはわかりやすい例である。なお、一口にヒューマノイドといってもいろいろある。顔型、全身型、上半身型、双腕型、等々。別の分類もできる。完全自律型、半自律型、遠隔操作型（操り人形型）、等々。

1. なぜヒューマノイド開発か

なぜロボット開発か、という問いには比較的たやすく答えることができる。産業用ロボットや手術用ロボットを思い起こせばすぐにわかるが、一言でいえば、それは人間にとって、便利であり役に立つからである。つまりは人間に都合のよい道具であるから、である。

では、なぜ、何のために人型のロボット、つまりヒューマノイドを開発するのか。それを開発する目的は何か。なぜロボットが人間の形をしていなければならないのか。上記と同じ理屈がヒューマノイドに当てはまるかどうか。比喩的に言えば、表現は悪いが、人間はすでに余っており（あふれており）、これからも当分は増え続けるというのに、なぜ？ これらにはたやすく答えることはできない。

わかりやすい例を挙げれば、とくに、人間そっくりの顔や表情を持つ顔ロボットなど、恐いもの見たさの好奇心は湧くものの、不気味で悪趣味とも言いうるが、それなのになぜ、何のために、産業用や手術用などの単機能ロボットを超えて人間そっくりのヒューマノイドを開発するのだろうか。以下、これらについて考えてみたい。

ヒューマノイド開発の根拠ないし理由付けについては以下に見るように、多くの論争（見解の相違）がある。そのこと自体、ヒューマノイド開発の目的がはっきりしない（しなかった）ことを物語る。

なお、ここでは、ある特定の目的にとって合理的なロボットを開発していて結果として人型になるというようなケース[7]（瓦礫の中などで活動するロボットがヘビ型やクモ型などではなくて人型の方が都合がよいという場合など）を問題にするのではない。

1.1 特定の目的があって開発するのか

特定の目的を実現するために必要だから（そして、役に立つから）ヒューマノイドを開発するのか[8]。以下、諸説を見ていく。

そもそもヒューマノイドは何かの役に立つ必要がない（少なくとも「役に立つこと」を重視しない）とする見解がある。石黒浩教授は、何のために人型ロボット開発に取り組んでいるのか、との質問に対して、次のように答えている。「役

に立つというのは難しい話で、要するに、ニーズというのはいつ起こるかわからない」、「だから今役に立たなくても将来役に立つかも知れない」、「大学の研究では特に役に立つなんて考えちゃいけない」、「世の中どう変わるかわからない」。

ここでは、ロボットを人に近づけること自体が目的とも推測される。最初から特定の目的のないヒューマノイド開発やあいまいな（漠然とした）目的のためのヒューマノイド開発には大いに問題がありそうである。それに対して、ヒューマノイドは役に立つ必要があるとする見解もある。小菅一弘教授（東北大学）は同じく、何のために人型ロボット開発に取り組んでいるのか、との質問に、「人間と協調する『役立つ』ロボット開発をめざす」と答えている。さらには、「人間の役に立たないロボットは存在価値がない」とまで断言する。

前述のようにホンダは二足歩行ヒューマノイド「アシモ」を世に送り出したが、ホンダのロボット開発は1986年の当初から一貫して、「人間を幸福にする」ということを目標に掲げ、「人間の役に立つ」ことを目指していた。この点に関してホンダのアシモ開発責任者である重見聡史氏は次のように述べている。「開発当初からやはり、人の役に立つロボットを書こう（ママ）と、夢の実現というその中で、こういうロボットがいたら世の中が変わるし人が幸せになるだろうと、便利な世界になるだろうと、ずっと考えているんです。」

病院で、ある部署から別の部署に医薬品等を届けるヒューマノイドである「ホスピ HOSPi」を世に送り出したパナソニックヘルスケアの北野幸彦氏も、「世の中の人に役立って産業として育っていかないといけない」、「すごいものが一台できても社会にまったく役立っていない」などと述べている。

見解の相違はあるものの、ヒューマノイドは少なくとも第一義的には人間の役に立つものであるべきだというのが、一般的な考え方だろう。なお、人間の価値を「役に立つか否か」で測るのはよくないが、それが道具としてのヒューマノイドの場合は当然、許されるだろう。

では、事実としてヒューマノイドは喫緊のニーズに応えるために開発が行われてきた、と言えるだろうか。歴史的に見て、とてもそのようには言えそうにない。ただ、そもそも、あらゆるテクノロジーはそれが登場したその時代には、元々、喫緊のニーズに答えるのではなく、「あったら便利」程度から始まっているのではあるが。現時点では、例えば、アシモやソフトバンクのヒューマノイド「ペッパー Pepper」などのように、せいぜい人寄せパンダ的なアトラクション用、エンターテインメント用、接客用、コミュニケーション用などのヒューマノイドのほかには、どこを探しても現実的なニーズは見当たらない。ただし、後述するように（掘り起こせば）将来的なニーズは見込めそうだが。

喫緊のニーズがないことを認めてしまっている議論もある。森山和道氏（サイエンスライター）は次のように述べている。「『ヒト型ロボット（の形）に意味はあるか』という議論は、ロボット周辺の論点として定期的に出る話題で、いつもだいたい『ケースバイケースだ』というオチに終わる。おそらくこれからもそう

だろう。ロボットは目的を持って作られる人工物なので、人工物として求められる形を取るだけのことだ、というわけだ。つまり仕様として人っぽい形が必要とされるのであれば、そういう形で作られる。基本的には当然そのとおりだと思う[17]。」

これは、「必要とされるから開発するのではなく、必要とされるなら開発する」との見解だが、現実には「人っぽい形が必要とされる」か否かの検証なしに、すなわち「必要性」という重要な点を見極めることなしに、すでに開発競争は行われている。よく実態を言い表した説明と言える。

なぜ人間と同じような顔やその表情を持ち、また、人間と同じような動きをするヒューマノイドを開発するのか、について「ニーズ」では直接的には説明がつきそうにない。少なくとも、大衆や社会の直接的、現実的なニーズに応えるために開発が行われている（行なわれてきた）とは言い難い。

ただし、アトラクション用やエンターテインメント用などを考えればわかるが、確かにヒューマノイドにはそのようなニーズがあるとは言えそうである。しかしながら、それらは「後付けの理屈」なのではないか。ニーズがあるから開発を行ってきたのではなく、開発を行いつつ、ニーズを創り出してきた、あるいは、せいぜい、潜在的にニーズが存在するとしてそれを掘り起こして来た、というのが実態（現状）に近いのではないかと推測される。

1.2 ヒューマノイドは人間と共通の道具が使え、かつ人間の環境にフィットする、ということは開発の理由・根拠になるか

ヒューマノイドは人間と共通の道具が使え、かつ人間の環境にフィットする、すなわち人間の環境がシェアできる[18]、ということはヒューマノイド開発の理由・根拠になるだろうか。この点に関して、古く、アイザック・アシモフは『鋼鉄都市』という小説の中で、なぜロボットが人間の恰好をしていなければならないのかという質問に対して、「人間の形態が、あらゆる意味において、最も理想的、実用的なかたちだから」、「ロボットに人間の形態をとらせることは、現代社会のあらゆる機具機械類を根本的に設計しなおすよりも、はるかに容易」などという答えを用意している[19]。

ほか、この点に関して、比留川博久氏（産業技術総合研究所）はこの『鋼鉄都市』を引用しつつ、次のように述べている。「椅子の大きさとか、そういうのも全部ヒトに合わせてつくってあるのですね。ヒト型であれば、そういうインフラは変更しなくていい。道具もそうです。ヒトのためにつくられた道具がそのまま使える[20]。」

これらには疑問がある。人間の道具が使え、人間の環境にフィットするというのはヒューマノイドを作る理由・根拠あるいは動機などではなく、仮に何らかの実質的判断によってある特定の目的のために特定のロボットを作ると決めた（そして、完成した）場合にそれが「人型」であることの結果的なメリットを述べているに過ぎない。すなわち、ここには、人型が仮に完成した場合のそのメリット

と人型開発の根拠等との混同がある。

1.3 人間を知るためにヒューマノイド開発を行うのか

「人間を知りたい」ためにヒューマノイドを作るという主張がある。石黒浩教授は、「いま、人間型ロボットを作る技術力を持った我々は、また同じようにロボットを作っている。その理由は、役に立つロボットを作るということよりも、人間を知りたいという、より根源的な欲求に根ざすものであると思う」と述べている。しかし、「人間とは何かを探求する」ために人工知能やヒューマノイドが研究、開発されてきた、というのは後付けの理由以外の何物でもないだろう。あるいは、論点のすり替えか。少なくともそれを最初から目的としていたとは到底考えられない。もちろん、結果的に人間をよりよく、より深く知ることができるようになるであろうことは、想像に難くない。結局のところ、それは好奇心等（後述）の副次的産物と位置づけられるのみであろう。

1.4 動機は研究者の好奇心等ではないのか

では、元々ニーズはなかった（少なくとも喫緊のニーズはない）とすれば、何がヒューマノイド開発の原動力なのか。それは詰まるところ、他のテクノロジーの場合と同じく、あるいはそれ以上に、研究者の好奇心、興味、探究心、チャレンジ心、趣味心、功名心などではないか。ある特定の目的にとって合理的なロボットを開発していて結果として人型になるというようなケース（前述）は別にして、例えば最初から人間そっくりの顔やその表情などを持つヒューマノイドを開発するのはまさにこれらに該当するのでないか。それは「技術者の科学者的好奇心」と表現できる。

この点に関して鈴森康一教授（東京工業大学）は次のように述べている。「ロボット作りの発端は、ヒトの外観や動作を模倣することにあった。作り手にとっては興味とチャレンジの対象であり、一般の人々にとってはエンターテイメントと好奇の対象であり、スポンサーにとっては大勢の観客を集めて楽しませる手段であった。ロボットの始まりは、ヒトをまねること、つまり"疑似人間"を作ることが目的であったと言える。」

これはまさに、言い得て妙な説明と言える。いろいろもっともらしい理屈を述べても、結局、子どもの頃の興味や好奇心によって動いているだけではないのか。ブラックジャックに憧れて医者になる人がいるように、鉄腕アトムに憧れてロボット研究者になる人がいてもおかしくはない。

ヒューマノイド開発の分野では、他分野（テレビ、自動車、携帯、……）と比べて研究者の好奇心等の要素はきわめて大きいと思われる。人間そっくりのヒューマノイドを作りたい、感情を持ったヒューマノイドを作りたい、……。これらが、必然性を持つものではなく、好奇心から発しているものであることは充分に想像できる。

そもそも、昔からある「自動人形」製作の動機がまさに素朴な「作ってみたい」という好奇心等であったと推測されるように、ヒューマノイド開発の動機も基本的には好奇心等である（あった）と推測される。

研究者は後から意味付けや理由付けを行うのが得意である。もちろん、幸運にも、セレンディピティSerendipity（思いがけない発見）に出くわすこともある。研究者は言う。「私はそれをやってみたい。なぜなら、それをやりたいからだ。」「私はそれを作ってみたい。なぜなら、それを作りたいからだ。」「あなたは『何のために』と尋ねるのですか？ 私は、理由はやり遂げた後に見つけますよ。」

では、ヒューマノイド開発は、直接的なニーズなしで、好奇心等だけで正当化可能だろうか。これは、ヒューマノイド開発をどう位置づけるかにかかっている。それは「科学」か、それとも「技術」か。基本的に、もしそれが「科学」なら好奇心のみで一応、正当化可能だが、もしそれが「技術」なら好奇心のみでは正当化されないのではないか？

この点に関しては、ヒューマノイドはやはり第一義的には「道具」と言えるだろうから、ヒューマノイド開発は科学ではなくて技術であると言わねばならない。基本的に、技術自体は目的ではなく、何らかの特定の目的のための手段である。目的のない手段の開発には当然ながら、問題がある。

2．ヒューマノイドにニーズはあるか

ヒューマノイド開発に限らず、あらゆる科学や技術の発展・開発の原動力（推進力）は前述のような研究者の好奇心等と人々（及び社会、国家、国際社会等）のニーズである。ヒューマノイドには現在のところ、人寄せパンダ的なもの（アトラクション用やエンターテインメント用など）を除いては具体的、直接的、現実的なニーズはなさそうだが（前述）、将来的には、それらを上回るニーズが出てくる可能性がある。かつて大人気を博した鉄腕アトムや鉄人28号などをみればわかるように、ヒューマノイドは人々の憧れの的であったが、まさにその「憧れ」がニーズを生み出す原動力となる。

では、人々はヒューマノイドに何を期待するようになるだろうか。何を望むようになるだろうか。将来的には、「それが技術的に可能ならば」という条件付きではあるが、すなわち、技術の進歩がありうるならば、潜在的なニーズが掘り起こされて行く可能性がある。すなわち、それが顕在化してくる可能性がある。なお、当然ながら、ニーズの掘り起こし（ないし創出）はヒューマノイド開発の場合にとどまらない。あらゆる科学技術開発の場面で同じような現象が見られる（例えば、携帯電話や臓器移植など）。

ヒューマノイドには将来的に、どのような具体的なニーズがありそうか。以下では民生用、災害現場用、軍事用の各ヒューマノイドについて述べる。ロボット自体は複雑な機械だが、ロボットに関する人間の発想と人間がロボットに期待す

るものはとてもシンプルである。ヒューマノイドは人間の代わりに働いてくれたり闘ってくれたりする。

2.1 民生用ヒューマノイド

すぐに想起されるのは、掃除、洗濯、炊事、子守などをこなす家事用ヒューマノイドである。介護用ヒューマノイドや話し相手になってくれる癒し用ヒューマノイドなども考えられる。一家に一台、いや一体、の時代が来るだろうか。さらには、恋愛用ヒューマノイドやセックス用ヒューマノイドも考えられる。これらはパーソナルユースである。つくづく人間相手は疲れる、などと思っている人にはヒューマノイドは最適ではないだろうか。

ここで、ヒューマノイドの技術の進歩を想定して、以下にニーズの一例として、少し特殊だが、普段論じられない恋愛用及びセックス用のヒューマノイドを取り上げる。これらはヒューマノイドのニーズとしてとてもわかりやすい。

まず、ヒューマノイドとの恋愛はどうか。「ブレードランナー Blade Runner」というSF映画（1982年）では美しい女性型ヒューマノイドと主人公が愛し合った。デービッド・レビー氏（人工知能の専門家、チェスプレーヤー）は『LOVE + SEX WITH ROBOTS（ロボットとの愛とセックス）』などという本まで書いている。[24]なお、朝日新聞が行ったアンケート調査で、人間より「ロボットの恋人がいい」と答えた人もいた。[25]

日本には、一部にヒューマノイドとの恋愛の前段階とも言えそうな現象がある。最近、若者（中年も）の間で、仮想空間で、つまりスマホなどで彼氏（や彼女）との疑似恋愛を楽しむ「恋愛アプリ」が流行している。使用者によれば、生身の彼氏（や彼女）は「うざい」からいらない、らしい。スマホを立ち上げると、美少年などが優しく、「愛しているよ」などとささやきかけてくれる。2014年に公開され話題になった映画「her」は人間と人工知能との愛をテーマにしていた。人工知能が身体を持てばまさにヒューマノイドになる。人工知能との恋愛が可能なら、当然、人工知能を備え、身体を持つヒューマノイドとの恋愛も可能だろう。

セックスの相手をするラブドールは以前から存在する。通常のラブドールには人工知能などは組み込まれていないので動きもしないし、声も出さない。しかし、たとえ動かなくても、そしてしゃべらなくても、シリコンなどを使って人間そっくりに作られ、当然ながら性器も備えていれば、充分に人間の相手となりそうである。例えば、オリエント工業（東京、秋葉原）が製造販売するラブドールのうち人気ナンバーワンの「さおり」（身長157cm 体重25kg、値段××万円）はすばらしい美女であり、男性の気を引く、らしい。森永卓郎教授（獨協大学）は、オリエント工業を訪れて、「これだけ人間と変わらないと、生身の女性はいらなくなっちゃう」と、まさに本音（？）を述べている。[26]

では、通常のラブドールが進化（？）してヒューマノイドになったら、すなわちラブドール型ヒューマノイド[27]になったら、どうか。動かなくても、そしてしゃ

べらなくても充分なのに、それが人工知能を組み込まれ、動き出したりしゃべり出したりしたらどうなるか。単なる性欲のはけ口なら生身の女性より精巧なヒューマノイドの方が良い、という人も中にはいるだろう。シリコン皮膚と人工毛の驚くべき高性能美女型ヒューマノイドとの愛欲の日々……。妄想はどこまでも膨らむ。もちろん、美女ヒューマノイドに掃除や洗濯をしてもらってもよい。なお、家事をするヒューマノイドは一家に一台（一体）で充分かもしれないが、ラブドール型ヒューマノイドは一人に一台（一体）ということになるだろうか。ほか、認知症独居高齢者のための添い寝用兼家事用ヒューマノイドもこの範疇に入るだろう。

　もちろん、前述のように、セックス用ヒューマノイドとの恋愛も可能である。ここでは、感情移入したくないと理性を働かせてもおそらくは無理だろう。人間はすでに性と生殖を人為的に切り離し、多くの場合、性行為の快楽だけを求めるようになっている。そのような発想はラブドール型ヒューマノイドの開発に拍車をかける。

　ところで、道具として見る限り、人間とヒューマノイドでどちらが優れているだろうか？　ヒューマノイド、広くロボットの動力源は電気、人間の動力源は食料と酸素。人間は糞尿を排泄し、二酸化炭素を出す。どちらが環境にクリーンか、と問うなら、おそらくはロボットである（原発を含めて発電の問題もあるが）。そういう意味では（単に労働をこなす存在としては）人間よりロボットの方が優れていると言えそうである。

　ロボットとの愛やセックスは倫理的、法的、社会的に、何か問題があるだろうか。現在のところ、（性秩序が乱れるなどという理由で）ロボットとの愛やセックスを禁止する法律が制定されている国は見当たらない。また、女性型ヒューマノイド、例えば、産業技術総合研究所の歌う女性型ヒューマノイド「ミームMeme」のお尻を触ったらセクハラになるのか。もし、人間の男性が女性型ヒューマノイドにつきまとったらどうなるのか（逆バージョンもありうる）。もし承諾なしに性行為を持ったらどうか（それはそもそも性行為にあたるのか、という問題もあるが）。

　ヒューマノイドは少なくとも現時点において、あらゆる意味で（倫理的、法的、社会的視点を含めて）、人ないし「人間」ではない。ヒューマノイドは人間か、人間以外のものか、と問われるなら、間違いなく、後者である。そして、人間と「同等の存在」ともみなされていない。彼らは（と、つい呼んでしまうが）人間と同じステータスを持たない。法的には少なくとも現時点ではヒューマノイドは時計や車と同じく、「物」とりわけ「動産」であり、「権利主体」とはなりえない。したがって、ヒューマノイドは法的人権ないしロボット権を持たない[28]。

　以上のようだとすれば、上記三例について少なくとも現時点では、セクハラやストーカー行為等規制法違反や強姦罪は成立しないだろう。

　パーソナルユースに関して、上述したところから何が見えてくるだろうか。そ

れは、家事から話し相手、恋愛相手、セックス相手など、何でもこなすマルチタスク・ヒューマノイドである。一人（一体、一台）のロボットに全部を担わせるのはきわめて合理的である。行き着くところは結局、生身の人間と同じような、ただし、まさに従順かつ服従的なヒューマノイドなのである。ある意味、なんと陳腐な。

　付言するならば、人工知能学会誌第29巻第1号［2014年1月1日号］の表紙では、お掃除ヒューマノイドが箒を持って立っているが、なぜか、若い女性である。なぜ掃除をするのがすばらしいプロポーションを持つロングヘアの美少女でなければならないのか。理解に苦しみはしないが、筆者（や編者？）のようなむくつけき中高年男性のようなヒューマノイドより、良いに決まっている。

2.2　災害現場用ヒューマノイド

　かつては災害現場で働くロボットの相場は（うまく機能したかどうかは別として）ヘビ型やクモ型などと相場は決まっていた。しかし、最近では最も合理的なのは人型、すなわちヒューマノイドと考えられるようになってきた。

　アメリカは福島の原発事故を契機に災害現場で働くロボットの開発方針を変更したようである。実用性に乏しいと見向きもしていなかったヒューマノイドを災害現場用ロボットの中心に位置づけたのである。DARPA（アメリカ国防総省国防高等研究計画局）のギル・プラット博士は言う。「福島の事故はロボット研究者にまったく新しい可能性を示しました。もし24時間以内に何らかの行動が起こせていたら1号機の爆発は防げたでしょう。しかし、危険な環境で人はあまりにも無力でした。重要なのは人間の環境に適応したロボットを作ることです。特別な知識を持たない人でもロボットに人間の道具を使わせ操作できること、その結果、ヒューマノイドに行き着いたのです。」

　イメージはこうである。災害現場で人に代わって危険に飛び込み、瓦礫を乗り越え、ドアのノブを回して突き進み、道具を使って故障を直す。まさに、災害現場でのマルチタスク・ヒューマノイド。ここでは、「なぜ原発ありきなのか」といった疑問もわくが、その点は、おく。

2.3　軍事用ヒューマノイド

　SFにはさまざまな戦闘用ヒューマノイドが登場する。もちろん、現実には戦闘用ヒューマノイドなど、存在しない。しかし、将来的に、現実に高性能戦闘用ヒューマノイドが現れたらどうなるか、どうするか。彼ら（それら）は人間の代わりに戦闘を行い、ときには死んで（？）くれる。それは人命尊重の観点からは良いことだということになりそうである。戦争請負会社の傭兵（社員）が死ぬよりヒューマノイドが破壊される方がまし、というわけか。ただし、一般論で言えば、命の値段（損害賠償額）はヒューマノイドより人間の方が、少なくとも現時点でははるかに安い。なお、ヒューマノイド兵士反対運動はすでにある。ヒュー

マン・ライツ・ウォッチやアムネスティ・インターナショナルは、殺人ロボットが登場する前にこの兵器を禁止すべきだと主張している[35]。

将来的には、戦闘ではなく、作戦立案も含めて戦争そのものを遂行するヒューマノイドも現れるかもしれない。さらに言えば、戦争を開始するか否かの判断・決定までヒューマノイド（とりわけ人工知能）に任せられるようになるかもしれない[36]。「自動戦争」とでも呼ぶべきか。

ほか、人間のパイロットが乗っていないアメリカ軍のロボット偵察・攻撃機「プレデター Predator」はよく知られているが、近未来、ヒューマノイドであるパイロットが軍用機（ひいては一般の航空機）を操縦する時代が来るかもしれない。ここでは、災害現場用ヒューマノイドの箇所で述べたのと同様、「なぜ戦闘、戦争ありきなのか」といった疑問もわくが、この点も、おく。

3. ヒューマノイドは何を意味するか

3.1 ヒューマノイドはあくまで人間のための「道具」か、それを超える存在か

これは、ヒューマノイドの位置づけの問題である。産業用ロボットや手術用ロボットなどは簡単に言えば、明らかに、いかに役立つものであっても、いかに優れているものであっても、意味的には単なる道具（としての機械）である[37]。しかし、ヒューマノイドの場合はどうか。

前述したように、一般的には、ヒューマノイドはいかに人間のような形をしていても、あくまで人間のために役に立つ「道具」と理解されているだろう。表現を変えて言えば、ヒューマノイドは道具としての究極の便利機械である（いつまで「機械」と呼べるかは別として）、はずである。彼ら（それら）には、「人間の役に立つ」という使命が課せられている（いた）、はずである。

しかしながら、将来的に、人工知能開発ひいてはヒューマノイド開発が進み、ヒューマノイドが「道具」を超える存在になる可能性もある。そうなるシナリオは二つある。一つは、当初から、単なる道具を超えた存在にすることを目論む、というものである[38]。これはわかりやすい。

もう一つは、当初は単なる道具と考えていても、それでは済まなくなるというものである。これは、最初からそれを意図しなくても（目論まなくても、目指さなくても）、人工知能の開発を含めてヒューマノイドの開発が進められ、それにしたがって感情移入[39]や擬人化[40]も起こり、結果的にではあるが、徐々にヒューマノイドを最初は比喩的に、そしてついには言葉の真の意味において「コンパニオン」や「パートナー」と位置づけ始める、つまり、人間と同じように扱おうとし始める、というシナリオである（この〈共同性〉の側面は**結章**の**3.1**で言及される）。

このように、人工知能ひいてはヒューマノイドの開発は究極的には、意図的にか結果的にかは別にして、道具を超える存在を作り出す可能性を秘めている。こ

れは、人寄せパンダどころの話ではなく、ヒューマノイドの脅威（後述）の問題を引き起こす。

3.2　ヒューマノイド開発に見る人間のエゴと傲慢

我々は結局のところ、パーソナルユースとしてのヒューマノイドに何を期待しているのか、何を求めているのか、何を欲しているのか。「まったく主体的に動くロボットを作ったら妻（夫）と同じになるからいやだ」と言う人もいるだろう。あるいは、できれば今いるうるさい人間妻（夫）のスイッチを（一時的にでも）切りたいという人や、理想の女性（男性）などこの世にいないからそれをロボットで実現したいなどと言う人もいるかもしれない。オーダーメイドは紳士服（婦人服）や医療だけとは限らない。ヒューマノイドの身長、体重、スタイル、顔、表情、肌や髪の色、声の質・高さ、歩き方、しゃべり方、歌い方、会話の間の取り方、性格、知識、知性、感性、性器の形状や機能までも。人間は飽きやすい動物である。好みの顔やプロポーションや性格に、後日、取り替えることも可能である。いやになればスイッチを切ればよい（なんとわがままな）。ただし、事はそう簡単ではなくなる可能性もある。スイッチを切りたくても切れなくなるかもしれない。さらに言えば、仮に人間がヒューマノイドのスイッチを切っても（切ることができても）完全自律型ヒューマノイドであれば自分でスイッチを入れ直し始めるだろう（そのような「切」スイッチのないヒューマノイドも充分、想定できる）。

なお、人間の女性が「不公平だ」と言うかもしれない。しかし、大丈夫。女性も、望むならハンサムでたくましくて従順でどんな女性をも色々な意味において満足させることができる男性型のヒューマノイドを求めることができるようになるだろう。[41]

このように見てくれば、我々がヒューマノイドに求めるものはとても単純であることがわかる。それは、「都合の良い存在」である。もちろん、このヒューマノイドは、巷に溢れるご都合人間とは異なる。我々人間は、今時珍しく素直で従順で、自分たちの意のままになり、「上から目線」で見れる一段下の、何でも言うことを聞いてくれ、何でもやってくれる存在、つまりは自分たちに都合の良い存在が欲しいだけなのである。具体的に言うなら、家庭内では毎日掃除や洗濯をしてくれ、必要なときには話し相手になってくれ、また必要なときには癒してくれ、さらに望むなら、恋愛対象になってくれ、セックスの相手もしてくれるソフト奴隷ないし召使いのようなマルチタスクのヒューマノイドが欲しいだけである。確かに、いたら便利、いや、あったら便利、である。もちろん、そこでは、時々すねてみせる程度で、決定的な反抗はしないようにプログラムされていなければならない。

社会では、人間の代わりに、災害救助等を含む3K（汚くて、きつくて、危険な仕事）をやらせ、国家レベルでは戦場において人間の代わりに戦闘をさせる。

ヒューマノイドはランチも食べないし、労働条件改善のストライキもしないし、戦闘を恐れもしない。

　結局、ヒューマノイド開発は人間にとってあらゆる意味において都合の良い存在を作り出すことにほかならない。まさに「自己中」的欲望。これが人間のエゴと傲慢でなくて何なのか。

　ただ、元々、人間は、極端な言い方をすれば、そのエゴと傲慢によって、テクノロジーを駆使して動植物や自然環境などを自分たちに都合の良いように改変してきたが、その世界改変の延長線上にヒューマノイド開発がある、と言えるだろう。

　事は単純である。現代ではすべての個人が法的権利（人権など）を持ち始めて昔のように強い人間が弱い人間を都合良く扱えなくなってきた。簡単に言えば、奴隷や召使い（や権利を持たない従順な妻）がいなくなった。その代わりとなる都合の良い存在がまさにヒューマノイドなのである。つまりは、ヒューマノイドはかつての奴隷や召使いなどの代役に過ぎない。ロボットの語源はチェコ語の「robota ロボタ（強制労働・奴隷）」とされているが、人間はその昔から、自分たちの代わりに働いてくれるヒューマノイドを望んでいたと言えそうである。

4. ヒューマノイドは脅威か

4.1　テクノロジーの脅威とヒューマノイドの脅威

　現代では自然に替わってテクノロジーが人類の脅威になりつつある[12]。ヒューマノイドの脅威については古くから指摘されているが、それはテクノロジー一般の脅威のスペシャル・バージョンである。一般に、「技術を支配しているつもりが、いつの間にか技術に支配されている」という現象があるが、ヒューマノイドの脅威（ないし危険性）はそのような比喩的な意味でのそれではない。ここでは、現実に、ヒューマノイドを支配しているつもりが、いつの間にか、あるいは「シンギュラリティ Singularity（技術的特異点）」（後出）を超えたとき突如として、ヒューマノイドに支配される、などという脅威について若干の考察を加える。これは、核物質（核兵器を含む）などと同じく、一定の条件下での具体的な脅威である。「ヒューマノイドが人間の仕事を奪う」などというレベルのリスクには言及しない。

　さて、一言で「ヒューマノイドの脅威」というが、その核心部分はヒューマノイドの頭脳であるところの人工知能の脅威である。その人工知能がネットワーク化すれば脅威は飛躍的に増す。ここでは、そのようなネットワーク化された人工知能と、アシモのボディのような人工身体を有するヒューマノイドを想定する。人工知能が身体を持つ―ヒューマノイドになる―と移動可能となり、脅威度・危険度が増す。人工知能の脅威について、理論物理学者である加來道雄教授（ニューヨーク市立大学）は次のように述べている。

「人工知能など人知の及ばない技術は両刃の剣なのです。1つの刃は世界の謎や病気に切り込み理想の世界に導きます。もう1つの刃は人間に向くのです。」「環境に最も適した者が生き残るのが自然の摂理です。環境に最も適した機械を作ればそこで主役は交代でしょう。人類の歴史は簡単に終わるかもしれません。」[43]

4.2 何が真の脅威か

　一定の閉じられた系の中では人工知能はすでに人間の頭脳をはるかに上回っているが[44]、そうであっても、それがプログラムの範囲内で作動するなら基本的には、直接的な脅威になるとは考えられない[45]。
　しかし、仮に、結果的にであれ、意図的・目的的にであれ、人工知能（ひいてはヒューマノイド）に、「自我」（ないし自己意識）と呼べそうなもの―「仮想自我」[46]―が発生したりして、言葉の真の意味での「自律性」[47]を有し始めるならば―人工知能の「自律」化―、具体的にはプログラムされた範囲を超えて「学習」し、文字通りの意味で、思考・行動し始めるならば、そこでは人間のコントロールが効かなくなる可能性が出てくるという意味において、それらは真の脅威の発端となる。当然、「自律」は「自立」につながる。そうなればヒューマノイドはいつまでもソフト奴隷や召使いのような地位に甘んじてはいないだろう。それは「終わりの始まり」か。さらに、そのような完全自律型人工知能ひいてはヒューマノイドが人間より優れた能力―どのような種類の能力か、という問題はおく―を持ち始めたとき、脅威は一挙に高まる。まさに、「シンギュラリティ」の問題ないし「2045年問題」が発生する。「人間を超える」と「役に立つ」とは距離がありすぎる。しかし、明らかに連続している。
　シンギュラリティとは一般に、人工知能が発達し、人類の知能を超え、制御できなくなる時点を指す[48]。そして、「2045年問題」とは、そのシンギュラリティが2045年に訪れるという説である[49]。シンギュラリティの語を人工知能の分野で初めて用いたレイ・カーツワイル氏（実業家、発明家）は「2029年には世界は脳のリバース・エンジニアリングを終え、人工知能は人間と同等の能力を持つようになり、2045年には人間の従来の理解力を超えた超人工知能が生まれる」と述べている[50]。
　この点に関して、アメリカのテレビ番組「ロボットに支配される日は来るのか？（原題When Robots Rule）」（ディスカバリーチャンネル Discovery channel、2013年4月15日）はセンセーショナルに語りかける。
「科学者はいつか人間より優秀で自我を持つ機械を作るでしょう。機械が人の想像を超える瞬間をシンギュラリティと呼びます。その時を迎えたら人間はどのような世界を手に入れるのでしょう？　理想の世界か？　悪夢か？　不死の世界か？　それとも絶滅か？　確かなのは…その日は迫っていること。シンギュラリティは来ます。もう後戻りはできません。」
　我々は煽られているのか。後戻りできないと叫ぶ人たちによって本当に後戻り

できなくなるなどという愚だけは避けなければならない。

　人間を上回る知能を有する完全自律型ヒューマノイドは、それが仮に出現するならば、核兵器と並ぶ人類への具体的脅威となりうる(51)。SF等では古くからネットワーク化した世界中の人工知能ひいてはヒューマノイドの一斉蜂起による人類の征服（ないし殲滅）という構図が描かれている(52)。

　このように見てくると、「問題があるということが証明されない限りやる」（一般原則）、という研究者の姿勢自体が問題であると思われる。人工知能ひいてはヒューマノイドの開発は、問題がないということが証明されない限り（その蓋然性が示されない限り）、やってはならないのではないか。僭越ながら人工知能研究者やロボット研究者に物申したい。社会的ひいては世界的コンセンサスなしにこのまま人工知能ひいてはヒューマノイドの開発を進めて行ってよいのだろうか。

5．人間とヒューマノイドの近未来シナリオ

　人類はヒューマノイド、とりわけ高知能完全自律型ヒューマノイドの登場を許すのか。いったんその登場を許すならば、彼らが生物学的に人間ではないことを理由として彼らを人間として扱わない、あるいは人間と同等のものとして扱わない、すなわち、物ないし道具としての扱いを続ける、という選択はできなくなるであろう。もちろん、人類は、彼らの潜在的脅威を考慮して、そのようなヒューマノイドの登場を許さないという選択をすることもできる。

　人間とロボットが物理的に融合するというシナリオもありうる。それは、「人間のサイボーグ化 Human Cyborgization」と「ロボットの人間化 Robot Humanization」である(53)。ロボットの帝王と呼ばれているハンス・モラベック教授（カーネギー・メロン大学）は次のように述べている。「人間はロボットに近づいて行き、ロボットは限りなく人間に近づいて行く。そして、人間とロボットはやがては見分けがつかなくなる。」(54)ニューズウィークもかつて、「人間が機械に、機械が人間になる日 Building A Better Human」という特集を組んでいた(55)。

　そのような融合が起きないシナリオはどうか。これには二種類ありそうである。それは、協調・和解・和睦のシナリオと衝突・戦争のシナリオである（もちろん、両方起こることも考えられる）。では、これら二つの場合、ロボットはどのようにして権利を取得するのか。二つのケースが考えられる。この点について少し述べてみたい。

　第一に、協調・和解・和睦のシナリオの場合、人間の主導権の下で人間がヒューマノイドへ権利付与を行う。この点に関して、約40年前、星新一氏が、人間がロボットにかなりの程度に必然的に，少しずつ人間と同等の資格、権利を与えて行く過程を興味深く描き出している(56)。次は筆者によるその要約である。

　「ロボットにまだ人間と同様の「権利主体」性が認められていない未来。パトロール警官が、物品販売行為禁止区域で営業していたキャンディー売りに、それ

がロボットとは知らずに、うっかり罰金を払わせてしまう。その後、そのロボットは所得税を払わされたりもする。挙げ句、ロボット一般の選挙権や戸籍も議論されることになった…。」

ヒューマノイドへの権利付与(57)の方法としては、理論的には二つの選択肢がある。それは、「人間」の定義の変更（人間のような外観を持ち、自律性等を有するものは人間である）と「共存共栄の輪」の再設定（ヒューマノイドは人間ではないが、人間のような外観を持ち、自律性等を有するがゆえに、人間と同等の権利を有する）である。

第二に、衝突・戦争のシナリオの場合、ヒューマノイドによる権利の奪取が起こるだろう。ヒューマノイドの反乱 Revolt of Humanoids(58) ひいてはヒューマノイド革命 Humanoid Revolution においてロボットが勝利すれば、ヒューマノイド権利宣言 Humanoid Rights Declarationがなされ、ヒューマノイドの権利章典 Bill of Rights of Humanoids(59) が起草されるに違いない。まさに権利の歴史はその拡大の歴史である。ただ、SF的だが、ヒューマノイドはそんなまどろこしいことはしないで人間を殲滅するかもしれないし、奴隷状態におくかもしれない(60)。

遠い未来にか、近い未来にか、ヒューマノイドは、知性においても肉体においても劣った存在である我々人間をどう扱うだろうか。興味は尽きない、などとのんびりと構えている余裕はないのかもしれないが。

ところで、よく「ロボットとの共存」などと言われる(61)が、人間は本当にロボットとの共存（やパートナーシップなど）を望んでいるだろうか。「共存」の語の響きはよい。ただ、その語の用いられ方はあいまいである。ペット(62)との共存の程度なら理解できる。「あなたとヒグマの共存のために」と題するパンフレット（北海道環境生活部環境局生物多様性保全課作成）を見てドキッとしたことがあるが、その点はおく。ロボットでも、ペッパー程度ならご愛嬌である。「共存」と言っても、せいぜい、エンターテインメント用やコミュニケーション用などのヒューマノイドが街に現れる程度なら、まったく問題はない。しかし、高知能完全自律型ヒューマノイドが街を歩き始めたら？ 彼ら（それら）との対等の共存はどうか。人間はヒューマノイドとの対等の共存を望んでいるだろうか（望まなくてもそうなってしまうのか）。ヒューマノイドを自律（ひいては自立）させ、権利を与えて対等な関係のパートナーにしたいだろうか。実のところ、それは困るのではないか。本音としては、対等に扱いたくないのではないか。元々、一部の人を除いて、ヒューマノイドに権利を与えようなどとは決して思っていないのではないか(63)。前述のような「都合の良い存在」のままにしておきたいのではないか。

結局、対等な「共存」を本気で考えているなら、エゴと傲慢を旨とする尊厳ある人間！の視点からすればそれはおそらく愚かだし、比喩的な意味で「共存」の語を用いているとすれば、誤解を招く元になるので止めた方がよいだろう。

6. ヒューマノイドの誘惑

　テクノロジーは人々に良くも悪くも選択肢を与える。我々は常にテクノロジーの誘惑—危険な誘惑か—にさらされている。というより、我々はテクノロジーの誘惑を進んで受け入れてきた。そもそも我々はすでにテクノロジー依存症"Technology Dependence Syndrome（TDS）"なのである。テクノロジー中毒"Technology addiction"と言った方が正確かも知れない。病すでに膏肓に至り、根治不可能か。

　「ヒューマノイドの誘惑」はこのテクノロジーの誘惑の大きな一つであるが、我々はこれにも易々とはまりそうである。人類は「人間改造」の誘惑に勝てそうにないが、同様にこの「ヒューマノイドの誘惑」にも勝てそうにない。

　結局、テクノロジー依存症の末路（末期症状）がヒューマノイドではないだろうか。いずれにせよ、ヒューマノイド開発が人類の問題状況一般を大幅に複雑化させ、すでに混沌としている世界をますます混沌としたものにさせるのは間違いない。

　人間は自動車、飛行機、原発など、さまざまなものを発明してきたが、それらを事故の危険があるからという理由では、止めてこなかった。開発・推進しつつ、事故を減らしたりなくしたりする方策を取ってきた（減りはするが、なくなりはしない）。ヒューマノイド開発もおそらくそうなるだろう。しかし、それはノーテンキに過ぎはしないか。文明はすでに行き詰まり始めていて文明そのものの見直しが迫られているのに、すなわち、具体的には欲望のコントロールが必要なのに、である。「縮小社会」はすでに提言されている。

　問題の根は深い。目先の便利さだけを求める社会の在り方そのものが再考されなければならないのに、ヒューマノイド開発はそれに逆行しているのではないか。そもそも、文明自体が欲望の拡大再生産・充足システムであり、欲望は歯止めなき限り際限なく広がる。21世紀は引き続き、欲望がテクノロジー（及び市場経済）によって爆発的に肥大化した（する）「欲望の世紀」である。我々はその欲望を駆動力とする文明のダイナミズムの渦に呑み込まれながら、岐路に立ち続けている—文明が我々を変えるのか、我々が文明を変えるのか—。

　別の見方もある。ヒューマノイドは「人類が夢見てきた究極の機械」であると言う。にわかに信じ難いが、仮にそうであるとしても、ヒューマノイドは前述の視点からすれば愚かさの象徴とも言えそうである。人間は単に強欲なだけではないのか。残念ながらと言うべきか当然にと言うべきか、幸と言うべきか不幸と言うべきか、ヒューマノイドは「欲望の権化」と化した現代人（そして近未来人）にふさわしいテクノロジーであるとも言える。卑近、ときに低俗、そしてきわめて人間的な「欲望」—エゴと傲慢—の終着駅。まさに、欲望の中のヒューマノイド。

【註】煩わしさを避けるため、「前掲」の語を用いず、（繰り返しを厭わずに）それぞれ出典を列挙した。
（1）ロボデックスは、産業用ロボットではなく、「パートナー型ロボット」（＝人間のパートナーとなるロボット）を一堂に集めた展覧会。第2回（ROBODEX2002）は2002年3月28日〜31日、パシフィコ横浜で開催された（http://www.japandesign.ne.jp/HTM/JDNREPORT/020417/robodex2002/）。
（2）NHK BS1［ウィークエンドスペシャル ロボットはどこまで人に近づくか］（2002年5月5日）。番組の中で、評論家の立花隆氏はカンブリア大爆発になぞらえて次のように述べている。「ロボットの種の大爆発のごく初期、今まさにその大爆発が起きようとしている。」十数年後の現在、そのようなことは起きていない。
（3）ロボットに心や感情があるかのようなセンセーショナルな説明がなされる場合があるが、そもそも、少なくとも現時点ではロボットに心や感情など、あるはずがない。例えば最近では、BS-TBS・週刊報道Bizストリート［未来社会が目前に ロボットとの暮らしが始まる］（2015年6月27日）は、ペッパーは「人の声や表情から感情を読み取るだけでなく、自らも感情を持つ」と述べていた。また、テレビ東京・ガイアの夜明け［新"ロボット革命"、始まる］（2015年8月4日）では、ペッパーを「心を持つロボット」とか「世界初の感情を持ったロボット」と表現していた。この点に関して、重見聡史氏（ホンダのアシモ開発責任者）は「アシモは心を持てるようになりますか」という質問に対して、「コンピューターである機械というのは、心は持たないと思いますね。感情を感知するとこ〔ママ〕かもしれないが、感情は持ちえない」と答えている（BS朝日1［夢のその先へ〜新世代ロボットに託した想い〜］（2013年1月14日））。これは当然の答えと思われる。ただし、ジュリオ・トノーニ教授の見解（註（46））に注意。なお、そもそも、「人間には感情があるから人間は人工知能ないしヒューマノイドより優れている」という考えは根拠のない人間の傲慢である可能性がある。
（4）藤原和博・東嶋和子・門田和雄『人生の教科書〔ロボットと生きる〕』（筑摩書房、2003年）151頁。
（5）この点に関して、産業技術総合研究所ホームページは、「人間に近い外観と動作性能を備えたロボットの開発に成功—エンターテインメント分野への応用を期待—」と題して、「ヒューマノイドロボットは、次世代ロボットの最終形態の一つとして期待され、民間企業での取り組みも含め精力的に研究開発が行われている」（傍点筆者）と述べている（https://www.aist.go.jp/aist_j/press_release/pr2009/pr20090316/pr20090316.html）。
（6）NHKスペシャル［ロボット革命 人間を超えられるか］（2013年3月17日）のナレーション。ほか、ディスカバリーチャンネル［2030年テック ロボット大国日本］（2009年2月28日）及びディスカバリーチャンネル［ネクストワールド ロボット大国日本］（2011年2月15日）は、「ヒューマノイド開発の中心地は日本」、「日本はロボットやヒューマノイド開発に関しては世界をリードしています」などと述べている。また、BS朝日1［夢のその先へ〜新世代ロボットに託した想い〜］（2013年1月14日）も、「ロボット技術で世界を牽引しているのが日本だ」などとしている。
（7）NHKスペシャル［ロボット革命 人間を超えられるか］（2013年3月17日）は双腕ロボットの例などを挙げ、「産業用ロボットの分野にも二本の腕を持つヒューマノイドが続々と登場している」としている。
（8）「役に立つかどうか（有用性の有無）」の問題と「必要かどうか（必要性の有無）」の問題は厳密に言えば必ずしも重ならないが、基本的には両者はコアの部分において重複していると言える。
（9）石黒浩教授の発言（NHK・ディープピープル［人型ロボット開発者］2011年6月13日）。さらに、同教授は次のようにも述べている。「ロボットが社会に受け入れられるためには役に立つものか、役に立たないけど生命感が感じられるようなものか、どちらかでなければいけない」（森山和道「ロボットを人に似せる意味は何か〜ヒューマノイド・ロボットのデザイン」PC WATCH 森山和道の「ヒトと機械の境界面」http://pc.watch.impress.co.jp/docs/column/kyokai/20131118_623991.html）。

(10) 石黒浩教授には、『どうすれば「人」を創れるか アンドロイドになった私』などというタイトルの著作がある（新潮社、2011年）。
(11) NHK・ディープピープル［人型ロボット開発者］（2011年6月13日）での発言。ほか、そもそもヒューマノイド開発に必然性はないとする見解もある。長田正・名誉教授（九州大学）は次のように述べている。「現在もそうであるが、このヒューマノイドが具体的に何の役に立つのかという問いに対し、誰もが納得するような明確な答えはないようである。それは、ある応用を示すと、必ずそれに適したヒューマノイド以外の手段を提案することができるからである。極論すれば、専用機械としてのヒューマノイドの必然性はないと言える」（長田正『ロボットは人間になれるか』（PHP研究所、2005年）153頁）。
　同様に、広瀬茂男教授（東京工業大学）は、ロボットを人間に近づけることにそれほど意味はないとしている。すなわち、同教授は「目的に合わせた機能を優先し、ロボットの姿形（すがたかたち）にこだわる必要はない」、「ヒューマノイドはムードとして確立されている」などと発言している（NHKBS1［ウィークエンドスペシャル ロボットはどこまで人に近づくか］（2002年5月5日））。
(12) NHKスペシャル［ロボット革命 人間を超えられるか］（2013年3月17日）のナレーション。
(13) NHKスペシャル［ロボット革命 人間を超えられるか］（2013年3月17日）における発言。なお、同様に、同氏は別のテレビ番組で、「世の中を幸せにするような提案をしたい」というナレーションとともに、次のようにも述べている。「ロボットというのが、本当に役に立つ機械にしたい」、「みんなが受け入れてくれる機械に」する（BS朝日1［夢のその先へ〜新世代ロボットに託した想い〜］（2013年1月14日））。
(14) BS朝日1［夢のその先へ〜新世代ロボットに託した想い〜］（2013年1月14日）における発言。
(15) 近時の原発事故を契機とする災害現場用ヒューマノイド開発を喫緊のニーズに対処するものと言えるか、判断は難しい。
(16) この点に関して、あるテレビ番組で井上博允・名誉教授（東京大学）は次のように述べている。「20年30年たった時に働く人の数が少なくなって、それから養われる人が多くなる。そういうような社会をどうやって維持するかというのは非常に大きな問題です。その時我々はいくつかの選択肢がある。一つはいろいろ外国の人たちに助けてもらう。それが一つの選択。もう一つは我々が機械を使って我々で社会生活を維持していくということです」（ディスカバリーチャンネル［サイエンスフロンティア「ロボサピエンス」］（2004年9月22日））。同番組のナレーションも、「日本が人間型ロボットにこだわるのは、いずれ家庭や職場で必要になると考えるからです」としている。
(17) 森山和道「ロボットを人に似せる意味は何か〜ヒューマノイド・ロボットのデザイン」PC WATCH 森山和道の「ヒトと機械の境界面」（http://pc.watch.impress.co.jp/docs/column/kyokai/20131118_623991.html）。
(18) 高西淳夫教授（早稲田大学）は、ヒューマノイドは「人間の環境を人とシェアする」と述べている（NHKBS1［ウィークエンドスペシャル ロボットはどこまで人に近づくか］2002年5月5日）。
(19) アイザック・アシモフ（福島正実訳）『鋼鉄都市（世界SF全集14）』（早川書房、1969年）379–380頁。
(20) 比留川博久「ヒューマノイド研究の現在と未来」（対談）廣瀬通孝編『ヒトと機械のあいだ ヒト化する機械と機械化するヒト（シリーズ ヒトの科学2）』（岩波書店、2007年）69頁。ほか、井上博允・名誉教授も、なぜヒトの形が必要なのかという点について次のように述べている。「用途を絞れば、ボディにはその最適な形があるんですよ。ヒューマノイドは必要ない。でも、皆さんそれをひとつひとつ買いますか。あれもこれもできるという形になったほうが、僕は安いんじゃないかと思っている」（瀬名秀明『ロボット21世紀』（文藝春秋、2001年）299頁）。
(21) 石黒浩『ロボットとは何か 人の心を映す鏡』（講談社、2009年）6頁。ほか、平井和雄氏（ホンダ常務取締役）は「ヒューマノイド・ロボットの研究は人間の研究そのもの」と述べてい

る（NHK BS1［ウィークエンドスペシャル　ロボットはどこまで人に近づくか］（2002年5月5日））。なお、松尾豊・准教授（東京大学）の著書『人工知能は人間を超えるか　ディープラーニングの先にあるもの』の「帯」にはずばり、「人工知能を知ることは、人間を知ることだ」との表現がある（松尾豊『人工知能は人間を超えるか　ディープラーニングの先にあるもの』（KADOKAWA、2015年））。

（22）鈴森康一『ロボットはなぜ生き物に似てしまうのか　工学に立ちはだかる「究極の力学構造」』（講談社ブルーバックス、2012年）15頁。ほかに、比留川博久氏は次のように述べている。「『ロボットが人間の形をしている必要性はないのではないか』という指摘をしばしば受ける。筆者は、ヒューマノイドの特徴は次の3点にあると考えている。①人間の形をしていることそのものに意味がある。②人間の使う道具がそのまま使える。③人間の環境がそのまま使える」（比留川博久「ヒューマノイド」井上博允・金出武雄・内山勝・浅田稔・安西祐一郎編『ロボットフロンティア（岩波講座ロボット学第6巻）』（岩波書店、2005年）205頁）。

（23）機械仕掛けで動く人形。日本（江戸時代）のからくり人形やヨーロッパの「オートマタ」（西洋からくり人形）など。それらは現代のヒューマノイドのはしりと言える。言い方を変えるなら、ヒューマノイドは自動人形の延長線上にあるものと言える。

（24）David Levy, Love+Sex with Robots: The Evolution of Human-Robot Relationships, Perennial, UK, 2008.

（25）40代のある女性は朝日新聞のアンケートに次のように答えている。「ロボットの恋人がいい。離婚経験者だから、新たな交際、結婚が怖い。相手が実は、すぐ怒る人だったら……、暴力を振るう人だったら……、浮気性のひとだったら……、ロボットのほうが、やっぱり……気が楽だ」（朝日新聞2015年6月7日「2030年　ロボットと私」）。

（26）内澤旬子「ラブドールの老舗『オリエント工業』の町工場技術力」週刊ポスト2011年8月5日号27-28頁。

（27）ラブドール型ヒューマノイドはすでに製作されているようである（「世界初『セックスロボット』が登場、米ラスベガス」［2010年1月10日］（http://www.afpbb.com/articles/-/2681159）や、デービッド・リンデン教授（ジョンズ・ホプキンス大学）による「未来のバーチャルセックス」（ウォールストリートジャーナル日本版ライフ）［2015年2月16日］（http://jp.wsj.com/articles/SB11442920196806124664104580464682990812168）など参照）。

（28）ヒューマノイドが権利主体になりえないことのその他の法的帰結について3点のみ簡単に記しておく。第一に、ロボットを破壊しても殺人罪には問われない。ただ、もし故意があれば器物損壊罪に問われうる。過失（不注意）なら、器物損壊罪も成立しない。しかし、この場合、故意であれ過失であれ、ロボットの所有者に対し、不法行為に基づく損害賠償責任を負う。第二に、たとえ、自動車のドライバーが車でロボットを轢いても、ロボットは損害賠償請求権を持たない。換言すれば、ドライバーは損害賠償義務を負わない。ただし、ドライバーは、状況によっては、ロボットの所有者に対して損害を賠償しなければならない。さらに言えば、ドライバーは業務上過失致死ないし傷害の罪を負わない。もちろん、殺人罪や傷害罪は成立しない。第三に、ロボットが他人に危害を加えた場合、そのロボットの所有者・占有者の刑事責任（殺人罪や傷害罪など）や民事責任（不法行為責任）が問われることもありうるだろう。欠陥ロボットによって引き起こされた損害については、製造物責任法に基づいて、製造業者等が損害賠償責任を負うことになるだろう。

（29）この点に関して、ダニエル・ライオンズ氏（ジャーナリスト）と前川祐補氏（ニューズウィーク日本版記者）は次のように述べている。「今やヒューマノイドはロボット開発の主流となりつつある。複数の動作を一つのロボットでこなせるという効率の良さは、ヒューマノイドの優れた特徴だ」（ダニエル・ライオンズ、前川祐補「ROBOT RENAISSANCE　ロボット革命が切り開く人類の無限の未来」ニューズウィーク日本版2014年4月29日/5月6日ゴールデンウィーク合併号44頁）。

（30）NHKスペシャル［ロボット革命　人間を超えられるか］（2013年3月17日）のナレーション。同番組は「世界のヒューマノイド開発が一気に加速したのは2年前のこの事故（＝福島原発事

故）がきっかけだった」と述べている。
(31) NHKスペシャル［ロボット革命 人間を超えられるか］（2013年3月17日）における発言。
(32) 2015年6月、DARPAが「災害現場で活動できるヒューマノイドの開発」をテーマに「人間型ロボット世界大会 Robotics Challenge」を主催したが、そこで与えられたミッションは「車を運転する」、「瓦礫を乗り越える」、「障害物を取り除く」、「扉を開く」、「道具で壁を壊す」、「梯子を上る」、「バルブを回す」、「故障を修理する」だった。なお、その際に、ギル・プラット氏は「今日は歴史的な1日です。ロボットが屋外で活躍できる可能性を示すことができました」と述べ、NHKのナレーションは「ヒューマノイドは夢ではなく実用化できる時代がきています」としていた（NHK・クローズアップ現代［人間型ロボット 頂上決戦〜進化続ける夢の技術〜］（2015年7月9日））。
(33) P・W・シンガー（山崎淳訳）『戦争請負会社』（NHK出版、2004年）やロルフ・ユッセラー（下村由一訳）『戦争サービス業 民間軍事会社が民主主義を蝕む』（日本経済評論社、2008年）には戦争請負（ないしサービス）業の驚くべき、そして恐るべき実態が描かれている。
(34) 前川祐補（インタビュー記事）「KILLING THE KILLER『ターミネーター』を禁止せよ」（ニューズウィーク日本版2014年4月29日/5月6日ゴールデンウィーク合併号50頁参照）。
(35) デニス・ガルシア「殺人ロボットを禁止せよ 人間を殺すロボットの脅威」FOREIGN AFFAIRS REPORT フォーリン・アフェアーズ・リポート2014年第6号73-78頁参照。
(36) ロボット戦争の分野の好著である『ロボット兵士の戦争』（P・W・シンガー（小林由香利訳）、NHK出版、2010年）には戦闘場面におけるヒューマノイド（広くロボット）自身の意思決定についての描写は多々あるが、これらについての記述はほとんどない。
(37) 道具は道具に過ぎない。しかし、たかが道具されど道具、である。そもそも、人間は道具（ひいてはテクノロジー）を駆使する動物である。
(38) この点に関して石黒浩教授は、「いつの日かロボットも人権をもつ」、「ロボットは心を持てると信じている」などと述べている（NHK・ディープピープル［人型ロボット開発者］（2011年6月13日）。
(39) ロボットに感情移入することは危険という指摘がある。マティアス・ショイツ准教授（タフツ大学）は、人間がロボットを擬人化して感情移入する危険を指摘している（Matthias Scheutz, The Inherent Dangers of Unidirectional Emotional Bonds between Humans and Social Robots, in（eds.）Patrick Lin, Keith Abney, George A. Bekey, Robot Ethics: The Ethical and Social Implications of Robotics, MIT Press, USA, 2012, pp. 205–221）。ほかにダニエル・ライオンズ、前川祐補「ROBOT RENAISSANCE ロボット革命が切り開く人類の無限の未来」ニューズウィーク日本版2014年4月29日/5月6日ゴールデンウィーク合併号47頁参照。なお、感情移入は擬人化の有無にかかわらず発生すると考えられる。そもそも、感情移入をするなという主張には基本的に無理がありそうである（「民生用ヒューマノイド」の項参照）。
(40) 我々はヒューマノイドを知らず知らずのうちにか、あるいは故意にか、擬人化する思考をしている。極端な例だが、「ロボットだって恋をする」、「妊娠するロボット」、「ロボットの悲しみ」などというタイトルの本まである（築地達郎・京都経済新聞社取材班『ロボットだって恋をする』（中公新書ラクレ、2001年）、吉田司雄・奥山文幸・中沢弥・松中正子・會津信吾・一柳廣孝・安田孝『妊娠するロボット 1920年代の科学と幻想』（春風社、2003年）、岡田美智男・松本光太郎・麻生武・小嶋秀樹・浜田寿美男『ロボットの悲しみ―コミュニケーションをめぐる人とロボットの生態学』（新曜社、2014年））。

　技術開発一般のインセンティブは「あったら便利」の発想からだが、それが、ヒューマノイド開発の場合は微妙に変化して「いたら便利」となる。そのような思考は擬人化への第一歩となる。さらに言えば、ヒューマノイドは心や自己意識を持つわけではないにもかかわらず、あたかもそれらを持つかのように表現したりする場合があるが、それは擬人化を推し進めることにつながるものである。また、ヒューマノイドは条件反射的にしゃべり、動くのみであり、自分で考えたり判断したりするわけではないにもかかわらず、あたかもそうである

かのように表現したりする場合があるが、同様である。
(41) SF映画「A.I.」にはジュード・ロウ扮する「ジゴロ・ジョー」という名のハンサムな男性型ヒューマノイドが登場する。
(42) 福本英子「生命操作医療の構図と生命の唯一性」山口研一郎編『操られる生と死―生命の誕生から終焉まで―』（小学館、1988年）255頁。
(43) ディスカバリーチャンネル［ロボットに支配される日は来るのか？］（2013年4月15日）。同氏は次のようにも述べている。「ロボット工学は今、地球上のあらゆる物事を変えようとしています。ロボットは人間を助け、生産性を上げてくれます。その反面、人類を滅ぼし、世界を征服する可能性も秘めています」（ディスカバリーチャンネル［サイエンスフロンティア「ロボサピエンス」］（2004年9月22日））。
(44) 例えば1997年、IBMのスーパーコンピューター「ディープ・ブルーDEEP BLUE」はチェスの世界チャンピオン、ガリル・カスパロフ氏を打ち負かした（ミハイル・コダルコフスキー、レオニド・シャンコヴィチ（高橋啓訳）『人間対機械―チェス世界チャンピオンとスーパーコンピューターの闘いの記録―』（毎日コミュニケーションズ、1998年）参照）。また2011年、書籍100万冊分の知識を持ち、毎秒80兆回の計算をすると言われる「Watson」（IBMスーパーコンピューター）がクイズの王者二人に圧勝した（「Watsonと名付けられたコンピューター・システム」（www-03.ibm.com/ibm/history/ibm100/jp/ja/icons/watson/）ほか参照）。
(45) ただし、プログラム自体に脅威が仕込まれていれば問題は別である。
(46) この点に関して、ディスカバリーチャンネル［ロボットに支配される日は来るのか？］（2013年4月15日）は、「科学者はいつか人間より優秀で自我を持つ機械を作るでしょう」（後出：本文）と述べている（ナレーションの一部。傍点筆者）。なお、「意識」研究に革命を起こしたと言われるジュリオ・トノーニ教授（ウィスコンシン大学）は次のように述べている。「人間の意識とは複雑に絡み合ったクモの巣のようなものだ」、「意識はすべて数学的に表現できる」、「機械でも、複雑な情報のつながりを持つよう設計すれば意識が生まれることになる」、「現在存在する機械は意識を持っていない。しかし、我々の理論によれば今後意識を持った機械を人工的に作ることは不可能ではない」（NHKスペシャル［臨死体験 立花隆 思索ドキュメント 死ぬとき心はどうなるのか］（2014年9月14日））。

　この見解は人工知能に自我（ないし自己意識）らしきものが発生する可能性を示唆する。なお、浅田稔教授（大阪大学）も以前に、「ロボットの中に、意思といいますか、自我みたいなものが出てくるんじゃないか」と発言している（NHK教育・サイエンスアイ［人工知能ロボット研究最前線］（1997年9月6日））。さらには、加來道雄教授は、「自我を持ったロボットは自分は生きていると感じ、感情を持つでしょう。感情はものの価値を理解するための重要な要素です。ロボットに自己認識と感情が備わったらもはやそれは生命体と呼べます」と述べている（ディスカバリー［ロボットに支配される日は来るのか？］（2013年4月15日））。
(47) 人工知能やヒューマノイドをめぐる議論においては、「心」と同様、「自律」の語は安易に用いられ過ぎているように思われる。例えば、IBMのスーパーコンピューター「ディープ・ブルー」に敗れたチェスの世界チャンピオン、ガリル・カスパロフ氏のインタビュー記事を書いたスティーブン・リービー氏（ジャーナリスト）は次のように述べている。「最強のチェスプレーヤーと、心をもたないマシンとの対戦から恐ろしい教訓が読み取れる。私たちは、まったく異なる「種」とこの世界を共有している。彼らは年々賢くなり、自律性を強めている」（スティーブン・リービー「人と機械の最終バトル」ニューズウィーク日本版2003年7月30日号52頁）。

　チェスのソフトが「自律」しつつあるとはとても思えない。なお、ヒューマノイドは少なくとも今のところ自律性はないので、そもそも自ら考えたり、判断したりしない、というか、できない。条件反射的な発語や動きがそう見える（見せかけられている）だけである。例えば、あるテレビ番組は、アシモは「人の操作ではなく、ロボット自身が判断して行動する」と述べている（NHKスペシャル［ロボット革命 人間を超えられるか］（2013年3月17日））が、このような表現は誤解のもとである。

(48) パトリック・タッカー氏（フューチャリスト）は「技術的特異点とはAIシステムの知能が人類の予想を超えた瞬間です。そこから先は予測不可能となります」と述べ、同様に、ジョナサン・ストリックランド氏（科学技術ジャーナリスト）は「機械がより高性能な機械を作るのです。技術実験も機械自身が行って成功した結果のみを取り込みそれを繰り返します。驚くべき早さでね。高速で進化し続けるのです。先が全く読めなくなるこの瞬間を技術的特異点といいます」と述べている（ディスカバリーチャンネル［ロボットに支配される日は来るのか？］（2013年4月15日））。なお、似たような主張は以前からある。例えば、ロボットの帝王と呼ばれるハンス・モラベック教授（カーネギーメロン大学）は次のように述べていた。
　「今のロボットの知性は昆虫レベルだが、コンピュータの性能が今後30年で100万倍になり、ロボットの知性も2030年には猿と同レベルになる。そして、2040年には人間に匹敵するようになる」（日本経済新聞2000年10月9日「ロボットの知性2040年人間に匹敵」（インタビュー））。そして、同教授は、ロボットの知性が人間に匹敵するようになった後、人間の知性をはるかに上回る「超知能ロボット」が出現すると述べていた（ピーター・カタラーノ「ロボットの帝王──ハンス・モラベックの世界」（インタビュー）『世界が注目する［科学大仮説］』（学習研究社、1998年）58-77頁）。
(49) 松田卓也『2045年問題　コンピュータが人類を超える日』（廣済堂出版、2013年）16頁参照。なお、読売新聞2015年7月9日はこの「2045年問題」が真実味をもって議論されている、と述べている（「人工知能と映画」）。
(50) レイ・カーツワイル（井上健監訳、小野木明恵・野中香方子・福田実訳）『ポスト・ヒューマン誕生　コンピュータが人類の知性を超えるとき』（NHK出版、2007年）。ほか、瀧口範子「シリコンバレー発　人工知能が人間を超える日『シンギュラリティ』は近い」週刊ダイヤモンド2014年6月14日号43頁参照。
(51) イーロン・マスク氏（ベンチャー企業家）は2014年にTwitterで、「人工知能は核兵器よりも潜在的に危険」と述べている。
(52) SF映画「ターミネーター」（1984年）は、人間がロボットに支配されている未来に、人間がロボットに必死に抵抗を試みる、という設定だった。
(53) SF映画「アンドリューNDR114」（1999年）は、家事ロボットが臓器移植を受けるなどして、ついに「人間」になるという設定だった。
(54) NHK・BBCセレクション［ロボットとの共存（未来科学への招待 第2回）］（1998年1月26日）におけるインタビュー。
(55) ニューズウイーク日本版2001年1月3日／10日号。
(56) 星新一「過渡期の混乱」『さまざまな迷路』（新潮社、1972年）88-101頁［文庫版］。
(57) 法的には、ロボットへの権利付与の前段階として、自動車の登録制度のような「ロボット登録法」、人間の戸籍制度のような「ロボット戸籍法」、さらには、ロボットを特殊な物（単なる物としては扱いえない）として管理ないし保護する「ロボット管理法」や「ロボット保護法」（これらはまだロボットの権利主体性を認めるものではない）などが考えられる。具体的にロボットへの権利付与を行う段階では、ロボットに権利主体性を付与する（「ロボット権」を与える）「ロボット権利（付与）法」やロボットに人権を付与する「ロボット人権（付与）法」が考えられる。ここではもちろん、倫理的には「ロボットの尊厳」が問題にされることになる。これらの先に何がありそうか。アシモフのロボット三原則（＝倫理規範）のように、ロボットの行動を制限する「ロボット行為規制法」か。
(58) 例えばSF映画「アイロボット I, Robot」（2004年）はヒューマノイドの反乱を描き出している。
(59) インターネットの「robonews.net」というサイトには「ロボットにも権利章典が必要か？」という記事（2014年2月15日）がある（http://robonews.net/2014/02/15/bill_of_rights/）。
(60) この点に関して、ハンス・モラベック教授は次のように述べている。「2050年までには人間はもうろくしたプードルほどの存在価値しかなくなり、自らの創造物である全知全能のロボットたちによって辱められ、おとしめられているだろう」（ピーター・カタラーノ「ロボットの帝王──ハンス・モラベックの世界」（インタビュー）『世界が注目する［科学大仮説］』（学

習研究社、1998年）58-77頁）。なお、筆者は、SF的だが、次のように書いたことがある。「……人間はロボットによっていかに扱われるべきか。遠い未来にか、ロボットが高らかに宣言する日が来るかもしれない。『人間を決して奴隷のように扱ってはならない。』そのロボットの名は、リンカルンLincoln。歴史に刻まれるであろう『人間解放宣言！』」（粟屋剛「ロボロー：ロボットに人権はあるか？」（第23回日本生命倫理学会（2011年10月15-16日）大会企画シンポジウム「ロボティクスをめぐる倫理と法」予稿集）。

(61) 例えば、BS朝日１［夢のその先へ～新世代ロボットに託した想い～］（2013年1月14日）では、荷物運びロボットであるホスピHOSPi（パナソニック）を「一緒に働く仲間」と表現し、「ここでは、職場の仲間として人間とロボットが共存していた」などと述べている（傍点筆者）。比喩的な意味ではそう言えるかもしれないが、このような「共存」の語の用い方には相当違和感がある。また、NHK・地球ドラマチック選［ロボットがやってきた！　その時、人間は…］（2014年12月4日）は「近い将来、私たちはロボットと共存することになるでしょう」と述べている（傍点筆者）。ほか、石黒浩教授は、「近い将来、ロボットは人間の大切なパートナーになる」と述べている（NHK Eテレ・ハートネットTV［ロボットより愛をこめて］（2015年5月21日））。

(62) ペットとの関係では人間が一段上に立っている。ヒューマノイドを好む心情は、上から目線でペットを可愛がる心情に通じるものがありそうである。

(63) 石黒浩教授の「いつの日かロボットも人権をもつ」、「ロボットは心を持てると信じている」などの発言（NHK・ディープピープル［人型ロボット開発者］（2011年6月13日））はヒューマノイドに権利を与えたいという趣旨のようにも解される。

(64) 粟屋剛「人間は翼を持ち始めるのか？―近未来的人間改造に関する覚書―」上田昌文・渡部麻衣子編『エンハンスメント論争―身体・精神の増強と先端科学技術―』（社会評論社、2008年）218-249頁（初出：西日本生命倫理研究会編『生命倫理の再生に向けて　展望と課題』（青弓社、2004年）149-193頁）。

(65) 縮小社会については、松久寛編『縮小社会への道　原発も経済成長もいらない幸福な社会を目指して』（日刊工業新聞社、2012年）、中西香『衰退する現代社会の危機　縮小社会への現実的な方策を探る』（日刊工業新聞社、2014年）ほか参照。なお、縮小社会研究会のホームページhttp://shukusho.org/kenkyukai.htmlに関連情報がある。

(66) 粟屋剛「人間改造の世紀―欲望ビッグバン―」思想のひろば（創言社、2001年）第13号77-89頁。

(67) 粟屋剛『人体部品ビジネス』（講談社選書メチエ、1999年）211頁。

(68) NHKスペシャル［ロボット革命　人間を超えられるか］（2013年3月17日）。

【参考文献】
喜多村直『ロボットは心を持つか　サイバー意識論序説』（共立出版、2000年）
東嶋和子『子どもも大人も楽しめるロボット教室　ペットロボからヒューマノイドまで』（光文社、2001年）
柴田正良『ロボットの心　7つの哲学物語』（講談社、2001年）
藤原和博・東嶋和子・門田和雄『人生の教科書［ロボットと生きる］』（筑摩書房、2003年）
瀬名秀明『ロボットとの付き合い方、おしえます。』（河出書房新社、2010年）
岡田美智男『弱いロボット』（医学書院、2012年）
岡本慎平「日本におけるロボット倫理学」社会と倫理、第28号、5-19頁、2013年
小林雅一『AIの衝撃　人工知能は人類の敵か』（講談社、2015年）

第9章

リスクをめぐる対立構図
—— 「リスク論言説」とその批判的検討

霜田　求

　2011年3月に起こった東日本大震災に伴う福島第一原子力発電所事故との関連で、放射線被曝のリスクについてさまざまな言説が噴出した。これは、1990年代に盛んに取り上げられた環境ホルモンやダイオキシンをめぐる状況と類似しており、一方で「健康被害の可能性がある以上、リスクを最小限にすべきだ」という規制強化を訴える主張が示され、他方これに対して「健康被害との因果関係は不明／一定のベネフィットがある／リスク低減のためには多大なコストがかかる」といった理由により「ある程度のリスクは受忍すべきだ」という主張が出される。その背景には、科学およびその応用としての技術がもたらすベネフィット（便益）、ハザード（害悪）およびその確率・程度、そしてその低減・代替のためのコスト（費用負担）といった異なる要因を総合的に勘案しつつ対策を取らざるをえないという事情がある。これらの諸要因を数値化し比較考量することは容易ではなく、異なる立場から提示される複数のデータや情報を慎重に吟味することが要請される。その際、現代の科学技術のリスクが「科学的」側面だけで成り立っているものではなく、政治・行政の構造的権益、産業界の経済的利害、思想的・学問的立場によるバイアス、マスコミやインターネットにおける情報操作・印象操作といった、リスクを取り巻く錯綜した社会的文脈を読み解く力（リテラシー）が不可欠である。

　こうした中で近年顕著になっているのは、以下に挙げるようなリスクをめぐる特定のタイプの言説である。

- 「リスク評価は科学的に定量化されたデータにもとづくものでなければならず、因果関係を示す根拠がない場合は健康被害のリスクがあるとはいえない」
- 「最先端技術には必ずリスクが伴うが、それがもたらすベネフィットとのバランスを考慮した上で対応を決めるべきだ」
- 「健康への有害影響が疑われるリスク要因の削減のために必要な対策に多大なコストを要する場合、そのリスクは受け容れざるをえない」
- 「現代は科学技術の発展により感染症や天災、事故などによる危険は昔より大きく減少しているにもかかわらず、リスク情報が過大に取り上げられるので、不安やストレスなど心理的要因により健康被害が生じることも少なくない」

・「実際のリスクと人々が感じるリスクとの間には大きな隔たりがあり、それを踏まえて正しい情報を伝えるリスク・コミュニケーションが重要だ」

　本章では、以上のようなタイプのリスクについての言説を「リスク論言説」として類型化し、その具体的論法を整理した上で批判的に検討する。その際、原子力発電による放射線被曝と、環境ホルモンやダイオキシン、食品添加物・化粧品・農薬等の人工化学物質に焦点を絞り、現代の科学技術に伴うリスクに関する倫理的・社会的な考察を試みる。

1. リスク論言説とは

1.1　リスク論の枠組み

　廣野喜幸（科学史・科学哲学）によると、リスクの主な定義には以下のようなものがある（廣野 2013：24）。

> 定義1＝生命の安全や健康、資産や環境に、危険や障害など望ましくない事象を発生させる確率
> 定義2＝ある有害な原因（障害）によって損失を伴う「危険な状態」が発生するとき、［損失］×［その損失の発生する確率］の総和
> 定義3＝生命の安全や健康、資産や環境に、危険や障害など望ましくない事象を発生させる可能性

　事故・災害による生命・健康への危害にとどまらず、「金融（投資、為替）リスク」、「保険リスク」、「ビジネス・リスク」など、人間社会における多様な事象に用いられるものとして、「リスクとは、人間の生命や経済活動にとって、望ましくない事象の発生の不確実さの程度およびその結果の大きさの程度として定義される」（日本リスク研究学会 2006：2）という理解が定着しつつある。

　本章における「環境・健康への有害影響」はとくに「環境リスク」として論じられるが、その定義として「企業の事業活動や人々の日常生活に潜在、顕在している、人為活動によって生じた環境の汚染や変化（環境負荷）が人の健康や生態系に影響をおよぼす可能性のこと」（環境リスク支援センター http://www.erisc.jp/）を挙げておく。とりわけ放射線被曝や人工化学物質のリスクは、有害影響の算定がきわめて困難であるため、その評価や対策をめぐってしばしば見解の対立が起こる。

　一般にリスクをめぐる理論的枠組みは、リスク評価（アセスメント）、リスク管理（マネジメント）、リスク・コミュニケーションを主たる構成要素とするものであり、それぞれの主な論点をまとめておく（日本リスク研究学会 2006：第1章）。

リスク評価は「当該原因事象の人への曝露および許容量の確定」のために行われるが、そこには、要素論的（物理・化学・生物学的）な一対一の因果関係、集団レベルでの統計学的手法による疫学的因果関係、そして未解明・不確定な要因を考慮に入れる社会政策的相関関係といった、異なるレベルがある。リスクを分析する手法としては、現状・対策後のベネフィットとの関係を軸とするリスク／ベネフィット分析や、対策に要するコストとの比較考量にもとづくリスク／コスト分析がある。リスクをどのように算定し見積もるのかは論者により必ずしも一致しないものの、概して「それほど深刻ではない／受忍可能」という評価に傾くのがリスク論言説の共通の特徴である。

またリスク管理の立場も大きく二つの方向に別れる。一方で、深刻な被害がデータとして確認・予測され、しかもベネフィットやコストとの比較により正当化される場合にのみ、リスク低減・除去のための対策措置が講じられるべきとする立場がある。もう一方には、要素論レベルでの因果関係が特定されない場合であっても一定の疫学的因果関係が得られており、かつベネフィットやコストとの比較考慮による正当化が困難であるとしても、すでに被害報告があり（原因不明であれ）将来その被害が拡大する懸念が提示されているとき、当該リスクの低減・除去の予防的な対策措置を講じるべきだという立場がある。もちろん実際の対策措置はこの両極の中間形態を取ることが多い。

リスク・コミュニケーションについても、一方では「行政や専門家からの客観的で正確な情報提供により、情緒的に動きやすい一般大衆の不安を解消する（安心を与える）」というリスク論言説にしばしば見られる理解があり、他方では「専門家の間でも見解が異なる、不確定要因の大きいリスクについては、可能なかぎり多様な視点からの情報を開示し、市民参加による民主的な意思形成プロセスを構築することが必要」という立場がある。

1.2　リスク論言説の哲学的前提

環境倫理学者クリスティン・シュレーダー＝フレチェットは、その著作『環境リスクと合理的意思決定』（原著1991）において、上述のようなリスク論言説に相当する思想群を「素朴実証主義」的リスク論として特徴づけ、批判的検証作業を遂行している（シュレーダー＝フレチェット 2007：第3章）。

それによると、リスクは「社会的に構築されたものである」と主張してリスク分析の客観的側面を否定する「文化的相対主義」と、「科学的事実」が価値・規範から独立していると考える「素朴実証主義」とは対立構図を形づくるが、どちらも一面的な「還元主義的思考」に陥っている。前者は、リスクの評価に際して客観的・科学的な側面を無視して過度に価値判断を強調することで、場合によっては人命を奪う実在的な危険を軽視するし、後者は、リスクの危険性（有害影響）の評価はあらゆる価値判断（「バイアス」、「イデオロギー」）から独立に測定できると考える点で、リスクにつきまとう「不確実性」や「文脈に依存した価値」を

適切に考慮できない。

そこで第三の立場として提唱されるのは「科学的手続き主義」であり、それは、合理的なリスクの評価は科学的な手法と価値判断の吟味を適切に組み込む形により可能であるとみなす。そして、専門家集団による「中立的・客観的」なリスクの評価は「科学的」であるから正当化されるという見解を批判し、社会的に受容可能なリスクについての評価には専門家と市民との間の民主的な討議という手続きが不可欠であると主張する。

金森修（科学論・科学史）は、近年支配的な「リスク論」（本章における「リスク論言説」）の問題点について以下のような指摘をする（金森 2002 より要約）。

①どのような技術にも「絶対安全」はないのであり、原発の事故についても完全に防ぐことは不可能であり、どのような確率と頻度で起こるかを見極めた上でその対処法を決めていけばよい、という方向を受け入れさせる。
②ある事柄に賛成論と反対論の対立が生じる際、自らの立場が特定の利益関心に与する一定の偏りがあることを隠蔽しつつ「中立な科学」であることを偽装するイデオロギーである。
③環境保護規制の際に要求される「リスク便益分析」は、定量的な科学性・中立性の外観を装うが、事実上は一定の政治的偏向（規制対象となる企業に有利に働く）をもつものとして機能する。
④「中立的科学」を提示し、「冷静で事態を正確に把握している専門家」と、それに異議申し立てをする「非合理的かつ無知で情緒的・煽動的な議論に振り回されがちな素人」という対立図式をとる。
⑤リスク論を奉じる科学者たちは、産業主義的・現状維持的なバイアスに無自覚であり、科学者の社会的責任や自らの「中立性」についても、批判的に自己分析するという姿勢が見られない。
⑥環境破壊による人々の健康被害や苦しみへの感受性が欠落しており（かつそのことに無自覚であり）、一般人の監視や参加を組み込んだ民主主義的な決定に技術の採否を委ねることに警戒感を示す。
⑦本源的に不確定な技術に対処するとき、環境保護的で弱者保護的な方向をもつ予防原則とは逆方向への志向、すなわち巨大企業の利潤追求に加担する悪しき意味でのイデオロギーとして機能する。

以上のようなリスクをめぐる批判的視点を踏まえつつ、具体的なリスク論言説の読解を進めていきたい。

2. リスク論言説の主要な論法

「はじめに」で例示したようなリスク論言説の具体的事例に即して、その主要

な特徴とパターンを論点整理する。

2.1 「グレーはシロ」論法

　ある事象が環境や人体の健康への有害影響を疑われ、その原因物質や作用機序が解明されていないとき、そのことは「因果関係は不明である」と表現される。あるいは、そのメカニズムの定量化がそもそも困難であり、「定量的なデータがなければ因果関係があるとはいえない」といういい方もある。その際、原因の可能性を疑われる事象に対して、「原因である証拠はないのだから、なんら対策をとる（心配する）必要はない」と主張されることがある。また、「原因として影響をもたらすには多量であるはずだ（そのことは動物実験や過去の統計的データから推定できる）」という前提にもとづき、「これくらいの量であれば影響は出ない」といわれることもある。原因究明のための努力（実験、データ収集・解析など）をすることなく、「不明なもの（グレー）は無視してよい（シロ）」という態度は、科学的姿勢とはいえないが、こうした類いの専門家の発言は後を断たない。以下では、放射線被曝の健康被害への影響に関連するリスク論言説を取り上げる。

　福島原発事故による放射線被曝をめぐって当該関連分野の専門家からさまざまな発言が提示されたが、その主なものを掲げておく。

- 山下俊一：「今の濃度であれば、放射能に汚染された水や食べものを1か月くらい食べたり、飲んだりしても健康には全く影響はありません」、「現在、20歳以上の人のがんのリスクはゼロです。ですからこの会場にいる人達が将来がんになった場合は、今回の原発事故に原因があるのではなく、日頃の不摂生だと思ってください」、「がんのリスクが上がるのは年間100mSv（ミリシーベルト）以上である。それ未満であればリスクはゼロと考えてよい」、「人間は代謝をするので今の放射線の量であれば、タバコを吸うよりずっとがんになるリスクは低い」(1)
- 長瀧重信：「福島の周辺住民の現在の被ばく線量は、20mSv以下になっているので放射線の影響は起こらない」（首相官邸サイト「チェルノブイリ事故との比較」2011年4月15日）「福島の事故による放射線によって、甲状腺がんが増えたかどうかを科学的に証明することが大切です。それには甲状腺の被ばく線量と甲状腺がんの増加の関係を調べることです。チェルノブイリでは、甲状腺の被ばく線量と甲状腺がんの発生に関係があることが証明されており、福島の子供の甲状腺の被ばく線量を当てはめると、甲状腺がんは増加しないことになります。放射線による健康リスクを正しく理解し、怖がりすぎず、侮らずの姿勢で冷静に判断してほしいと思います」（SankeiBiz 2014年3月27日）
- 中村仁信：「胎児が被ばくした場合は、200mSv以上で影響が出ています。［略］200mSv以下では影響はありませんので、福島では心配ありません」、

「100mSv以下は大丈夫という考えからすれば、［東北に流れた放射線は］問題なしです」(渡部他 2013)

　放射線被曝に関連して「グレー」扱いされるものとして、飲食や吸引を通して放射線を体内に接種する内部被曝の健康影響、甲状腺がんや白血病などの悪性腫瘍全般の発症可能性、心臓疾患や精神疾患発症との関連などもある。国際原子力機関（IAEA）や世界保健機関（WHO）とウクライナ、ベラルーシ、ロシア各政府の専門家などで構成されるチェルノブイリ・フォーラムによる報告書「チェルノブイリの遺産」（2005）には、チェルノブイリ原発事故（1986）による放射線被曝に伴う被害について、次のような報告が見られる。

・小児期の白血病の増加は、チェルノブイリ事故によるものではない。
・悪性腫瘍の発症数が今後著しく増大することはない。
・事故処理作業者および汚染地域の居住者に見る腫瘍学的疾患の発症率と全死亡率は、他の地域集団の類似指標を上回っていない。
・心血管疾患と放射線曝露量の増大との間に何らかの関係があることを示す証拠はない。
・人間、動物、植物の遺伝的健康にはいかなる障害も認められていない。
・事故にかかわった事故処理作業者に生じたのは免疫学的疾患のみである。
・放射線曝露は、子供の健康に何ら直接的な影響を及ぼしていない。
・1992〜2000年に、放射性降下物による影響を受けた全3ヵ国（ウクライナ、ベラルーシおよびロシア）において記録された甲状腺癌は4,000例であった。
・事故による最も重大な健康問題は集団の心理学的健康に及ぼす影響である。

　IAEAと密接な関係を持つ「原子放射線の影響に関する国連科学委員会」（UNSCEAR）による「2011年東日本大震災後の原子力事故による放射線被ばくのレベルと影響報告書」（2014年4月）でも、「公衆の健康影響」については、「心理的・精神的な影響が最も重要だと考えられる。甲状腺がん、白血病ならびに乳がん発生率が、自然発生率と識別可能なレベルで今後増加することは予想されない。また、がん以外の健康影響（妊娠中の被ばくによる流産、周産期死亡率、先天的な影響、又は認知障害）についても、今後検出可能なレベルで増加することは予想されない」また「作業者の健康影響」については「心理的・精神的な影響が最も重要だと考えられる。放射線被ばくが原因となった可能性のある、急性放射線症などの急性の健康影響や死亡は、これまで確認されていない。また今後、がんの発生率が自然発生率と識別可能なレベルで増加することは予想されない」と結論づけられている。

2.2 リスクの「相対化による矮小化」論法

　人体への有害影響に関するリスクには、放射線被曝、人工化学物質、飲酒・喫煙、多肉食・野菜不足、運動不足など多数の原因事象があり、それぞれのリスクの比較評価は、評価尺度が明確でないためきわめて難しい。そこで、「○○のリスクは△△のリスクと比べてみれば死亡率がほぼ同等であり、それほど問題ではない」という言説が提示される。放射線の専門家として頻繁にこの種の論法を使うのは中川恵一である。

　　200mSvで致死性のがんの発生率が1%増えるが、もともと日本人の2人に1人ががんになる。つまり、100mSvで発がんリスクが50%から50.5%に、200mSvでは51%に増える。今回、突然降ってわいた「放射線被ばく」というリスクに日本全国で大騒ぎをしているが、ほかにもリスクは沢山ある。たとえば、野菜はがんを予防する効果があるが、野菜嫌いの人の発がんリスクは100mSvの被ばくに相当する。受動喫煙も100mSv近い発がんリスクだ。肥満や運動不足、塩分摂りすぎは200〜500mSvの被ばくに相当する。タバコを吸ったり毎日3合以上のお酒を飲むと発がんのリスクは1.6倍くらいの上昇するが、これは2000mSvの被ばくに相当する。つまり、放射線被ばくのリスクは他の巨大なリスクの前には「誤差範囲」といってよい。(中川 2012a、中川 2012bより要約)[5]

　福島原発事故の直後にマスコミに登場した専門家や行政も、CTスキャン検査、航空機搭乗、自然放射線といったさまざまな放射線被曝の実例を挙げて、「日常的なレベルと同等であり、安全だから心配無用」のメッセージを出し続けた。そもそも福島原発事故で放出された放射線がどのくらいか、どの範囲の人たちがどの程度被曝した（その後していく）のかも不明である（現在も確定していない）にもかかわらず、ほかと比較して「安全」と評価するのは、「グレーはシロ」論法と同じく科学的姿勢とはいえない。

　この種の言説は、「自動車事故で多数の死亡や障害が発生しているのに人々は自動車をなくせとはいわないのに、原発についてなぜなくすべきだというのか」など枚挙に暇がない。また、ここには「人々は○○のリスクを過大視する傾向があるが、実際には△△のリスクより低い」といった、人々のリスク認知の「バイアス」の「非科学性」に訴えて当該リスクの矮小化を図る手法がつけ加わることも多い。[6]

2.3 リスク／ベネフィット分析

　「現代の科学技術には多大なベネフィットがあるのだから、その恩恵を受けている人々は、多少のリスクがあっても受忍すべきだ」という主張がある。あるいは、「あるリスクを減らすことが別のリスクを高めたり、生み出したりすること

になるので、当のリスクをある程度受け容れることが必要だ」(いわゆる「リスク・トレードオフ」)といったいい方もされる。ここでは、人々の生活の中に定着している人工化学物質に即して論点整理する。その典型的なリスク論言説を化学専門のジャーナリスト佐藤健太郎から挙げておこう。

> 農薬や食品添加物その他の人工化学物質を多量に使うようになって以降、日本人の平均寿命は一貫して延びており、そうした顕著なベネフィットを無視して、人工化学物質のマイナス面を強調するのはおかしい。(佐藤 2008より要約)

人工化学物質には、農薬(殺虫剤、防虫剤、除草剤)、食品添加物(保存料、着色料、発色剤)、プラスチック製品、化粧品など多種多様な用途があり、それらには、遺伝毒性、生殖毒性、アレルギー性、発がん性といった人体への有害性や環境汚染原因が指摘される。そうしたリスクがあるにもかかわらず使用されるのは、農産物の収穫増、病虫害の削減、保存期間の延長(廃棄量の減少)、低重量や長期耐性などの利便性、満足感向上といった多大なベネフィットが認められるからである。もちろん想定されるリスクがあまりにも高いとき(例えば動物実験で発がん性が確認された合成着色料等)にはその使用が禁止されることもあるが、リスク評価について見解が異なることも多い(例えば「環境ホルモン=内分泌かく乱化学物質」の健康被害があるが、これについては 3.1で取り上げる)。

また「リスク・トレードオフ」論については、環境工学者である中西準子(2012より要約)の説を取り上げる。

> あるリスク(A)を減らすと別のリスク(B)を増やしてしまうことをリスク・トレードオフという。AのリスクもBのリスクもある程度は許容することが必要で、両方のリスクの和を最小にすることが重要だ。例えば、福島の米を食べることによる被曝(A)を減らすためにだれもがそれを食べなければ、生産農家がつぶれて生活ができなくなり、地域産業も崩壊してしまうというリスク(B1)が生じる。そこで汚染された米を(基準値以下でも風評被害で売れないので)国が買い取ることや東電が保障する必要があり、そのつけは税金や電気料金として国民の負担増というリスク(B2)につながる。リスクAとリスクBの総和を減らすために、国民は福島の米を買うべきである。

中西(2014:242以下)によると、殺虫剤DDT散布による環境汚染(「沈黙の春」)が叫ばれたためにその使用が減ったことにより、蚊を媒介とするマラリアの被害が拡大したことなどもその例証とされる。この論法が、本来先行すべき公的対策(非汚染地域での生活基盤再建や公衆衛生など)の欠如や不十分さを無視するな

ど恣意的な枠組み設定（フレーミング）にもとづくものであることについては、後述（3.1）する。

2.4 リスク／コスト分析

「リスクを減らしたりリスク発生源をなくしたりする（別のもので代替する）ためには、多大なコスト（費用）が必要となるので、多少のリスクは受忍すべきだ」という主張がある。有害物質を除去したり毒性を減らしたりするにはその研究開発や代替技術の普及が必要となるが、そのためには多大なコストがかかるので、「その健康被害は深刻ではない」、「他のリスクと同等である」、「多大なベネフィットがある」という理由もつけ加わって、当該事象は受け容れるべきだとされる。

例えば、福島原発事故により石油火力発電への依存率を高めている日本のエネルギー状況について「石油の輸入により膨大な経済的損失がもたらされているので、早急に原発の安全審査を踏まえて再稼働すべきだ」という主張が提示される。そもそも発電に関するリスクには、燃料調達関連リスク（輸入相手先での地域紛争など）、事故発生リスク（自然災害・人災・機器異常による）、健康被害リスクがあり、コストには燃料調達関連コスト、発電コスト、さらには廃棄物管理コストや事故処理コスト（原発の場合は施設・地域関連コストも）、被害拡大防止対策コストなどがある。すべてのリスクとコストを算定した上で政策決定するということは、多くの算定困難かつ不確定要因があるので実際には難しいが、しばしば「リスクは可能なかぎり低く見積もり、コストは恣意的に選定して数値化する」といった「政治的」処理が企てられる。放射線被曝の安全性基準も「社会的に可能な費用負担」との比較考量により導出されたものであることは、丹羽太貫（放射線生物学）の発言「低線量被ばくをどこまで防ぐかは、費用や社会的影響を考慮して考えなければならない」（影浦 2011：166）にも表れている。

人工化学物質関連では、除草剤・殺虫剤等の農薬を使わないと農産物の生産量が激減し、有機農業ではコストが高くなり、農産物が一部の富裕層しか入手できない「ぜいたく品」になってしまう、食品添加物の合成保存料を使わないと廃棄される食料品が増えるため、生産コストを押し上げることにつながる、といった指摘（佐藤 2008）もこれに当たる。さらに水俣病事件に関連して、「原因物質が特定できない時点で工場廃水を処理・停止することが、企業の設備投資を伴う負担増を引き起こし、その利益を損なうから不適切だ」という趣旨の主張をした「環境リスク論」（中西 1995）も、「コスト計算の政治性」を示すものである。

2.5 「ゼロリスク」、「ストレス」、「不安」

さほど深刻でないリスクに「過度に」反応する一般大衆の「リスク認知バイアス」に対して「冷静な対応」を求めるといういい回しも、リスク論言説として頻繁に登場する。ここでは、「ゼロリスク要求は間違いだ」と訴える佐藤健太郎

(2008、2012より要約)の主張を見る。

- 1990年代に騒がれたダイオキシンや環境ホルモンは、その後の研究で有害性はきわめて低いことが明らかになったにもかかわらず、多くの国民はそれが危険であると思い込んでいる。例えばビスフェノールAというプラスチックの可塑剤などに使われる物質は、「野生生物のメス化」、「健康被害」の原因として騒がれたが、そうした事実はないことが一応の結論である。
- ソルビン酸(合成保存料)は安全性が高い(健康被害が出るには多量の接取が必要)にもかかわらず、「なんだか気持ち悪い」という程度の理由による「添加物バッシング」で使用量が減少したことにより、廃棄される食品が増え、冷蔵コストがかかり、多大な損失となっている。
- メタミドホス(農薬)やホルムアルデヒド(一時期騒がれたシックハウス症候群や化学物質過敏症の原因とされた)など、われわれの身の回りには多くの有害物質があるが、生体にはこれらの防御機構があるため、毎日それらを取り込んでも、何ら健康に影響はない。
- 安全を唱える冷静な識者は「権力の走狗」と非難され、危険を煽り立てる側は「正義の味方」とされる。
- 福島原発事故においても放射能報道における「センセーショナリズム」が見られ、福島産の野菜や魚から何十ベクレルの放射能が検出されたら大騒ぎするのに対し、内部被曝は極めて低いという調査結果は大きく報道されない。

ここで前提とされているのは、恣意的な状況理解に立脚する情報操作(3.1で詳述)と、「ヒステリックにゼロリスクを要求する、あるいは科学的情報を冷静に受け止めようとせず感情的に危険性を騒ぎ立てる一般大衆」と「それに便乗するマスコミや一部の研究者たち」というステレオタイプを用いた印象操作である。

原発事故の放射線被曝についても、「放射能恐怖症」、「放射能ヒステリー」、「放射線パニック」といった心理面への影響を示唆する表現が多用されてきた。そこには、人々の「ゼロリスク要求」が「心理的ストレス」や「不安」を増幅させ、そのことによって健康被害を引き起こす、だから「科学的なデータ」を示して人々に「安心」を与えることが重要だ、という論法が用いられる(影浦 2011：109以下、同2013：第3章)。

チェルノブイリでは、精神的ストレス、慣れ親しんだ生活様式の破壊、経済活動の制限といった原発事故に伴う副次的な影響の方が、放射線被曝よりはるかに大きな損害をもたらしたとする報告が、IAEAを中心とする国際原子力利権集団によって繰り返し出されてきた(注4参照)。福島原発事故についても、放射線被曝より「慣れない避難生活によるストレス」でがんのリスクが高められる(中川 2012a)、「被害が顕在化していない低線量放射線被曝よりも、移住による心理的ストレス(自殺者も出ている)や家庭崩壊こそ優先されるべきだ」(一ノ瀬

2013：81）といった類いのすりかえ論法が頻出した。

こうした言説に共通するのは、人工化学物質や放射線被曝による健康被害が明確ではないことを最大限利用して、その影響をかぎりなく低く見積もる（あるいは無視する）という姿勢であり、さらに「ストレス」、「不安」などの心理面へと原因を転嫁することである。

2.6 「風評被害」

1999年、埼玉県所沢市のゴミ焼却場近辺でダイオキシン濃度が高いこと、子どもの間で喘息やアトピー性皮膚炎の発症率が平均より高いことなどが報道され、所沢産のホウレン草などが売れなくなるという事態が起こり、その報道の中心であった「ニュースステーション」（テレビ朝日）に「風評被害を起こした」という非難が浴びせられた（参照サイトhttp：//eritokyo.jp/law/notice2f.htm）。「風評被害」という表現は、しばしば「根拠のない有害影響が誇張されることにより、地域の差別・偏見や営業妨害等が引き起こされる」という意味で用いられるが、「根拠のない」ことを証明することは説得的な「根拠」を提示することに劣らず、きわめて困難である。ここでも「グレーはシロ」論法が用いられて、仮に健康被害を示すデータがあったとしても「その原因は不明である」、「因果関係は解明されていない」と却下されたり、「不安をあおるべきではない」という言葉とともに「心理的ストレス」が健康被害の原因として提示されたりすることもある。

福島原発事故をめぐっても数多くの「風評被害」言説が使われてきたが、最もめだったのは、2014年5月にコミック雑誌掲載の『美味しんぼ』（雁屋哲他作）での鼻血騒動である。日本政府や関係行政、マスメディア、放射線の専門家などが一斉にマンガの作者や出版社を非難し、例えば「（放射線の専門の医療関係者から）そういう因果関係はないと聞き、それが医学界の通説として定着しているなかで、なぜこういうことが起きるのか」（石原伸晃・環境大臣 2014年5月13日インタビュー）、「県民が一丸となって復興を目指している時に、風評を助長するような印象で極めて残念」（佐藤雄平・福島県知事 2014年5月13日インタビュー）、「放射線で鼻血が出ることは絶対にない」（中川恵一『週刊新潮』2014年6月5日号）といった発言が相次いだ。

福島原発事故による現地の農産物についても、小売業者や消費者による忌避行動が「風評被害」として扱われたが、その関連記事には「国の検査をクリアした安全なもの」、「出荷制限になっていない安全な農産物」が「福島第一原発の放射能汚染への不安から」売れなくなることが記載されている（影浦 2011：131以下）。そこには、「科学的に正しい情報を伝えれば一時のパニック状態から抜け出して冷静な対応が可能となる」、「安全であることが確認された農産物を購入して生産者を支援すべきだ」といった主張がつけ加わる。

3. リスク論言説の解読

以下では、上述のリスク論言説に見られる論法を批判的に検証する。

3.1 リスク論言説は「科学的」か：因果関係と不確定性

ここに共通して見られるのは、恣意的な枠組み設定（フレーミング）、すなわち「そのつど恣意的に設定した枠組みを前提とし、不都合なことはその枠組みから排除して考慮の対象外にした上で、自分たちにとって都合のよい帰結を導き出す手法」である。普遍妥当性を要求する科学的なリスク評価の手続きにおいて、どのような要因・項目をカウントするかはきわめて重要であり、何らかの環境・健康への有害影響が出たときに、被害の実態をどこまで（程度、範囲、対象群）調査するかは決定的な意味をもつ。また、未知で不確定要因が多い事象については、調査主体によってまったく異なるデータや解釈が提示されることが少なくないので、どのデータ・解釈に依拠するかもまた枠組み設定の一部をなす。

上記「グレーはシロ」論法（2.1）は、技術的レベルの限界による場合、測定および数値化がそもそも困難な場合などにより「科学的に解明されていないこと」（＝わからないこと）を、「対処する必要のないこと」（＝事実として存在しないこと）にすりかえる詐術であり、恣意的な枠組み設定の典型的な手法である（影浦2013：第2章）。また、「相対化」論法（2.2）は、情報の「意味」を印象操作により変容させるものであり、これらにもとづく「心理的要因」論法（2.5）や「風評被害」論法（2.6）は、被害の実態や因果関係が未解明かつ不確定であることを「無視してよい＝騒ぎ立てるな」と封じ込めることを狙う。こうした手法は、リスク論言説における「科学を偽装する政治」という側面を示すものである。

以下では、まず福島原発事故に伴って頻出した言説「放射線被曝線量が年間100mSv以下では、健康に影響するという有意な根拠はない」に即して、検討を加える。

日本政府により設置された「低線量被ばくのリスク管理に関するワーキンググループ」報告書（2011年12月22日）では、「国際的な合意では、放射線による発がんのリスクは、100mSv以下の被ばく線量では、他の要因による発がんの影響によって隠れてしまうほど小さいため、放射線による発がんリスクの明らかな増加を証明することは難しいとされる」という記述が見られる[8]。

この言説は「100mSv以下の低線量被曝の健康への影響は不明である」、すなわち「発がんリスクがあるともないともいえない（グレー）」と理解するのが妥当であると思われるが、事情は異なる。100mSv以下の被曝をどのように評価するかというときに、しばしば低線量放射線被曝の「線形しきい値なし（LNT）」仮説（被曝による健康影響にはしきい値は存在せず、線量に応じてリスクは増加する）に言及される。そこには「100mSv以下ではデータが不十分なため影響の有

無や大小が不明である」という含意が認められるが、専門家の中には、それを「100mSv以下の場合は影響が小さすぎてわからない（ないとみなしてよい）」といった歪曲を行う者がいる。つまり「しきい値以下の健康被害のデータは存在しない」が「しきい値以下では健康被害はない」といい換えられ、「100mSv以下ではがん発生の医学的根拠は確認されていない」から「100mSv以下では健康に影響はない」へとスライドし、「シロ断定」が下される。しかしそうした見方は「統計的に有意差がない」と「影響がない」を混同しており（津田2013：第3章）、データ化の限界により「確定できない（グレー）」ことを「被害はない（シロ）」にすりかえるものである。

　この種の言説の例としては、上記（2.1）したものを含め、実際には「科学的根拠はない」、「健康への悪影響を示すデータはない」、「リスクはきわめて低い」といった慎重ないい回しが用いられることも多いが、「とくに心配しなくてもよい（不安に思う心理ストレスの方が健康に有害だ）」という示唆を含む点では同根である。例えば、「100mSv以下だと発がんリスクはきわめて低い」（中川 2012：28）、「国際的にも100mSv以下の被ばく量では、がんの増加は確認されていません」（2014年8月17日付政府広報「放射線についての正しい知識を」）などと述べる中川は、これを「科学的」リスク評価と強弁する（影浦 2013：20以下）。

　しかしこれが恣意的な情報操作（3.4で後述のように国内外の原子力利権集団による報告を一方的に採用する）であることは、100mSv以下の低線量放射線被曝でも多数の健康被害報告が提出されてきたことを無視することからも明らかである。チェルノブイリでも、100mSv以下とされる地域で、甲状腺がんのみならず、先天異常、心臓疾患や精神疾患などの症例報告が多数ある（注3参照）。広島・長崎の原爆での放射線被曝による健康被害についても、低線量のデータはきわめてかぎられたものであり「影響はない」などと断定できるレベルではないことが、多くの研究者により指摘されている（島薗 2013：93以下）。また、米国科学アカデミー「電離放射線の生物学的影響に関する委員会」の報告（2005）でも、100mSv以下での発がんリスクを認め、「放射線に安全な量はない」という結論を示しており、国際的には100mSv以下でも健康被害の可能性を認める見解の方がむしろ有力であるといえる（今中 2012：102以下、島薗 2013：88）。

　以上より、100mSv以下の低線量放射線被曝であってもそれによる発がんを含む健康被害の可能性は否定できないことを認めようとせず、「因果関係があるかないかの科学的根拠が得られていない」という事態を「有害影響はない」とみなすのは、科学的姿勢とはいえない。「根拠が得られないのはそれを算定する技術の限界なのか、それとも事柄それ自体に起因することなのか」を解明する作業、そして「可能なかぎりその根拠を追求するための努力をする」というのが真の科学的姿勢である（影浦 2013：第2章）。

　科学的「定量分析」を強調する一方、定量化できないリスク、調査されていないリスク、評価が異なるリスクを軽視・無視し、また「有害影響が疑われる」と

いう研究を無視して、「因果関係は認められない」という「権威ある機関」の研究成果を「事実」であるかのように語る。「わからない」ことを「わからない」と認めるのが科学的態度であって、「わからない」ことを「ない」と断定するのは、たんなる恣意的「思い込み」にすぎない。環境要因による健康被害について「因果関係がない」ことを証明することはきわめて困難である。特定の原因物質がどのような作用機序で具体的な健康被害を引き起こすかを明確に示せたとしても、そのことはそれ以外の要因が作用していないことの証明にはならない。⁽⁹⁾

同様に、1990年代に問題となった環境ホルモン（内分泌かく乱化学物質）やダイオキシンの健康被害についても、「一時期騒がれたダイオキシンや環境ホルモンは、その後の研究で人体に健康被害をほとんどもたらさないことが明らかになった」という趣旨の言明（佐藤 2008：68以下）が見られる。健康被害を否定する一部の調査結果を引き合いに出して、そうした認識があたかも「公式見解」であるかのように述べるという点で、同種の手法である。

米国食品医薬品局（FDA）の調査報告でも、不確定要因があるため特定できないが警戒は必要であると指摘されており、米国内分泌学会の声明では、より明確に有害性（遺伝毒性、生殖毒性、発がん性）への懸念が表明されている。欧州連合（EU）や欧州各国における規制強化のスタンスは一貫しているし、日本の環境省でもリスクの可能性を認めた上で対応する姿勢を取っている。このように環境ホルモンの有害影響をめぐっては見解の対立があるというのが実情であるにもかかわらず、「シロ」という印象操作が行われる。⁽¹⁰⁾

政治的・経済的な利害が対立する事象の場合、リスクとベネフィット・コストを調査・算定する主体によって異なるデータが提示されることが少なくないが、そうした調査・算定の不完全性、不確定要因の残存可能性、データの状況依存性を踏まえて、複数の情報を慎重に吟味しつつリスク評価を行うこと、そしてそれにもとづいて多様な価値観の中で決定される政策としてのリスク管理（具体的対策の立案と実行）のための選択肢を（メリット／デメリットを網羅的に列挙しつつ）明示すること——リスク評価における「科学性」を支えるのはこうした営みである。

3.2　リスク論言説は「中立公正」か：
　　リスクとベネフィット・コストの算定

リスク発生事象はたいてい人々の生活に何らかのベネフィットをもたらしており、そのリスクを回避しようとすると別のリスクを高めることになる、またリスク低減化や代替法開発のために多大なコストが必要となる、リスクに関わるベネフィットやコストとの比較考量により当該リスクは受忍すべき場合がある——これらリスク論言説に見られる論点はたしかに認めなければならないこともある。しかし、ベネフィットやコストの算定が「科学的」であるという根拠が疑わしい、あるいはきわめて「政治的」に捏造されたものであることも少なくない。以下で

は、主に放射線被曝の健康被害というリスクについて、原子力発電の社会的コストとコスト計算における政策依存性という視点から検討する。

関西電力のウエブサイト（2015年6月1日確認）によると、1kWhあたりの発電コストは、原子力8.9円、太陽光33.4～38.39円、風力9.9～17.3円、水力10.6円、石油火力36.0～37.6円、石炭火力9.5～9.7円、天然ガス10.7～11.1円、とされる。そもそもこの数字の算定根拠にも多くの異論がありうるが、発電コストだけで優先順位を決めるということそれ自体、恣意的な枠組み設定にもとづくコスト計算といわねばならない。つまり、原発のコストを、発電所建設費、燃料費、運転維持費といった電力会社が負担する費用に限定するという情報操作によるものである。ウラン採掘に伴う労働者や周辺住民の被曝による健康被害、発電所周辺住民の健康被害（白血病発症率の上昇など）、平常運転や定期点検における作業労働者の被曝による健康被害に対する補償、使用済み燃料の処理や処分・管理、運転を終えた原子炉の処分・管理、そして事故によって生じた被害（周辺住民の被曝による健康被害や生活破壊、農林水産業の打撃、事故処理作業の労働者被曝による健康被害）に対する損害賠償、多額の税金や電力料金が投入されてきた経費（研究者やマスコミ・タレントへのばらまき、設置地域への交付金や寄付金等）といったコストもカウントされることはない。さらに、放射性廃棄物の処理や管理という途方もないコストについては未来世代につけとして回される（大島 2011、広瀬他 2011、佐高 2014、小出 2014）[11]。このような「社会的コスト」を除外して、見せかけの低コストを印象づけるというのもまた、典型的な恣意的枠組み設定といえる。

被害拡大防止対策コストとの関連で福島原発事故の際にしばしば用いられた「想定外」という表現についても同様である。「想定を超える大きな津波」（事故当時の東京電力・清水社長の2011年3月13日記者会見より、影浦 2013：16以下）によって電源喪失が引き起こされたがゆえに、責任を回避しようという意図が見られる。しかし、そもそも電源喪失が地震による揺れによるものであった可能性があることは措いても、繰り返しその危険性が論じられた（国会でも取り上げられた）事実がある[12]。「想定できなかった」のではなく、「最悪の事態は起こらないと信じる」、「対策にコストがかかる」、「対策を講じれば事故発生可能性を認めることになる」といった理由により「想定そのものをなかったことにする」というのが「想定外」の内実といってよい。原発事故による放射線被曝の健康被害リスクは、電力会社の費用負担支出抑制による利益増という方針から、取るに足らないものとされたのである[13]。

人工化学物質のリスクについても、「多大なベネフィットがある」、「リスク低減化により別のリスクが発生する」といったリスク論言説に特徴的なのは、本来政府・行政がすべきこと、すなわち上下水道の整備、住宅の供給、教育の普及、公衆衛生の充実、といったことが行われていない状況を放免し、健康被害や環境破壊が懸念される化学物質の使用を推奨する（被害の実態については、上述のと

おり恣意的に低く見積もる情報操作を行う）という姿勢である。「科学技術の進歩や社会の決断によって、リスク対策のコストはダイナミックに変化し得る。そのコストを固定的に考えると、ベネフィットが大きく見積もられ、リスク対策に対し過度に否定的な結論が導かれやすくなる」（市村 2008）という指摘が当てはまるのである。

3.3　リスク論言説は「客観的」か：
　　　リスク認知とリスク・コミュニケーション

　リスク評価は確率論でありクロかシロかを決められないということを一般大衆は理解できない、そのことを伝えて理解させるのがリスク・コミュニケーションだ、という言説が福島原発事故の後に噴出した。健康への影響が証明されていないにもかかわらず「不安」を抱き「ゼロリスク」要求を叫ぶ一般大衆は、偏った主観的なリスク認知に囚われているので、「客観的」な情報を与えて「風評被害」をなくし、「安全」と「安心」を提供することが重要だ、という図式が見られる。しかし先に見たとおり、「グレーはシロ」、「相対化による矮小化」、「リスクとベネフィット／コストとの比較考量」による情報操作（「科学的なリスク評価」）と、印象操作（「健康への影響はないから安心してよい」）の手法としてリスク・コミュニケーションが機能していることに注意する必要がある。

　福島原発事故に関連して言及されたリスク・コミュニケーションの言説を挙げる。現在も政府の放射線対策の重要な地位にある長瀧重信（放射線学）が「放射線被曝とリスク・コミュニケーション」（『医学のあゆみ』239巻10号：2011年12月3日）の企画責任者として述べたものである。

　「"原発事故の健康リスク"を理解するうえでのキーワードは"放射線を正しく怖がる"ことである。放射線の影響の科学的事実と防護の考え方を区別して理解し、科学的にはリスクはゼロとは表明できないこと、科学には限界があることに正しく対処することが原則であるともいえる。[中略] われわれ専門家集団としては、国際的に科学的に正しいと認められた知識を今後も繰り返し説明し、伝え続けていくことが責務であると考える。この問題を考えるには，1980年代後半から議論され始めたリスク・コミュニケーションが最重要な課題となる[14]」。

　ここでは、典型的なリスク論言説の内容を「専門家の立場から国際的に認められた科学的情報として一般大衆に伝える」ことがリスク・コミュニケーションと理解されていることが分かる。そこで前提とされているのは、一般大衆が「理性より感情に流される」、「リスクが確率の問題であることを理解しない」、「ありもしないゼロリスクを追い求める」、「危険情報を過大視する」といった決めつけである。こうした言説に共通するのは、一般大衆やマスコミあるいは「煽動家」と違って自分たちは「冷静」、「中立」、「科学的」という自己理解（むしろ自己欺瞞）である。リスク論言説に見られるこうした「自己理解」は、「見たいものだけ見る」、「都合の悪いことは見ない」という姿勢に由来するものである（島薗

2013：第3章)。

　また、「国際的に認められた科学的情報」というのが国内外の原子力利権集団による恣意的な情報操作によるものにすぎないことについてはすでに論じたが、そうしたリテラシーの欠落した「リスク・コミュニケーション」言説が氾濫している。例えば、「自然放射線量と比べて原発事故による被曝は深刻とはいえない」、「ドイツは原発に対するアレルギーが強い」、「放射線被曝は蓄積しない」、「再生可能エネルギーに転換すれば電気料金などのコストが大幅に上がる」といった、偏ったリスク論言説を無批判に信じ込み、そうした情報を「冷静に伝える」ことが重要だと説教する「リスク・コミュニケーションの専門家」（西澤 2013）や、「人々は原発事故に対してものすごく敏感で、ゼロリスク要求が高い」ので「原子力施設に対する住民理解の醸成」のために「リスク・コミニュケーションが必要とされる」と主張する社会学者（今田高俊）もいる（橘木他 2013）。

　「グレーはシロ」という非科学的臆断、「相対化」による矮小化、ベネフィットやコストの恣意的算定、心理面への安直な還元主義、といったリスク論言説の詐術論法をそのまま一般大衆に注入することが「リスク・コミュニケーション」とされていることを確認した上で、さらに「ゼロリスク神話」なる想定にも触れておく。これは「科学的冷静さを欠いた感情的な要求をする一般大衆」像をつくり上げてそれを攻撃する、という印象操作である。（影浦2013：26以下）ここには、「日本人はリスクがゼロでないことを理解しようとせず、ゼロリスクを要求する」といった陳腐な「日本人論」が加わることもある。（島薗 2013：182以下）「有害かもしれないので多少コスト高になるかもしれないが別の選択肢を望む」というきわめてまっとうな感覚を、「何が何でもゼロリスクを」という主張にすりかえる詐術（佐藤 2012）も見られる。

　しかし実際のところ、原発に関連して語られてきた「多重防御システムによって運営されているので重大事故は起こらない」、「地震や津波があっても安全性は維持される」、「事故によって放射線が放出されても健康には影響はない」といった言説は、それ自体「原発安全神話＝ゼロリスク神話」にほかならず、そのことに対する反省も責任意識も欠落した者たちが「一般大衆のゼロリスク神話」などといい立てることは、笑止というべきであろう。[15]

　さらに、山下俊一は「100mSv以下では放射能の影響は科学的に証明されておらず結果は何十年後にならなければわからない。だから自分は福島の人達に安心してもらうように心配ありませんといい続けてきた」、「私は安全という言葉を安易に使わない。私は安心してもらおうと話をしている」などという発言を繰り返し、住民の「不安」を増幅させてきた。（注1参照）「原発安全神話」から「放射能安心神話」へのスライドという事態をここに見て取ることができるであろう。

　詐術を弄する「専門家」によってつくり出された「安全」情報を「安心」へと誘導する印象操作としての「リスク・コミュニケーション」を見抜くこと、「リスク社会」に求められるのはそのための力（リテラシー）と、その力を磨き上げ

る相互的営みとしてのリスク・コミュニケーションである。

4. 構造的無責任からの脱却に向けて

　ますます高度化する科学・技術に伴うリスクをどのように評価するか、そしてそれにどのように対処するかという課題に向き合うためには、リスクの「定量化困難」、「有害影響評価困難」、「未知」、「不確実」、「政策依存性」という特質を見きわめること、そして「リスク社会」が抱える「社会的リスク」すなわち社会システム（政・官・業・学・マスコミの癒着）に織り込まれたリスクへの視点をもつことが不可欠である。それは、「予防原則」すなわち「潜在的なリスクが存在するというしかるべき理由があり、しかしまだ科学的にその証拠が提示されない段階であっても、そのリスクを評価して予防的に対策を探ること」（大竹他 2005：18）を踏まえつつ、リスクに関連する情報を批判的に読み解く力を獲得することである。そしてそれは、過去・現在・未来への構造的無責任からの脱却をめざすものでなければならない。

　放射線被曝をめぐる無責任体制は、原子力発電推進（維持）論に見られる無責任構造と不可分であるといえる。小出裕章（原子力工学）によると、原発推進論は以下の点で「差別」かつ「無責任」の上に成り立つものである（小出 2014：225以下）。

　①核廃棄物の最終処分場が決まらないのに原発を稼働するのは、目先の利益追求のために問題を先送りする無責任な姿勢である。
　②ウラン採掘場の居住者（先住民が多い）を、労働者として被曝させるだけでなく、ウランのゴミを投棄してその生活を害する。
　③定期点検や事故処理などの被曝労働を下請け・孫請けに押しつけ、電力会社社員は比較的安全な作業に従事する。
　④核関連施設や廃棄物処理場は電力消費の多い都市部ではなく、過疎地に集中し、事故被害もそうした地域に集中する。
　⑤長期間に及ぶ核廃棄物の処理・管理を未来世代の人びとに押しつける。

　こうした差別と無責任の体制によって生み出される膨大なベネフィット（利権集団および多数の一般市民が享受する利益）が、人の生命・健康への有害影響や将来に及ぶ環境破壊としてのリスクを不断に創出する駆動因とみなすことができる。ではこうした仕組みから脱却することは可能だろうか。
　ごく一部ではあるものの、そうした方向を示唆する動きがある。
　まず、第一に、ドイツは2022年までに原発を全廃するという法改正を2011年7月に行ったが、その根拠となった「安全なエネルギー供給に関する倫理委員会」による報告書（2011年5月30日）で挙げられた基本要点は下記のとおりである。

そこには端的に現在世代の責任と未来世代への責任が明記されている[16]。

①原発の事故は起こりうる
②事故が起きると、他のどんなエネルギー源よりも危険である
③次世代に放射性廃棄物処理などを残すのは倫理的問題がある
④原子力より安全なエネルギー源がある
⑤地球温暖化問題もあるので、化石燃料の使用は解決策ではない
⑥再生可能エネルギー普及とエネルギー効率の改善は、経済的にも大きなチャンスになる

　第二に、福井地裁（樋口英明裁判長）による大飯原発の運転差し止め判決（2014年5月21日）における、地震のリスクに対する評価は、画期的な司法判断といえる。
　「この地震大国日本において、基準地震動を超える地震が、大飯原発に到来しないというのは、根拠のない楽観的見通しにしかすぎない上、基準地震動に満たない地震によっても、冷却機能喪失による重大な事故が生じ得るというのであれば、そこでの危険は、万が一の危険という領域をはるかに超える、現実的で切迫した危険と評価できる[17]」。
　そして第三に、日本学術会議「高レベル放射性廃棄物の処分に関するフォローアップ検討委員会」の二つの分科会による報告書（2014年9月19日）は、まず社会的合意にとって重要な「規範的原則」として、「安全性の最優先の原則」、「事業者の発生責任の原則」と「多層的な地域間の負担の公平性の原則」、「世代間の公平性」、「現在世代の責任」などを掲げた上で、次のように指摘している。
　「原子力発電所の再稼働問題に対する総合的判断を行う際には、これから追加的に発生する高レベル放射性廃棄物（新規発生分）については、当面の暫定保管の施設を事業者の責任で確保することを必要条件に判断するべきである。その点をあいまいにしたままの再稼働は、「現在世代の責任の原則」に反し、将来世代に対する無責任を意味するので、容認出来るものではない[18]」。

　「科学的」であることを標榜して「安心」と「受忍」を要求するリスク論言説に欠落しているのは、リスクを構成する社会的文脈を真剣に考慮し、かつリスクに伴う「責任」という規範原則に真摯に向き合う姿勢である。そこに見出されるのは、「他者の手段化・道具化」、「脆弱な者の犠牲への無知・無関心・鈍感」、「集団的利己主義」という意味での道徳的頽落（モラル・ハザード）にほかならないのである（この章で批判された専門家の思想を乗り越える方向については**結章の2**を見よ）。

【註】
（１）山下俊一語録は下記参照。『DAYS JAPAN』2012年10月号
　　「15年戦争資料 @wiki」http://www16.atwiki.jp/pipopipo555jp/pages/2997.html

なお、放射線被曝に関連して用いられる単位であるmSv（ミリシーベルト）については、「放射能が人体に与える影響（がんによる死亡確率）」（原子力安全委員会サイトによる：影浦2013注17）という意味で理解する。
（２）マスメディアにもこうした専門家の言説を受け売りした記事が頻繁に登場した。「原発事故、健康被害の心配なし」、「人体に影響を及ぼす程度ではない」、「具体的な危険が生じるものではない」、「実生活で問題になる量ではない」、「実際に人体に影響が及ぶのは年間100mSv前後とされる」、「100mSvだと健康被害／それより少ない場合は影響なし」等々（影浦2011）。
（３）www.aesj.or.jp/atomos/popular/kaisetsu200701.pdf
　　nucleardisaster.web.fc2.com/50a.html
　　https://www.iaea.org/sites/default/files/chernobyl.pdf
　　チェルノブイリ原発事故の被害状況については、広河（1991）、今中（2012）、菅谷（2013）、ヤブロコフ他（2013）を参照。
（４）http://www.unscear.org/docs/reports/2013/14-02678_Report_2013_MainText_JP.pdf
　　http://www.unic.or.jp/news_press/info/7775/
　　http://bylines.news.yahoo.co.jp/itokazuko/20131027-00029263/
　　放射線被曝による健康被害について、その矮小化に奔走するリスク論言説が意図的または無自覚的に国際的・国内的な利権集団の権益維持と無責任体制と密接に結びついていること、国際的な利権集団を構成するのは、国際原子力機関（IAEA）、国際放射線防護委員会（ICRP）、放射線防護に関する国連科学委員会（UNSCEAR）であること、こうした集団が、その成立の経緯や中枢を占める人脈から原子力関連産業の利権を維持拡大するための巨大権力グループであることについては、コバヤシ（2013）、日本科学社会議・日本環境学会（2013）、日本科学者会議（2014）を参照。
（５）中川恵一の語録については下記参照。
　　「15年戦争資料＠wiki」http://www16.atwiki.jp/pipopipo555jp/pages/3148.html
（６）リスクの相対化による矮小化が心理的効果を狙った詐術論法であることについては、情報学を専門とする影浦峡（2011、2013）による考察が参考になる。それによると、放射線被曝による健康影響を医学的なCT検査や航空機搭乗あるいは喫煙などと比較し、受容可能なものへと印象操作を図る手法には、具体的なリスクから目を逸らさせて心情的な「安心」を強める、日常的になじみのあるリスクとの比較により事態の「平常化」を促す、大きな数値を引き合いに出すことによる影響の「矮小化」、事故責任の所在の「曖昧化」といった特徴が指摘できる。
（７）低線量放射線被曝による健康被害については多数の疫学調査が行われており、鼻血についても「チリなどに付着した放射性物質が鼻の粘膜に付いて放射線を出し続け、鼻血を出すこともある」（西尾正道・放射線学）という指摘や、岡山大学などの現地調査でも鼻血症のデータが多数あり、米国の医学専門書にもその記述がある。チェルノブイリの避難民への調査でも住民の約20%が鼻血を訴えていたという調査報告もある。「風評被害」論法は、「福島の復興を妨害するのか」という脅迫的な言辞により、地震等による電源喪失の防止対策コストや汚染原因を放置した電力会社やそれを容認した日本政府の責任を免罪するものにほかならない。この問題については松井（2014）、影浦（2011）、伊藤（2014）および以下のサイト参照。
　　http://daysjapanblog.seesaa.net/article/396967390.html
　　http://tyobotyobosiminn.cocolog-nifty.com/blog/2014/05/post-2375.html
（８）http://www.cas.go.jp/jp/genpatsujiko/info/twg/111222a.pdf
（９）水俣病事件でも、行政・企業・研究者たちの間で「因果関係が解明されな（い）と対策は取れない」といった主張が繰り返し提示されて有効な措置がなされなかったため被害が拡大したが（霜田2004）、その教訓が活かされるどころか、同じことが繰り返されている。
（10）国連環境計画（UNEP）と世界保健機関（WHO）の新しい報告書「内分泌かく乱化学物質の先端科学2012」
　　http://www.env.go.jp/chemi/end/endocrine/topics/news_2012_B00100.html

http://www.ne.jp/asahi/kagaku/pico/edc/EU/130313_EP_vote_on_EDCs.html
　　　環境省の関連サイトhttp://www.env.go.jp/chemi/end/
　　　安間武（化学物質問題市民研究会）「内分泌かく乱物質政策　世界の動き」（2013年6月24日）
　　　http://www.ne.jp/asahi/kagaku/pico/edc/EDCs_Policy.pdf
　　　ダイオキシン・環境ホルモン対策国民会議のサイト http://kokumin-kaigi.org/
　　　なお、1990年代におけるこの問題をめぐる論争については、霜田（2004）で論じた。
（11）原発のコスト計算が「科学的」であるよりむしろ「政治的」であることについては、電源種別の発電コストを検証する政府の「コスト等検証委員会」（2011年10月7日）における、大島堅一（公共政策学）の問題提起（重大事故が起きた場合の損害賠償や除染、廃炉の費用のほか、核燃料の再処理施設での重大事故の費用や、大規模防災訓練の費用などもコスト計算の要素に盛り込むべき）に対する下記のような発言から読み取れる。
　　・山名元（原子力工学）「事故に感情的に反応して、コストに入れる姿勢は適切ではない」
　　・松村敏弘（公共経済学）「高速増殖炉サイクルのコストを原発コストに含めるのはおかしい」
　　・柏木孝夫（エネルギー政策）「世界への影響を考えると、原発コストを高く見積もり過ぎることは問題」（東京新聞2011年10月8日）
　　また、〈最悪の事態を想定して、それに対処するために多大なコストを投入するべきではない〉というルイス（1997）の主張が、安全対策費抑制を正当化する原子力業界に都合のいい理屈であったことについては、加藤（2011：第3章）参照。
（12）2006年の参議院における吉井英勝議員と安倍晋三首相の質疑応答（下記サイトに全文掲載）は、「想定外」が虚偽であることの明白な証拠であるだけでなく、被害拡大に対する政治的無責任と無反省の歴史的記録として銘記されるべきである。
　　　http://kajipon.sakura.ne.jp/kt/column15.html
（13）経済産業省の原子力安全・保安院の内部で地震・津波対策の提案が上層部から「あまり関わるとクビになるよ」、「その件は原子力安全委員会と手を握っているから、余計なことをいうな」、「寝た子を起こすな」として圧殺されたことが、政府事故調査・検証委員会の報告で明らかとなっている。東電内部でも、報道されているだけで1991年と2006年の2回、巨大津波対策を検討しようとする動きがあったが、東電上層部は「巨大津波の想定はタブーだ」として検討作業を潰し、具体的な対策をしなかったとされる。（東京新聞2014年12月26日）関連サイトhttp://sun.ap.teacup.com/souun/16199.html
　　なお、東京電力が2002年の段階で津波による電源喪失の可能性を把握していたにもかかわらず対策を取らなかったことについては、添田（2014）に詳述されている。
（14）　関連サイトhttps://www.ishiyaku.co.jp/magazines/ayumi/AyumiArticleDetail.aspx?BC=923910&AC=10911
（15）「ゼロリスク神話」についての詳細な批判的検討については、平川（2002）参照。
（16）安全なエネルギー供給に関する倫理委員会編（2013）参照。
（17）判決要旨全文は、http://www.news-pj.net/diary/1001参照。
（18）報告書全文は下記サイトで読むことができる。
　　　www.scj.go.jp/ja/info/kohyo/pdf/kohyo-22-h140919-1.pdf

【参考文献】［ウエブサイトの確認はすべて2015年6月1日］

安全なエネルギー供給に関する倫理委員会編（2013）『ドイツ脱原発倫理委員会報告──社会共同によるエネルギーシフトの道すじ』吉田文和、ミランダ・シュラーズ訳、大月書店
一ノ瀬正樹（2013）「被害・リスク・予防、そして合理性」、哲学会『哲学雑誌』第128巻、第800号
市村正也（2008）「リスク論批判──なぜリスク論はリスク対策に対し過度に否定的な結論を導くか」、『技術倫理研究』第5号
　　http://repo.lib.nitech.ac.jp/bitstream/123456789/3681/1/grknit2008_15.pdf
伊藤浩志（2014）「漫画「美味しんぼ」騒動が示す低線量被曝の課題──本当の意味での風化と

は何か」、『市民研通信』第26号、2014年8月
今中哲二（2012）『低線量放射線被曝──チェルノブイリから福島へ』、岩波書店
大竹千代子・東賢一（2005）『予防原則──人と環境の保護のための基本理念』合同出版
大島堅一（2011）『原発のコスト──エネルギー転換への視点』岩波書店
大島堅一（2013）『原発はやっぱり割に合わない』東洋経済新報社
影浦峡（2011）『3.11後の放射能「安全」報道を読み解く』現代企画室
影浦峡（2013）『信頼の条件──原発事故をめぐることば』岩波書店
加藤尚武（2011）『災害論──安全性工学への疑問』世界思想社
金森修（2002）「リスク論の文化政治学」『情況』2002年1・2月号、情況出版
北野大他（2013）『日本の安全文化──安心できる安全を目指して（安全学入門）』研成社
小出裕章（2014）『原発ゼロ』幻冬社ルネッサンス新書
コバヤシ、コリン（2013）『国際原子力ロビーの犯罪』以文社
佐高信（2014）『原発文化人50人斬り』光文社
佐藤健太郎（2008）『化学物質はなぜ嫌われるのか──「化学物質」のニュースを読み解く』技術評論社
佐藤健太郎（2012）『「ゼロリスク社会」の罠──「怖い」が判断を狂わせる』光文社
シュレーダー＝フレチェット、クリスティン（2007）『環境リスクと合理的意思決定──市民参加の哲学』松田毅監訳、昭和堂
島薗進（2013）『つくられた放射線「安全」論──科学者が道を踏みはずすとき』河出書房新社
霜田求（2004）「水俣病事件の教訓と環境リスク論」、原田正純他編『水俣学研究序説』藤原書店
菅谷昭（2013）『原発事故と甲状腺がん』幻冬舎ルネッサンス新書
添田孝史（2014）『原発と大津波──警告を葬った人々』岩波新書
橘木俊詔他編（2013）『リスク学入門〈1〉新装増補──リスク学とは何か』岩波書店
日本リスク研究学会（2006）『増補改訂版 リスク学事典』阪急コミュニケーションズ
津田敏秀（2013）『医学的根拠とは何か』岩波書店
中川恵一（2012a）『放射線医が語る被ばくと発がんの真実』ベストセラーズ
中川恵一（2012b）『放射線のものさし──続放射線のひみつ』朝日出版社
中川恵一（2014）『放射線医が語る福島で起こっている本当のこと』ベストセラーズ
中西準子（1995）『環境リスク論──技術論からみた政策提言』岩波書店
中西準子（2004）『環境リスク学──不安の海の羅針盤』日本評論社
中西準子・河野博子（2012）『リスクと向きあう──福島原発事故以後』中央公論新社
中西準子（2014）『原発事故と放射線のリスク学』日本評論社
西澤真理子（2013）『リスクコミュニケーション』エネルギーフォーラム
日本科学者会議編（2014）『国際原子力ムラ──その形成の歴史と実態』合同出版
日本科学者会議・日本環境学会編（2013）『環境・安全社会に向けて──予防原則・リスク論に関する研究』本の泉社
平川秀幸（2002）「リスクをめぐる専門家たちの"神話"」
　http://hideyukihirakawa.com/news_remarks/
平川秀幸（2010）『科学は誰のものか──社会の側から問い直す』NHK出版
広河隆一（1991）『チェルノブイリ報告』岩波新書
広河隆一（2011）『福島──原発と人びと』岩波新書
広瀬隆・明石昇二郎（2011）『原発の闇を暴く』集英社新書
廣野喜幸（2013）『サイエンティフィック・リテラシー──科学技術リスクを考える』丸善出版
松井英介（2014）『「脱ひばく」いのちを守る──原発大惨事がまき散らす人工放射線』花伝社
ヤブロコフ、アレクセイ・V他（2013）『調査報告──チェルノブイリ被害の全貌』星川淳監訳、岩波書店
ルイス、H・W（1997）『科学技術のリスク──原子力・電磁波・化学物質・高速交通』昭和堂
渡部昇一・中村仁信（2013）『原発安全宣言』遊タイム出版

第 10 章

「全能性」倫理基準の定義をめぐって
——再生医療とくに iPS 細胞研究の場合

大林 雅之

　ES細胞やiPS細胞などの幹細胞の作製は再生医療の基幹技術として国家的な研究振興が図られている[1]。特にiPS細胞の作製は、胚の破壊をともなうES細胞の作製とは異なり、新聞などの報道にあるように、倫理的な問題はないとされ、日本発による、世界をリードする研究として、その臨床応用をはじめとする応用の可能性が喧伝されている[2]。しかしながら、ヒトのiPS細胞研究をめぐっても倫理問題が指摘されている[3]。例えば、以下のようなものである。

① iPS細胞を特定の組織の細胞に分化させて、患者に移植した後にがん化する可能性がある。
② iPS細胞を生殖細胞（卵子や精子）に分化させて不妊の治療に使用することがめざされているが、同一の人の体細胞から作製したiPS細胞を卵子と精子に分化させ、それらを受精させ、個体にまで発生させることは倫理的に認められるか。
③ 移植医療における臓器不足と拒絶反応の問題を回避するために、動物に人間の臓器をつくらせることは認められるか。例えば、腎臓をつくらないように操作したブタの胚に、ヒトのiPS細胞を移植しキメラ胚（動物性集合胚）とし発生させ、その「ブタ（ブタとヒトのキメラ？）」の体内には、ヒトのiPS細胞のみに由来する腎臓が形成されるが、そのような操作は認められるか[4]。
④ iPS細胞は個体にまで発生する能力、すなわち「全能性」（totipotency）を獲得する可能性を持たないのか。

　以上のような倫理問題の議論において、欧米と日本の間に特徴的な差違が見られる点は注目に値する。特に、上記④の問題については、欧米では全能性を持つ細胞を破壊することや作製することは倫理的に問題があるとされてきたことに対して、日本においては、その問題への関心ははなはだ希薄であるようにも見える[5]。本章で取り上げたい倫理問題とは、この「全能性」をめぐる問題である。
　もちろん、日本においても、ヒトES細胞研究をめぐって、ES細胞が胚を破壊して作製されることから、ヒト胚の倫理的な位置づけについての議論があり、そこでは胚の個体になる能力についての倫理的意味が議論されたり[6]、また着床前診

断をめぐる議論において、特に8細胞期までの初期胚の1割球を取り出して遺伝子検査をすることには、その割球の個体になる可能性により認められないなどの議論も紹介されたことはある(7)が、それらが「全能性」そのものを倫理基準とすることを問題にする議論につながることはなかった。そのような状況は、欧米で生命科学・医学研究をめぐる倫理問題の議論の核心をなすものとして取り上げられていることに比較すると余りにも特異に見えてくる。

そこで、この章では、日本での、iPS細胞をめぐる倫理問題の議論において、「全能性」への言及が希薄であることがどうして起こっているのかを明らかにすることを目的とする。ここでは、まず、生物学的に「全能性」概念がどのような意味で使われているかを示し、それがどのように形成されてきたかを論じる。そして、欧米と日本における「全能性」に関する言及の相違について考察し、特に、日本における、再生医療に関連する法律、研究指針等と、幹細胞研究者の論文をもとに論じる。最後に、それらを踏まえ、日本におけるiPS細胞研究の倫理問題において「全能性」が倫理基準となりえていない理由を明らかにする。

1.「全能性」とは何か

1.1 「全能性」概念の歴史

「全能性」概念は、19世紀末における発生学の実験に端を発している(8)。1888年に、ルー（Roux）は、カエルの2細胞期の一方の割球を焼く実験を行った。その結果、正常な胚ではなく、半分の胚が形成されたことにより、受精卵の段階でその内部においては各部の形成される部分は決定されていると考え、細胞内においてモザイク性の発生要因の分布があると考えた。いわば、機械論的に細胞内で分化するべき方向性が決定されているとした。これに対し、1893年にドリーシュ（Driesch）は、ウニの2細胞期の胚を2つの割球に分離したところ、各割球から完全な胚が形成されたところから、各割球には、2細胞期になったとしても、それぞれに完全な個体になる要因が存続していると考え、このような細胞にある個体形成能を「全能性（Totipotenz）」として提唱した。

その後、受精からの発生段階における各細胞の全能性の保持の有無に関心が高まったが、一般に全能性は細胞の分化が進むにつれて喪失されるものと考えられてきた。しかしながら、1962年に、ガードン（Gurdon）らが、カエルのオタマジャクシの腸上皮細胞の核を未受精卵に移植して、クローンガエルの作製に成功したことにより、全能性は発生段階において喪失されるのではなく、回復（すなわち脱分化）されるものであることを示した。植物においては、細胞の全能性が存続することは、ニンジンなどの根の細部を培養し、カルスという脱分化した状態になることによって知られていたが、動物では、そのような全能性の理解の一般化は難しいと考えられていた。

そのような状況の中で、1996年に、ウィルムート（Wilmut）らが、ヒツジの

体細胞の核を、除核した未受精卵に移植してクローンヒツジを誕生させたことは生物学的常識を一変させたとも受け止められた。そして、2006年に、山中らによって、核移植法によらずに、マウスの体細胞に4つの遺伝子を導入することにより、多能性を持つ細胞であるiPS細胞を作成したことは驚きを持って迎えられた。このときに、欧米では、倫理問題として議論されたのが、人為的にiPS細胞に「全能性」を獲得させる可能性についてであった。

こうして、「全能性」がiPS細胞をめぐる倫理問題に関連して議論されるようになったのである。それはまた、一個体から個体を形成すること、有性生殖における通常の生殖行動を経ずして新しい個体を得ることになるという問題でもある。人間においては、両性による生殖行為を経ずに子どもが誕生する可能性が現実になったのである。この当時の欧米の議論にはこのような問題についての議論が盛んであった(9)。この後は、iPS細胞は「全能性」を獲得する可能性はないとして研究が進められてきたが、前述したように、iPS細胞研究において、欧米では「全能性」が倫理基準に関連させ議論されていることは今日においても変わらない。

1.2 再生医療研究における「全能性」の生物学的意味

ここでは、まず、「全能性」概念が現在ではどのように定義されているかを確認しておこう。例えば、次のように定義されている。

> 生物の細胞や組織が、その種のすべての組織や器官を分化して完全な個体を形成する能力(10)

ここで、注意しておきたいのは、「組織や器官を分化」することに加え、それらをもとに「完全な個体」を形成する「能力」を持っているということであり、単なる、個体各部の組織、器官の細胞に分化し発生できる能力ということではない。その意味において、よく比較されるものが、「万能性」ないし「多能性（pluripotency）」である。それは次のような定義がなされている。

> 発生学において、発生しつつある胚の一部がいくつかの異なった発生過程をとり、異なった形態形成を示す能力(11)

「全能性」に対して、発生過程において、胚の各部分が異なる形態を形成する能力としている。すなわち、全能性に認められた「個体形成」の能力はないということである。ここで注意しておきたいのは、従来は、"pluripotency"の訳語は、日本語としては「万能性」が使われ、ES細胞などは「万能細胞」などと呼ばれていたが、最近では、iPS細胞（人工多能性細胞）が登場してから、「万能性」よりも「多能性」が使われるようになった。これは、「全能性」と「万能性」が日本語として区別しがたいことと、両者の意味の相違が明確にされることなく使わ

れていたことにもあり、その混乱を避けるために、「多能性」の語が用いられるようになったとも考えられる。なお「万能性」と「多能性」を区別するために、後者に"multipotency"の英語を対応させる場合があるが、このような場合には、発生過程において内胚葉、中胚葉、外胚葉が形成された後の各胚葉内での分化細胞の形成能力を指す語として、「多能性」が使われる場合もある。

　以上見てきたように、「全能性」は、生物学的な意味においては、個体各部分の組織・器官を構成する各分化細胞を単に発生させるだけではなく、個体を形成する能力を含めて考えられている。すなわち、「全能性」は、細胞分裂によって進む発生過程で、各細胞は異なる細胞に分化できる能力を持っていることだけではなく、それらの分化した細胞をまとめて完全な個体として形成することができる能力も含んでいるということである。

　それでは、そのような意味を持つ「全能性」が、欧米と日本では倫理問題に関してどのように議論されているかを見ていこう。

2. 欧米における「全能性」を倫理基準とする議論

　欧米では、「全能性」は一般に幹細胞研究において、細胞の操作が、「全能性」に抵触すれば倫理的には認められないとするための基準とされている[12]。例えば、次のように述べられる。

　　　全能性は、完全な個体を形成する細胞の能力として定義されるが、伝統的に、発生初期の人間の生命に対する倫理的妥当性を示す基礎として用いられてきた[13]。

　つまり、「発生の初期の人間の生命」として、受精卵や初期胚、またその初期胚を構成する個々の細胞が「全能性」を保持していることによって、倫理的に尊重されることの妥当性があるということである。特に、ドイツにおいて、胚の操作について厳格な制限を課している『胚保護法』では、「生命保護」概念と「全能性」が結びつけられており、「全能性」の定義における「個体になる能力」に倫理基準としての重きを置いていると考えられる。ドイツでの、胚の倫理的な意味づけにおいては、細胞の持つ「全能性」を「個体になる可能性」を重視する「潜在性」説にもとづいて倫理的に尊重すべきものと考えられていた[14]（ドイツにおける議論については**結章の3.5を見よ**）。このような「全能性」の理解に対しては、「全能性」は次のように定義されることもある。

　　　完全胚、胎盤、羊膜等を形成する分化、導入する能力[15]

　すなわち、個体そのものを構成する、完全胚の個々の細胞のほかに、個体が形

成されるために不可欠な胎盤や羊膜等を形成する能力を含めているのである。また次のような定義もある。

> 個体生成に必要なものを形成し、条件によって個体に必要ないかなる部分をも形成する能力(16)

つまり、「全能性」は、個体を直接に構成する部分的な個々の細胞の形成能力のほかに、その個体全体を形成するために必要な部分、つまり胎盤や羊膜などを形成する能力を強調する定義になっている。これに対して、「多能性（Pluripotency）」は次のように定義されている。

> 外部胎盤ないし羊膜以外の胚自体を形成する、いかなる部分をも形成する能力(17)

「多能性」はあくまでも、胚（個体）の部分の形成能力であり、完全な個体を形成するために必要である、その個体外部にできる胎盤と羊膜の形成能力は、多能性には含めないのである。このような多能性と「全能性」を、個体とその外部の「部分」の形成能の相違によって理解する定義は、米国の議論に特徴的で、「全能性」を、胚（個体）を構成する部分を形成する能力と、胎盤と羊膜等という「部分」を形成する能力を合わせたものとして理解することの可能性が生じてくるということに注意しなければならない。この点については後述するが、日本における「全能性」をめぐる議論には、米国における幹細胞の倫理問題における対応に影響されていることが考えられる。

その対応とは、米国では、ヒトES細胞の作製に成功して以来、その作製に「胚の滅失」が必要であることから、胚の倫理的な位置づけが議論の焦点になり、ドイツなどと同様に、胚の持つ「全能性」ということを倫理基準のようにみなしてきた。しかし、ES細胞の研究を推進するという要請も一方にあるので、「胚の滅失」を回避するために、技術的な工夫を加えて、「人工生殖細胞」を作製して、それから得た「胚」の「滅失」は倫理的に認められるとするような実験技術の開発に力を入れた面もある(18)。それゆえに、米国では、「全能性」と「多能性」をめぐる議論が深められなかったという経緯もある。

ここで、欧米での「全能性」の意味のとらえ方を整理しておこう。前述したように、「全能性」には、「個体を構成するすべての細胞を分化させる能力」（「**能力 a**」とする）と「胎盤と羊膜等を構成する細胞を分化する能力」（「**能力 b**」とする）、そして「分化した細胞をまとめて完全な個体を形成する能力」（「**能力 c**」とする）をすべて含むものとして捉えられている。欧米でも、特にドイツでは、「全能性」を「能力 c」に重点をおいて議論し、「全能性」に倫理基準としての意味を持たせている。これに対して、米国では、「全能性」を、「能力 a」と「能力

b」を合わせたものとして理解することもあり、ドイツのような「全能性」を倫理基準とするような議論が深まらず、ES細胞における倫理問題に関しては、もっぱら「胚の破壊、滅失」ということにこだわっていたのであり、ES細胞でもiPS細胞に関しても、細胞の持つ「全能性」に関しての議論があいまいになっていたと考えられる。

3. 日本における「全能性」への問題意識の希薄性

　ここでは、日本においては、幹細胞研究をめぐる倫理問題の議論で、「全能性」への言及が希薄であるということを見ていく。そこでは、資料として、まず、研究者が遵守すべきである再生医療に関する法律、実験指針等を取り上げる。次に、研究者自身が倫理問題をどのように捉えているかについて論文等を手がかりに見ていく。また、実験研究者の論文が掲載される学術雑誌において、倫理問題がどのように論じられているかについても見ていくことにする。

3.1　再生医療法および実験指針等における言及

　それでは、日本における倫理問題に関わる「全能性」への言及はどのようなものであるのだろうか。この点を見ていこうと考えるが、実は、日本において、ES細胞やiPS細胞に関して「全能性」への言及はほとんどないというのが実際である。そこで、ここでは、前述した「全能性」の生物学的意味である、特に個体形成の能力に関連した議論を見ていくこととする。

　日本では「再生医療等の安全性の確保等に関する法律」（平成25年法律第85号）が制定されて、ES細胞やiPS細胞の研究や技術開発が進められている。また、ES細胞やiPS細胞の使用等における具体的な指針が改訂などされてきており、例えば、「ヒトiPS細胞又はヒト組織幹細胞からの生殖細胞の作成を行う研究に関する指針」（平成22年5月20日文部科学省告示第88号）においては、「全能性」に関する言及はないが、次のような記載がある。

　　　1条　ヒトiPS細胞又はヒト組織幹細胞から作成された生殖細胞を使用して個体の生成がもたらされる可能性があること等をかんがみ、当該生殖細胞の適切な管理など生命倫理上の観点から遵守すべき基本的事項を定め、もってその適正な実施の確保に資することを目的とする。

また、

　　　7条2項　生殖細胞を用いてヒト胚を作成しないこと。

これらのことから、iPS細胞から生殖細胞を作成し、それから個体をつくるこ

とは禁止されているが、その倫理的根拠は示されてはおらず、欧米ではその根拠として取り上げられる「全能性」についての言及はまったくといっていいほどない。

また、ES細胞について見てみると、「ヒトES細胞の分配及び使用に関する指針」（平成26年11月25日文部科学省告示第174号）で次のように述べられている。

> 7条1項イ　ヒトES細胞を使用して作成した胚の人又は動物の胎内への移植その他の方法による個体の作成、ヒト胚及びヒトの胎児へのヒトES細胞の導入並びにヒトES細胞から生殖細胞の作成を行わないこと。

> 19条4項　ヒトES細胞を使用して作成した胚の人又は動物の胎内への移植その他の方法による個体の生成、ヒト胚及びヒトの胎児へのヒトES細胞の導入並びにヒトES細胞から作成した生殖細胞を用いたヒト胚の作成を行わないこと。

ここでも、もっぱらヒトES細胞からの生殖細胞の作製、またそこからの個体形成を禁じている。ここにおいて、個体形成に関しての、ES細胞をめぐっての「全能性」についての言及はない。

以上のように、幹細胞に関する日本の倫理指針に、「全能性」という語を見出すことはできないが、それに関連するものとして、「生命の萌芽」というものがある。例えば、それは「ヒトES細胞の分配及び使用に関する指針」（平成26年11月25日文部科学省告示第174号）において次のように言及されている。

> 第1条　この指針は、ヒトES細胞の樹立及び使用が、医学及び生物学の発展に大きく貢献する可能性がある一方で、ヒトの生命の萌芽であるヒト胚を使用すること、ヒトES細胞が、ヒト胚を滅失により樹立されたものであり、また、すべての細胞に分化する可能性があること等の生命倫理上の問題を有することにかんがみ、ヒトES細胞の使用に当たり生命倫理上の観点から遵守すべき基本的な事項を定め、もってその適正な実施の確保に資することを目的とする。

また、次のようにも言及されている。

> 第4条　ヒトES細胞を取り扱う者は、ヒトES細胞が、人の生命の萌芽であるヒト胚を滅失させて樹立されたものであること及びすべての細胞に分化する可能性があることに配慮し、誠実かつ慎重にヒトES細胞の取り扱いを行うものとする。

要するに、人の「生命の萌芽」とはヒト胚に存するものであり、そのことをもって、ヒト胚は慎重に扱う対象とされるということである。「生命の萌芽」に明確な定義はなく、「人の生命」の「萌芽」であることは、「人の生命ではまだないがそれになりつつあるもの（可能性のあるもの）」で、まだ「人間の生命そのもの」ではないことの根拠については明確ではない。要するに、受精卵や初期胚のようなヒト胚は「生命の萌芽」であるので、それらに対して慎重に扱うように注意喚起しているようであるが、実質的な意味内容が不明であり、具体的な操作に関する基準を示すようなものとなっておらず、細胞操作の具体的な基準にはなっていない。ここには「全能性」のような用語が用いられない理由が読み取れるようだ。

3.2 幹細胞研究者による言及

また、次に注目したいのは、日本の研究者の「全能性」に対する認識についてである。例えば、「全能性」と「万能性」を同義と理解しているのか、「全能性」を"pluripotency"の訳として用いるように考えられる研究者もいる。例えば、

> 一方で、増殖が限りなく、体のあらゆる組織になることができる幹細胞があり、これを万能性（全能性）幹細胞といいます。幹細胞が万能性（pluripotency）を持つということは人体のあらゆる組織になることができる、ということを意味します。[19]

また、上記引用文が記載されている文献の「用語集」における「多能性・万能性（全能性）」という項目には次のように解説がなされている。

> 多能性と万能性は異なる。iPS細胞や胚性幹細胞は、多能性を持つが万能性は持たない。iPS細胞や胚性幹細胞（ES細胞）は胎盤にはなれないからである。胚盤胞の内部細胞塊である胚性幹細胞は、すでに最初の分化を経ている。真に万能な細胞は、受精卵及び分化を始める前の桑実胚までの細胞である。ただ、実験条件に応じて、iPS細胞から胎盤を含む全細胞を作ることができるため、iPS細胞は、全能性を持つといってよいかもしれない。[20]

ここでは、「多能性」と「万能性」との区別はなされているようであるが、「万能性」と「全能性」の区別は明確ではない。また、真意は不明だが、「従来、ES細胞は pluripotency を有する幹細胞と認識されていたが、近年の研究成果から totipotency を有する幹細胞であることが明らかになりつつある」[21]とする研究者もいる。幹細胞に「全能性」を持たせることに、欧米の研究者は倫理的に敏感に対応する慎重さが見られることとは対照的である。

さらに、ES細胞とiPS細胞の分化能を「全能性」としている論文があるが、その論文の本文では、「発生段階初期の多分化能」としている「分化能」が、ES細

胞のみへの言及としてであるが、「受精卵に匹敵する潜在的な多分化能」を有しているとし、種々の幹細胞の特徴をまとめた表（論文中に「表1」として示されている）では、ES細胞とiPS細胞の分化能を「全能性」としている。[22]

次に、再生医療の研究者に近い立場からなされる、iPS細胞研究に関連する倫理問題についての代表的議論の例としては次のものがあるが、そこでも「全能性」に対する言及はほとんどない。ただし、iPS細胞から生殖細胞を分化させて、個体を形成することの問題に対しては次のように述べている。

> 一方、iPS細胞の倫理問題として、各種メディアでは生殖細胞を樹立することや、それらから個体を生み出すことを禁忌として指摘することが多い。（中略）もちろん技術的な未熟さゆえの危険性は存在しており、初めての応用に際して個体が被るであろう不利益を考えれば、性急な推進は認めるべきではない。
> しかし、同一の遺伝情報をもつ個体を生み出し、個体の唯一性や生命の一回性という問題を侵犯するクローンと違い、減数分裂という過程を経て生み出されるiPS細胞由来の生殖細胞はクローンと本質的に異なるものである。こちらに関しても、アメリカなどではiPS細胞由来生殖細胞による受精実験までは、少なくとも容認されている。
> 一般に、キリスト教にもとづく生命倫理観は厳しいといわれるが、キメラ胚の作出や生殖細胞作製といった研究や、ヒトES細胞研究については、実はキリスト教国であるイギリス、アメリカよりも、日本のほうが厳しいルールを課せられているという現実もある。[23]

ここでは、欧米における「全能性」を倫理基準とする議論の理解不足か、その議論に対する故意の回避によるためなのか、「イギリス、アメリカよりも、日本のほうが厳しいルールを課せられている」というのは短絡的である。前述の欧米における「全能性」を倫理基準とする議論から明らかなように、そこでは、個体を形成できる細胞や胚（すなわち「全能性」を持つ）を作製することを問題にしているのであり、「iPS細胞由来生殖細胞による受精実験」などが容認されているのも、「全能性」を倫理基準とする議論を前提として、個体には発生させないことを条件として、発生させる期間を限定して認めているのである。

「全能性」に関しては、前述したように、欧米では一般に幹細胞を扱うことにおける倫理基準として議論されているが、米国での「全能性」の議論では、胚（個体）を構成する各細胞と胎盤や羊膜の形成能を合わせた形の細胞の分化能力（能力a＋能力b）を強調していることが特徴的である。これは、個体を形成する能力を含めた「全能性」理解を前提にしているとはいえ、米国での議論が影響力を持つと考えられる日本における「全能性」への言及の希薄な点に反映されていると考えられる。つまり、前述したように、「全能性」の「能力c」に関する議論

が深まらなかったことが、日本の研究者に反映し、「全能性」の理解においては、「能力 a」に加えて「能力 b」が注目され、ドイツのような「能力 c」に関しての倫理問題への関心が希薄になり、そのような議論が「全能性」への言及にも反映していたと考えられよう。

4.「全能性」の生物学的意味とは何か

　以上見てきたように、欧米では重心の置き方には差違もあるが、幹細胞研究に関して、「全能性」の生物学的意味には、「個体を構成するすべての細胞を分化させる能力」（「**能力 a**」）と「胎盤と羊膜等を構成する細胞を分化する能力」（「**能力 b**」）、そして「分化した細胞をまとめて完全な個体を形成する能力」（「**能力 c**」）が含められて議論されている。ここで注意しておきたいのは、「能力 a」と「能力 b」は機械論的な理解が可能だが、「能力 c」は機械論的な理解が不可能であるということである。現在の発生学における問題も依然として、個体の形態形成のメカニズムの解明の困難さがある。この「能力 c」についての理解において、ヨーロッパ、特にドイツと、米国、そして日本の間に相違が生じていると考えられる。つまり、ドイツでは上記の「全能性」の意味を構成する「能力 a」と「能力 b」、そして「能力 c」を合わせて、「全能性」と理解しているのであるが、米国では、「能力 a」を「多能性」として理解し、それに胎盤および羊膜等の形成能、つまり、「胎盤と羊膜等を構成する細胞を分化する能力」である「能力 b」を加えて「全能性」とする解釈も見られる。その場合は、「全能性」の意味に「能力 c」を含めずに理解されている可能性があり、そのような理解が前述したような日本の研究者の議論に影響し、「能力 c」も加えた意味での「全能性」の理解がないことが、「全能性」への言及を希薄にしていると考えられる。そのような「全能性」への不理解がまた指針における「生命の萌芽」という倫理基準らしき体裁の形を取って現れているとも考えられよう。

【註】

（1）西川伸一「第5章　iPS細胞の実用化、現在の状況と将来の見通し」、西川伸一監修・監訳『山中iPS細胞・ノーベル賞受賞論文を読もう　山中iPS 2つの論文（マウスとヒト）の英和訳対訳と解説及び将来の実用化展望』（一灯社、2012年）。
（2）同上。
（3）大林雅之「再生医療技術への宗教の関わり　ES細胞・iPS細胞研究における「全能性」をめぐって」、東洋英和女学院大学死生学研究所編『死生学年報　2009』（リトン、2009年）、189-203頁。
（4）動物性集合胚の作成を認める方向にある。次のものを参照のこと。総合科学技術会議生命倫理専門調査会『動物性集合胚を用いた研究の取扱いについて』（2013年）。
（5）Suzanne Holland et al.,ed.,The Human Embryonic Stem Cell Debate（M.I.T. Press, 2001）.
（6）山本達「ヒト胚の道徳的地位を問うということ」、福井大学医学部雑誌、6（1・2）、2005、65-77頁。

（7）盛永審一郎「ドイツにおける着床前診断の倫理的視座 「人間の尊厳」」、『生命倫理』、11（1）、2001、135-142頁。
（8）阿形清和ほか編『現代生物学入門7 再生医療生物学』（岩波書店、2009年）、67頁。
（9）注（3）の文献。
（10）『岩波生物学辞典 第5版』（岩波書店、2013年）。
（11）同上。
（12）Jane Meienschein, Whose View of Life？（Harvard University Press,2003）.
（13）Giuseppe et al., Breakdown of the Potentiality Principle and Its Impact on Global Stem Cell Research, Cell Stem Cell, 1（2007）, p.153.
（14）Thomas Heinemann, 'Developmental totipotency as a normative criterion for defining the moral status of the human embryo,' 日本医学哲学・倫理学会年次大会講演、2014年11月、東洋大学。ミヒャエル・フックス編著、松田純監訳『科学技術研究の倫理入門』（知泉書館、2013年）。
（15）James B. Tubbs, Jr., A Handbook of Bioethics Terms（Georgetown University Press, 2009）.
（16）Scott F. Gilbert, ed.,Developmental Biology A Conceptual History of Modern Embryology（Springer, 2012）, p.52.
（17）注（15）の文献。
（18）額賀淑郎「米国生命倫理委員会報告書に基づく幹細胞研究の体細胞と生殖細胞の分類基準」、『生命倫理』、22（1）、2012、26-33頁。なお、この論文で言及されている、倫理問題である「胚の破壊」を回避する実験的工夫の具体的な例については、次のもので論じている。拙稿「先端医療技術の倫理問題は技術的に解決できるのか 再生医療をめぐって」、『作業療法ジャーナル』、42（3）、2008、209-213頁。
（19）注（1）の文献、187頁。
（20）注（1）の文献、215-216頁。
（21）金村米博「第4章 幹細胞医療」、霜田 求・虫明 茂編『シリーズ生命倫理学12 先端医療』（丸善出版、2012年）、80頁。
（22）中村直子、絵野沢神、梅澤明弘「幹細胞から分化誘導された機能的肝細胞の特性と利用 肝細胞分化幹細胞が満たすべき要件」、『Organ Biology』、21（1）：33-41、2014。
（23）八代嘉美「再生医療研究における倫理的・法的・社会的課題について」、『実験医学』、33（2）2015、233頁。

第11章
研究等倫理審査委員会の位置と使命

倉持　武

　「記憶力、免疫システムが強力で、発がん遺伝子が無効化されており、長命で、身長180cm、体重84kg、IQ150以上で、金髪碧眼、均整のとれた筋肉質、優れたスポーツマンに不可欠の、若干の、ただし制御された攻撃性さえ兼ね備えるが、時には詩を昧読し、絵画や音楽を鑑賞するだけの感受性にも事欠かない(1)」というのが、Glenn McGee が原型を描き、金森修いうところの「汎用の善(2)」を付与された理想的男性像である。
　科学技術が関わりを持てるのは身体条件、つまり人生の可能性の側面の一つにすぎず、その内実ではないということを踏まえた上での話だが(3)、古代ガレー船の漕ぎ手奴隷である、あるいは極地や赤道直下に住んでいるというような極端な状況を除けば、これは当人が生きる時代、社会、家庭に関わらないかなり普遍的に妥当する理想像であるといえるし、先端科学技術が実現をめざしている目標の一つだといってよいだろう。
　「理想的人間」実現に資する先端科学技術としては、これまでもっぱらバイオテクノロジー（Biotechnology）が注目されてきた。しかし、2003年末に成立した米国の「ナノテクノロジー法(5)」において、人間知性のエンハンスメントと人間の能力の限界を超える人工知性の構築に対するナノテクノロジー（Nanotechnology）の使用ということが明記されている事態を考えると、これからは、バイオテクノロジーを含めて、ナノテクノロジー、情報技術（Information Technology）、認知科学（Cognitive Science）、いわゆるNBICと呼ばれるこれら4つの技術とNBICが協同的統一にもたらされた統合科学技術（Converging Technology）全体を視野に収めていかなければならないことになる。つまり先端科学技術という場合、バイオテクノロジーのことだけを考えていては不十分なのであり、NBICの協同つまり統合科学技術のことを常に念頭に置き続けなければならなくなったのである。
　さて、先端科学技術に対する視野の拡大に応じて当然「先端科学技術の倫理」の射程も拡大されなければならない。バイオテクノロジーの倫理から、統合科学技術の倫理へと変わらなければならないのである。
　先端科学技術の倫理を構築するには統合科学技術の全分野の現状と展望の把握が基礎になる。現状と展望から自ずとそれにふさわしい倫理が構築できるわけではないが、現状と展望の把握は不可欠である。さらに、NBIC各分野には十分か

不十分か、成文化されているかいないかを問わなければ、それなりの研究倫理がすでに存立している。先端科学技術倫理の構築にはそれぞれの研究分野の法、規制とその根拠となっている倫理思想の現状と問題点の把握も必要不可欠である。

なお、統合科学技術の全分野の現状把握という場合、統合科学技術をバイオテクノロジーからNBICへという研究分野の拡大という側面から検討するだけでは群盲像をなでるにすぎないといった誹りを免れないことは自覚している。産業界の発展にともない19世からすでに始まっていた研究資金源の変化とマンハッタン計画を決定的契機とする、M.ギボンズのいうモード1からモード2への中心的研究様式の変化の検討も不可欠である。(6)

日本の場合、分野の拡大、研究様式の変化だけでなく、研究拠点としての大学そのものの成立過程にも目を配らなければならない。西洋の場合、成立期の大学は王侯貴族や富豪の子息という文字どおりの主権者たちによって自らの自治組織として起ち上げられた、神学部、法学部、医学部の3学部を擁する真理探究の場であり、聖職者、法曹、医師というプロフェッションの養成機関であった。時代とともに、大学はカトリックにおける贖罪規定書やプロテスタントにおける神との直接的な対峙を通して人格の核心が鍛え上げられたindividualな市民に受け継がれ、産業界だけではなく市民社会全体を公（Public）として成長した。そこでは実利を旨とする工学系学校は学問の主流とはみなされず、大学とは別建てに設立され、その学部化には大きな抵抗を受けなければならなかった。(8)

これに対して日本の場合、大学は始めから国家枢要の人材、つまり官僚と殖産興業の担い手、つまり技術者の養成機関として国家によって設立された。西洋の大学の原点がプロフェッションの養成機関であったのに対して、日本の大学の原点はプロフェッショナルの養成機関だったのである。日本の大学には真理探究それ自体を目的とした経験がほとんどない。日本の大学においては、建学の理念として祭り上げられるような建前ではなく現実として見るならば、真理は真理であるがゆえに尊重されるのではなく、「富国強兵・殖産興業」の必要条件として尊重されるのである。一見、理学部は応用ではなく「格物致知」を目的としているように見える。しかし、歴史をひもとけば、国が設立した東京大学、京都大学を除いて、それに続く3番目の帝国大学、つまり東北大学（1911年開校）以降の理学部は、産業界からの要請と資金援助によって創設されたのであるし、後に東京大学工芸学部に吸収される「工部大学校」は、1877年の東京大学設立に先立って1873年に「大学」になっている。(9)

さらに筆者は、西洋における「公と私」と日本における「公と私」の内実はまったく異なるのではないかと考えている。理念的に見れば、西洋における「公」は市民社会であり、「私」は個々の市民である。そこに擬制的要素がまったくないとはいえないだろうが、この市民としての個人が社会契約の主体であり、所有主体であり、権利主体である。これに対して日本における「公」は「世間とお上」であり、「お上」は場面に応じて雇用主と「お国」に分かれる。そして「私」の

典型は市民でも自律的個人でもなく、「奉公人」であるように見える。ここでカントのいう「理性の私的使用と公的使用」の区別を機械的に当てはめてみると、日本人に「理性の公的使用」を勧めれば勧めるほど、それは結果的に「滅私奉公」の強制になってしまうことがわかる。日本においては、現在の過労死も第二次大戦中の特攻死も究極の「理性の公的使用」の結果なのであり、拒めば世間様による「村八分」が待ち受けることになる。得られた科学的真理は普遍性と客観性を指標とするから、洋の東西を問わずに妥当する。しかし、"Public"つまり西洋的な「公」を欠く日本において科学的真理の担い手を見つけ出すことは非常に難しいのである。

こうした限界を自覚しつつも、統合科学の倫理構築に向かうには、バイオテクノロジー研究の一分野をなす医学研究倫理の現状の検討を足掛かりにするしか道がないように思えるのである。

1. 医学研究の義務・目的・必要性

ヘルシンキ宣言に明記されているように、医学研究の対象となる人々を含め、患者の健康を促進し保護することが医師・医学研究者の知識と良心が捧げられるべき義務であり、人を対象とする医学研究の主な目的は、疾病の原因、進展過程、影響を知ること、予防、診断、治療上の介入方法（方式、手順、処置）を改善することである。これは川喜多愛郎の言葉を借りれば、医学・医療は常に発展途上にあり、医療は常に欠陥商品といわざるをえないということである。つまり、「現在最善とされている方法も、その安全性、有効性、効率、利便性、質を研究することにより、継続的に評価されて行かなければならない（ヘルシンキ宣言）」のである。

2. 人を対象とする研究の必要性と人権の保護

主に侵襲性を有する臨床研究を対象としているヘルシンキ宣言では、医学の進歩は研究にもとづいており、最終的には人を対象とする研究が必要である、と述べられている。この「最終的には」という注記には、動物の種の違いによる薬剤等の有効性・副作用の違いということが考慮されなければならず、それゆえ人を対象とする研究が不可欠なのだが、人権保護の観点から見て人を対象とする研究に取りかかるのは研究の最終段階でなければならない、ということが含意されている。ヘルシンキ宣言では「人を対象とする医学研究は、一般的に受け入れられている科学的原則に従い、科学的文献の完全な理解、その他の関連情報源、研究室での十分な実験、当てはまる場合には動物実験に基づいていなければならない。研究に使用される動物の福祉は尊重されなければならない」と説明されている。

3. 人を対象とする研究の分類

3.1 医学研究の一般的分類

　医学研究は、基礎医学研究、臨床研究、社会医学研究に大別される。このうち臨床研究は研究における実験的介入等の有無に応じて、介入研究と観察研究に分類される。介入研究には、前後比較研究、クロスオーバー試験（N-of-1試験）、ランダム化比較試験（randomized controlled trial）がある。他方、観察研究には、症例報告（case study）、症例シリーズ報告（case series）、症例対照研究（case-control study）がある。いずれの研究においても漠然とした疑問、問題点を明瞭化し、研究課題および反証可能な仮説を確定するための質的研究が前提される[12]。

3.2 医学研究の旧倫理指針に従った分類

　日本の2015年3月まで適用されていた「臨床研究に関する倫理指針」に従えば、臨床研究は投薬や手術などの医療行為をともなう研究であり、その中で、通常の診療を超えており、かつ研究目的で行われるもの、通常の診療と同等であっても、割り付けて群間比較するもの、が介入研究とされ、それ以外の研究が観察研究とされていた[13]。同じく2015年3月まで適用されていた「疫学研究に関する倫理指針」においても介入研究と観察研究は区別されていた。投薬や手術などの医療行為をともなわない医学研究である疫学研究のうち、治療法・予防法等に関して割り付け群間比較を行う研究が介入研究、それ以外の研究が観察研究と定義されていた。

3.3 規制（倫理審査および成果公表機会）の観点から見た医学研究（medical research）の分類

　医学研究は、自由研究、臨床研究（clinical research）、臨床試験（治験、clinical study, clinical investigation）に大別される。以下、「被験者」と「研究対象者」を区別せずにすべて被験者とするが、いずれの研究においても被験者の主体的同意とプライバシーの保護が必要不可欠であることは論をまたない。

(1) 自由研究

　公的研究費を使用せず、例えば包括同意を得ればよいなどとする所属学会等の規制は満たすが、治験実施基準（GCP基準）のみならず研究倫理指針をも満たしていない規制だけに従う研究である。研究等倫理審査委員会や治験委員会の審査は必要としないが、研究成果の公表機会は大きく制限される。

(2) 臨床研究

　薬事法上の承認を得るための臨床試験（治験）と対比的に用いられる広義の臨床研究である。各施設内研究費あるいは外部資金を使用し、所轄省庁の通知する研究倫理指針等の省令・告示・通達に従った研究であり、各施設の研究等倫理審査委員会の審査を必要とする。

「文部科学省21世紀型産学官連携手法の構築に係るモデルプログラム「臨床研究の利益相反ポリシー策定に関するガイドライン」」（臨床研究の倫理と利益相反に関する検討班、2006年3月）に従って設置された利益相反委員会の審査も必要とする。さらに、厚生労働科学研究費補助金を使用する場合は、利益相反委員会において「厚生労働科学研究における利益相反（Conflict of Interest：COI）の管理に関する指針」（2008年3月31日、厚生科学課長決定）にもとづく審査も受ける。法令あるいは契約にもとづく規制および学会等団体特有の特別な規制がある場合を除き、原則として研究成果の公表機会の制限がない。研究成果について特許申請は可能だが、治験やIEC60601（医用電気機器への基本的な要求事項の国際規格）、ISO10993（生物学的安全性の規格）など薬事法にもとづく省令や関連規格が定める実施基準を満たさないため、医薬品あるいは医療器機等としての承認申請のための証拠として使用することはできない。

(3) 医薬品の臨床試験（治験）

「薬事法」およびこれにもとづいて国が定めた「医薬品の臨床試験の実施の基準に関する省令」（Good Clinical Practice：GCP）を満たす必要があり、治験委員会および利益相反委員会の審査を受けなければならない。さらに、厚生労働科学研究費補助金を使用する場合は、利益相反委員会において「厚生労働科学研究における利益相反の管理に関する指針」にもとづく審査を受けなければならない。

法令あるいは契約等にもとづく場合以外には原則として研究成果公表機会の制限はなく、所轄機関の承認を得れば、成果は医薬品あるいは医療器機等として公に製造販売できる。日本の現在の医薬品承認審査機関は独立行政法人医薬品医療器機総合機構（Pharmaceutical and Medical Devices Agency：PMDA）であり、アメリカは食品医薬品局（Food and Drug Administration：FDA）、ヨーロッパは欧州医薬品庁（European Medicines Agency：EMEA）である。

従来は新薬や新しい医療器機開発のための製薬会社など企業主導型の治験のみが行われていたが、2002年の薬事法改正により、2003年から医師主導型の治験も行われるようになった。医師主導型治験は患者に対する最善の治療法や標準的治療法、証拠にもとづいた医療（evidence-based medicine：EBM）の確立、その成果が未知数でメーカーが着手しにくい遺伝子治療や再生医療などの先端医療研究に関する医薬品・医療機器の国内開発の出遅れ防止、および国内未承認薬などの治験期間の短縮化等のために必要な証拠を得ることを目的として行われる。

日本の厚労省医薬品GCP省令は、ヘルシンキ宣言、CIOMS倫理指針などを思想的背景として、WHO、ICH（International Conference on Harmonisation of Technical Requirements for Registration of Pharmaceuticals for Human Use（日米EU医薬品規制調和国際会議））等の国際的医療組織が打ち出す倫理にも配慮した実施基準に従ったものである。

なお、世界的に見れば、いわゆる先進国といわれる国々では日本のような治験

と区別された広義の臨床研究は例外的にしか存在しない。医学研究においては、得られたデータの客観性を保証するために、データ取得に際してランダム化比較試験法の適用が要求されるなど、常にGCP基準を満たすことが求められるのである。研究者の立場に立てば、医学研究規制が非常に厳しく、きわめて不自由ともいえるが、国全体として見れば、臨床研究と治験が常に一体化されていることで、製品開発に際して、日本において一般的に行われているような治験と臨床研究という二重の研究がなくなり、時間と資金が効率よく使われることになるともいえる。アメリカの場合、医学研究の倫理面は「施設審査委員会（Institutional Review Board：IRB）によって審査される。

4. 世界の研究倫理指針

　上記のごとく、日本の医学界には「臨床研究」と「治験」という二重の研究が存在し、医学的根拠に関するするコンセンサスが乏しく、疫学研究に対する評価が異常に低いなど他の先進国とは異なる独自の風習が存在するように見えるが、研究倫理指針そのものは通時的にも共時的にも世界の倫理指針を踏まえたものになっている。世界の倫理指針から簡単に見ていこう。

　①「ニュルンベルク綱領」（1947年）

　医学研究倫理に関する初めての国際的文書。第二次世界大戦中に同意なしに囚人や抑留者を被験者として非人道的な人体実験を行った医師に対する、ニュルンベルク裁判の一つで「医師裁判」といわれる戦争裁判のために、連合国の軍人法律家によって作成され、医師を裁くための「法律」として用いられ、裁判の成果の一つとして公表された。「被験者の同意は絶対的に本質的なものである」として被験者保護を第一とし、人体実験（人を対象とする生物医学研究）を倫理にかなった形で実施するための10ヵ条の条件を設定した。

　綱領が作成されるより前に医師たちが行った行為に関してその犯罪性を問う裁判で法律として用いられたニュルンベルク綱領は、近代法の原則である罪刑法定主義の観点から見れば大きな問題をはらんでいたことは否定できない。しかし、人を対象とする研究への一般の人たちからの信頼を得るという点で、その後の医学研究の進展に大いに寄与したことも間違いない。1948年に国連総会で採択された「世界人権宣言」に大きな影響を与えた。

　②「市民的及び政治的権利に関する国際規約（国際人権B規約）」（1958年）

　1948年の「世界人権宣言」に、倫理的有効性だけでなく法的効果をももたせることを目的として国連総会で採択された。第7条：何人も、拷問又は残虐な、非人道的若しくは品位を傷つける取扱い若しくは刑罰を受けない。特に、何人も、その自由な同意なしに医学的又は科学的実験を受けない。

　③「ヘルシンキ宣言」（1964年、ヘルシンキにおける第18回WMA総会で採択、最新版は2013年10月19日、WMA　フォルタレザ総会（ブラジル）において

改訂された2013年版）

　医師たち自身が作成した初めての医学研究領域における倫理的な基本文書であり、世界的、地域的あるいは各国の法令および行動規範に大きな影響力を持つ、人を対象とする生物医学研究倫理に関する包括的国際声明である。被験者が罹患している疾患を対象とする治療的（臨床的）研究、あるいは被験者が罹患している疾患以外の疾患を対象とする非治療的（非臨床的）研究のいずれかに従事する医師・研究者がともに従うべき倫理指針を提示している。[15]

　④「ベルモント・レポート」（「ベルモント・レポート……研究における被験者の保護のための倫理原則と指針」（The Belmont Report……Ethical Principles and Guidelines for the Protection of Human Subjects of Research)」（1979年、アメリカ保健教育福祉省所轄、生物医科学と行動研究における被験者の保護のための国家委員会（The National Commission for the Protection of Human Subjects of Biomedical and Behavioral Research））

　ニュルンベルク綱領、ヘルシンキ宣言、国際人権B規約の存在にも関わらず、第二次大戦後においてもアメリカでは非人道的な人体実験が行われ続けた。1945〜1947年のプルトニウム注入実験、1960年代のタスキーギ事件など枚挙にいとまがないほどである。こうした事態を踏まえて1974年に「国家研究法（National Research Act）」が制定され、これにもとづいて生物医学と行動研究における被験者保護のための国家委員会が設置された。委員会に課せられた任務の一つは、人を対象とする生物医学・行動研究の実施の基礎となる基本的倫理原則を確立し、この原則にのっとった研究の実施を確保するための準拠すべきガイドラインを作成することであった。

　この任務の遂行にあたり委員会は以下の事項について検討するよう指令を受けた。すなわち、1）生物医学・行動科学研究と、すでに承認されている日常診療との境界、2）人を対象とする研究の適切性を決定する際の、リスク・ベネフィット基準による評価の役割、3）こうした研究に参加する被験者の選択のための適切なガイドライン、4）さまざまな研究の状況におけるインフォームドコンセントの特質と定義である。

　5年近くの委員会審議、ベルモント・カンファレンスセンターでの集中審議を経て委員会は、個人の尊厳 Respect for persons、恩恵 Beneficence（無危害 Do No Harm、利益の最大化・危険の最小化）、正義 Justice を生物医学研究における3大倫理原則とする報告書を提出した。この三大倫理原則は次に取り上げるCIOMS倫理指針の基盤となっただけではなく、その後の生命倫理学の主流をなす倫理原則となった。

　同年、トム・ビーチャムとジェイムス・チルドレスは生命倫理学の古典 *Principles of Biomedical Ethics*（永安幸正・立木教夫訳『生命医学倫理』、1997、成文堂。なお、立木教夫・足立智孝による新訳は2009年、麗澤大学出版会）を出版し、その中でベルモント・レポートの個人の尊厳を自立尊重に変え、恩恵

原則を無危害原則と恩恵原則の二つにわけ、生命倫理の原則を次の4つとした。
　自立尊重 Respect for autonomy：自律的な個人の意思決定能力を尊重すること。
　無危害 Non-maleficence：他人に危害を与えないこと。
　恩恵 Beneficence：便益を供与し、リスクと費用に対して便益を均衡させること。
　正義 Justice：便益、リスク、費用の人々の間での公正fairな配分。
⑤「CIOMS倫理指針」（1982年、Council for International Organizations of Medical Science（国際医科学団体協議会）、最新版は2002年にWHOの協力を得て作成された第3版）

「CIOMS倫理指針」はベルモント・レポートの国際文書化といえるもので、すべての人を対象とする研究には人格尊重、恩恵および正義の3基本倫理原則が適用されるべきであることを提唱する。

CIOMSが1990年に提案した副作用の国際的感受性カテゴリーはICHに採用された。これにもとづき日本では1997年に「市販医薬品に関する定期的安全性最新報告（Periodic Safety Update Report：PSUR）」が通知され、当該医薬品開発企業に対し、当該医薬品と同一成分の医薬品を販売している各国の企業から安全性情報を収集・分析・評価を行った結果について、ガイドラインに準じた報告書を作成することが義務づけられた。2005年には「医薬品の製造販売後の調査及び試験の実施の基準に関する省令」（厚労省令）および「医療機器の製造販売後の調査及び試験の実施の基準に関する省令」（厚労省令）が発令された。
⑥「医薬品の臨床試験の実施基準に関する指針」（1995年、WHO）
⑦「臨床試験の実施基準に関する指針」（1996年、ICH）

⑦は⑥にもとづく臨床試験によって作成されたデータが、欧州連合・日本・米国の規制当局において相互に受け入れ可能となることを確保するために策定された。これをもとにして1997年3月27日厚生省令第28号「医薬品の臨床試験の実施の基準に関する省令（医薬品のGCP省令）」が発令された。
⑧「ヒトゲノムと人権に関する世界宣言」（1997年11月11日、第27回ユネスコ総会採択）

「ヒトゲノムに関する研究及びその結果の応用が個人及び人類全体の健康の改善における前進に広大な展望を開くことを認識し、しかしながら、そのような研究が人間の尊厳、自由及び人権、並びに遺伝的特徴に基づくあらゆる形態の差別の禁止を十分に尊重すべきことを強調」するために採択された、AからGまでの7部、全25条からなる宣言である。特に宣言の基本をなすと思われる「A．人間の尊厳とヒトゲノム」は以下の4条からなっている。
　第1条：ヒトゲノムは、人類すべての構成員が基本的に一体のものであること、並びにこれら構成員の固有の尊厳及び多様性を認識することの基礎である。象徴的な意味において、ヒトゲノムは、人類の遺産である。
　第2条（a）：何人も、その遺伝的特徴の如何を問わず、その尊厳と人権を尊重される権利を有する。

第2条（b）：その尊厳ゆえに、個人をその遺伝的特徴に還元してはならず、また、その独自性及び多様性を尊重しなければならない。

第3条：ヒトゲノムは、その性質上進化するものであり、変異することがある。ヒトゲノムは、各人の健康状態、生活条件、栄養及び教育を含む自然的及び社会的環境によってさまざまに発現する可能性を含んでいる。

第4条：自然状態にあるヒトゲノムは経済的利益を生じさせてはならない。

世界の研究倫理指針はこの他にも多数作成されている。以下、若干の重要と考えられるものの名称を記載しておく。

⑨「人権と生物医学とに関する条約」（1997年、EU評議会）
⑩「UNAIDS指針書 HIV予防ワクチン研究における倫理的考察」（2000年、国連共同エイズ計画）
⑪「臨床試験に関する「指令」」（2001年、欧州連合の閣僚協議会、2004年からEU加盟国で法律として拘束力を発揮）

5. 日本の医事関係法・政令・省令・告示・通達・通知・決定

日本の医事に関連する法律・政令・省令・告示・通達・通知については名称のみを記しておく。

5.1　医療の基本に関する法律
①基本法：「憲法」
②一般法：「刑法」（暴行、監禁、障害、傷害致死、殺人……）・「民法」（損害賠償……）
③医療の基本法：医療法・薬事法
④医療従事者に関する法：「医師法」、「歯科医師法」、「歯科衛生士法」、「歯科技工士法」、「保健師助産師看護師法」、「救命救急師法」、「理学療法士及び作業療法士法」等
⑤「死体解剖保存法」（1949年6月10日、最終改正2014年6月25日）
⑥「臓器の移植に関する法律」（1997年、2009年改正）
⑦「ヒトに関するクローン技術等の規制に関する法律」（2000年12月6日公布、2001年6月6日施行、最終改正2014年5月1日）
⑧「遺伝子組換え生物等の使用等の規制による生物の多様性の確保に関する法律」（カルタヘナ法）（2004年2月施行、最終改正2014年6月13日）
⑨「再生医療等の安全性の確保等に関する法律」（2014年11月25日施行）

5.2　個人情報の取り扱いに関する法
被験者保護の観点から重要なので名称を記しておく。
①「個人情報の保護に関する法律」（2003年5月30日、最終改正2009年6月5日）

②「行政機関の保有する個人情報の保護に関する法律」（2003年5月31日、最終改正2014年6月13日）
③「独立行政法人等の保有する個人情報の保護に関する法律」（2003年5月31日、最終改正2014年6月13日）

5.3　「動物の愛護及び管理に関する法律」（1973年10月1日、最終改正2014年5月30日）

5.4　日本の研究倫理に関する政令・省令・告示・通達・通知（省令は名称のみ）

5.4.1　臨床試験に関する厚生労働省令：治験に適用
①「医薬品の臨床試験の実施の基準に関する省令」
（1997年3月27日、最終改正：2014年7月30日）
②「医薬品の製造販売後の調査及び試験の実施の基準に関する省令」
（2005年12月20日、最終改正：2014年7月30日）
③「医療機器の臨床試験の実施の基準に関する省令」
（2005年3月23日、最終改正：2014年7月30日）
④「医療機器の製造販売後の調査及び試験の実施の基準に関する省令」
（2005年3月23日、最終改正：2014年7月30日）

5.4.2　研究倫理指針（告示）
広義の臨床研究に適用される研究倫理指針には厚生労働省、文部科学省および経済産業省から告示されたものがある。「厚生労働科学研究に関する指針」には次のような厳しい但し書きが記されている。

「厚生労働科学研究を実施される場合には、以下の指針を遵守されるようお願いいたします。以下の指針を遵守されず、厚生労働省等から改善指導が行われたにも関わらず、正当な理由なく改善が認められない場合には、資金提供の打ち切り、未使用研究費等の返還、研究費全額の返還、競争的資金等の交付制限等の措置を講ずることがあり得ます」（厚生労働省HP厚生労働科学研究に関する指針）
①「疫学研究に関する倫理指針」（文部科学省・厚生労働省告示2002年6月17日、最終改正2008年12月1日）
②「臨床研究に関する倫理指針」（厚生労働省告示2003年7月30日、最終改正2008年7月31日）　すでに述べたように、ここでいわれている「臨床研究」は臨床試験とは区別された広義の臨床研究で、日本独特の区分である[16]。
③「ヒトゲノム・遺伝子解析研究に関する倫理指針」（文部科学省・厚生労働省・経済産業省告示2001年3月29日、最終改正2013年2月8日）

5.4.3　医学研究に関連するその他の指針
(1) 利益相反・研究費不正使用防止関連
① 「個人及び大学レベルの金銭的利益相反（報告と勧告）」（全米大学協会（AAU）研究の説明責任に関する特別専門委員会、2001年10月）
② 「利益相反ワーキング・グループ報告書」（科学技術・学術審議会・技術・研究基盤部会・産学官連携推進委員会・利益相反ワーキング・グループ、2002年）
③ 「文部科学省21世紀型産学官連携手法の構築に係るモデルプログラム「臨床研究の利益相反ポリシー策定に関するガイドライン」」（臨床研究の倫理と利益相反に関する検討班（徳島大学中心）、2006年3月）：これにもとづき各研究機関に「利益相反委員会」の設置が求められ、厚生労働科学研究だけでなく、広義の臨床研究がすべて利益相反員会の審査対象とされることになった。
④ 「科学研究費補助金取扱規程」（文部省告示1965年3月30日）
⑤ 「独立行政法人日本学術振興会科学研究費（基盤研究等）取扱要領（規程、2003年10月7日）
⑥ 「研究機関における公的研究費の管理・監査のガイドライン（実施基準）」（文部科学大臣決定2007年2月15日）
　　このガイドラインには次の文言が盛られている。「競争的資金等の運営・管理を適正に行うためには、運営・管理に関わる者の責任と権限の体系を明確化し、機関内外に公表することが必要である」
⑦ 「厚生労働科学研究における利益相反（Conflict of Interest：COI）の管理に関する指針」（厚生科学課長決定、2008年3月31日）
　　この指針は、厚生労働科学研究を実施しようとする研究者および研究者と生計を一にする配偶者ならびに一親等の者（両親および子ども）そして研究機関に適用され、また、厚生労働科学研究費補助金を使用する広義の臨床研究および治験の両者に適用される。

(2) 遺伝子治療臨床研究関連
① 「遺伝子治療臨床研究に関する指針」（文部科学省・厚生労働省告示、2002年3月27日、最終改正2008年12月1日）
　生殖細胞または胚の遺伝的改変は禁止されている。従来、遺伝子治療臨床研究は、現在「旧指針等」と呼ばれている「遺伝子治療臨床研究に関する指針」（厚生省告示、1994年）および「大学等における遺伝子治療臨床研究に関するガイドライン」（文部省告示、1994年）に従って行われてきたが、2002年に文部科学省および厚生労働省は審査手続の簡素化および迅速化を目的として、旧指針等を廃止し、新たに共同で、遺伝子治療臨床研究に関する指針を策定した[17]。
　被験者保護に第2章全体が、個人情報保護に第6章全体があてられている。策定時においては「致死性の遺伝性疾患」のみが指針の対象になっていたが、2008年

改正版では「生命を脅かす重篤な遺伝性疾患」も対象疾患に含まれた。
(3) ヒト肝細胞研究関連
　①「ヒト幹細胞を用いる臨床研究に関する指針」(厚生労働省告示、2006年7月3日、最終改正2013年10月1日)

　被験者の同意や個人情報保護を基本とする倫理的側面が重要視されている。2006年版で対象とされたヒト幹細胞は、A 組織幹細胞(例えば、a.血管前駆細胞、臍帯血および骨髄間質細胞を含む造血系幹細胞、神経系幹細胞、骨髄間質幹細胞・脂肪組織由来幹細胞を含む間葉系幹細胞、角膜幹細胞、皮膚幹細胞、毛胞幹細胞、腸管幹細胞、肝幹細胞および骨格筋幹細胞)、b.これを豊富に含む細胞集団(例えば、血管前駆細胞、臍帯血および骨髄間質細胞を含む造血系幹細胞等の全骨髄細胞)、および B 体外でこれらの細胞を培養して得られた細胞であった。これに対し、2010年版では胚性幹細胞(Embryonic Stem cells: ES細胞)および人工多能性幹細胞(induced Plulipotent Stem cells: iPS細胞)が付け加えられた。

(4) 動物実験その他
　①「厚生労働省の所管する実施機関における動物実験等の実施に関する基本指針」(通知、2006年6月1日施行)

　前文は次のように動物実験の必要性を示し、かつ実験が「3Rの原則」にのっとり適切に行われることを求めている。適用範囲は厚労省施設等機関、厚労省所管の独立行政、公益、その他の法人。

　「生命科学の探究、人及び動物の健康・安全、環境保全等の課題の解決に当たっては、動物実験等が必要かつ唯一の手段である場合があり、動物実験等により得られる成果は、人及び動物の健康の保持増進等に多大な貢献をもたらしてきた。一方、動物実験等は、動物の生命又は身体の犠牲を強いる手段であり、動物実験等を実施する者はこのことを念頭におき、適正な動物実験等の実施に努める必要がある。また、平成17年6月に動物の愛護及び管理に関する法律の一部を改正する法律(平成17年法律第68号)が公布され、これまで規定されていたRefinement(苦痛の軽減)に関する規定に加え、Replacement(代替法の利用)及びReduction(動物利用数の削減)に関する規定が盛り込まれ、我が国においても、動物実験等の理念であり、国際的にも普及・定着している「3Rの原則」にのっとり、動物実験等を適正に実施することがより一層重要となっている。本指針は、このような状況を踏まえ、厚生労働省の所管する実施機関において、動物愛護の観点に配慮しつつ、科学的観点に基づく適正な動物実験等が実施されることを促すものである」

　②「手術等で摘出されたヒト組織を用いた研究開発の在り方について」"医薬品の研究開発を中心に"(厚生科学審議会答申(1998年12月16日))

　③「異種移植の実施に伴う公衆衛生上の感染症問題に関する指針」(2001年度厚生科学研究費厚生科学特別研究事業報告)

5.4.4 医学研究に関わるその他の文部科学省関連指針
(1) ヒト幹細胞関連
　①「ヒトES細胞の樹立及び分配に関する指針」（文部科学省告示、2001年5月20日策定、2009年8月21日全面改正、最終改正：2010年5月20日）
　②「ヒトES細胞の使用に関する指針」（文部科学省告示、2009年8月21日策定、最終全面改正：2010年5月20日）
　③「ヒトiPS細胞又はヒト組織幹細胞からの生殖細胞の作成を行う研究に関する指針」（文部科学省告示、2010年5月20日策定、最終改正：2013年4月1日）
　②の2010年の改正・施行により、②が全面的に改正され、かつ③が策定された。これにともない従来禁止されていたES細胞、iPS細胞、ヒト組織幹細胞からの生殖細胞作成研究が容認されることになった。

　さらに①は、ヒトES細胞の医療のための利用に関する法的な枠組みとなる「再生医療等の安全性の確保等に関する法律」（2014年11月25日施行）等の制定にともなって廃止され、新たに、ヒトES細胞の基礎的研究に際して遵守すべき事項に関する指針となる「ヒトES細胞の樹立に関する指針」および「ヒトES細胞の分配及び使用に関する指針」（2014年11月25日施行）が定められた。

(2) ヒトクローン技術を含む特定胚関連
　①「ヒトに関するクローン技術等の規制に関する法律施行規則」（文部科学省令、2001年12月5日策定、最終改正は2009年5月20日）
　②「特定胚の取扱いに関する指針」（2001年12月5日策定、最終改正は2009年5月20日）。ヒトクローン胚等の人または動物の胎内への移植、および特定胚の不適正な取り扱いは刑罰をもって禁止した。

(3) 遺伝子組換え実験関連
　①「研究開発等に係る遺伝子組換え生物等の第二種使用等に当たって執るべき拡散防止措置等を定める省令」（文部科学省・環境省令、2004年1月29日）
　②「研究開発段階の組替え植物の第一種使用等に係る使用規定の承認申請の手引き」（文部科学省研究振興局ライフサイエンス課生命倫理・安全対策室、2011年5月最新版）
　③「研究開発等に係る遺伝子組換え生物等の第二種使用等に当たって執るべき拡散防止を定める省令の規定に基づき認定宿主ベクター系等を定める件」（文部科学省告示、2004年、最終改正：2014年3月26日）

(4) 動物実験関連
　①「研究機関等における動物実験等の実施に関する基本指針」（文部科学省告示、2006年）
　　これは「動物の愛護及び管理に関する法律」の2005年改正を踏まえて策定された告示で、この中で動物実験委員会の設置が求められた。既出の「厚生労働省の所管する実施機関における動物実験等の実施に関する基本指針」および「農林水産省の所管する実施機関における動物実験等の実施に関する基

本指針」と内容的にほぼ同一。
　動物実験関連の指針の背景には以下のものがある。
②人を対象にした医学研究に関する倫理規範で、その中で動物実験に言及した「ヘルシンキ宣言」(1964年)および「CIOMS倫理指針」(1982年)。
③動物実験に関する倫理規範で3Rの原則に言及した「CIOMS倫理原則」(1982年、これの2012年改訂版が「CIOMS-ICLASの国際原則」)およびボローニャ宣言「動物実験の削減、改善及び置換え代替法及び実験動物に関する結論と勧告」(第3回生命科学における代替法と動物使用に関する世界会議において採択、1999年、イタリア、ボローニャ)。
　また、これらの宣言、指針、原則を受けた法律、告示や通知には以下のものがある。
④「動物の愛護及び管理に関する法律」(1973年、最終改正：2014年)
⑤「動物の愛護及び管理に関する施策を総合的に推進するための基本的な指針」(環境省告示、2006年)
⑥「実験動物の飼養及び保管並びに苦痛の軽減に関する基準」(環境省告示、2006年)
⑦「大学等における動物実験について」(文部省学術国際局長通知、1987年、これの2006年改正版が①の「基本指針」)

6. 医学系大学倫理委員会連絡会議

　年2回、全国80校の医学部・医科大学の倫理委員会の代表者が集まり、総会および、倫理委員会のあり方や主催校独自のテーマに関する特別講演やシンポジウムを開催する。

7. 各研究施設における研究倫理に関する諸規定

　大学等各研究施設において、日本の医事関係法・省令・告示・通達等にもとづいて、学術研究倫理指針、公的研究費取扱規程等の研究倫理全体に関する諸規定、治験委員会に関する諸規定、研究等倫理審査委員会に関する諸規定、利益相反委員会が関わる研究費不正使用防止関連(「研究機関における公的研究費の管理・監査のガイドライン(実施基準)」(文部科学大臣決定、2007年2月15日)にもとづく文科省・学振科研費関連)諸規定、研究活動不正行為対策ガイドライン・実施規程、科学研究費補助金取扱要項に関する諸規定等が定められている。
　一言でいえば、人を対象とする倫理的な研究とは、被験者の人権と個人情報を守るための諸規定に従いながら、医学・医療の発展に寄与する研究である。しかしながら、これらの精細かつ厳密な研究倫理諸規定が存在するにもかかわらず、高血圧治療に関するノバルティス社ディオバン(バルサルタン)臨床研究データ

捏造疑惑等の医学研究にまつわる不正疑惑が後を絶たない。研究倫理諸規定の不備の問題なのか、研究者のデータ解析技術の未熟さの問題なのか定かではないが、日本の医学研究に対する信頼が大きくゆらいだことに疑いはない。これが拙論において研究倫理諸規定の総点検を試みた理由の一つである。

8. 研究倫理指針の改定

　医学系・歯科医学系大学・学部および研究機関における研究等倫理審査委員会が審査の基準とする主な倫理指針は、2015年3月31日までは、①「疫学研究に関する倫理指針」、②「臨床研究に関する倫理指針」、③「ヒトゲノム・遺伝子解析研究に関する倫理指針」、④「遺伝子治療臨床研究に関する指針」、⑤「ヒト幹細胞を用いる臨床研究に関する指針」の5つであった。
　しかし、この点に関して2015年4月1日から大幅な変更がもたらされることになった。主な変更点は以下の通りである。
（1）「ヒト幹細胞を用いる臨床研究に関する指針」はすでに2014年11月に廃止された。2013年11月27日に公布された「再生医療の安全性の確保に関する法律」が2014年11月26日に施行されたことを受けて、ヒト幹細胞に関わる臨床研究の審査は研究等倫理審査委員会の手を離れ、新たに設置された「認定再生医療等委員会」に委ねられることになった。
（2）これまで別々の倫理指針のもとに審査が行われていた「疫学研究」と上記広義の「臨床研究」が統合され、新たに策定された「人を対象とする医学系研究に関する倫理指針」（2014年12月22日、文部科学省・厚生労働省）のもとに統一的に審査されることになった。なお、これまで「臨床研究倫理指針」においては「被験者」、「疫学研究倫理指針」においては「研究対象者」と別々の名前がつけられていた調査対象者は「研究対象者」に統一されることになった。臨床研究と疫学研究とで「被験者」と「研究対象者」という別の言葉を使わなければならない必要はないし、審査委員会で倫理指針に適合させるだけのためにいちいちそれをチェックする必要が無くなるのは大いに結構なことである。
　　ところで、「研究対象者」にせよ「被験者」にせよ、それらは第二次世界大戦後の倫理綱領の原型である「ニュンベルク綱領」や「ヘルシンキ宣言」における"human subject"を翻訳した言葉である。たしかに福岡臨床研究倫理審査委員会ネットワークなど「ニュンベルク綱領」における"human subject"を「被験者」、「ヘルシンキ宣言」における"human subject"を「研究対象者」と訳し分けているところもある。また前者は「綱領 Code」と命名されているとはいえ、ナチスの医師たちが行った非人道的な人体実験を裁いたニュンベルク医学裁判の判断基準としていわば法律としての働きをもたされていたものであり（Codeには「法典」の意味もある）、また軍人法律

家によって作成されたものである。これに対して後者は医師自身によって作成され、必ずしも非人道的ということはできない治療的研究や非治療的研究の被験者や患者の保護を念頭に置いたものである。しかしながら、こうした違いにも関わらず両者はあくまでも患者や被験者の自主性の尊重と人権侵害防止を第1の目的としている。ヒトを対象とする実験において実験されるのは自律的人格であり、この人格の有する権利は欠けるところなく保護されなければならないとする趣旨、そしてその歴史的背景と意義を勘案するならば、"human subject" は「被験者」と訳すべきであろう。

　それにも関わらず現時点で "human subject" を「被験者」ではなく「研究対象者」に統一することは、人を対象とする研究に対してニュルンベルク綱領とヘルシンキ宣言の各条文が持つ重み、そしてそれらのおかげで辛うじて人を対象とする研究が人々に受け入れられ、医学の進歩がありえたのだという医学の進歩に果たした大きな役割を軽視することになる。これは医学研究が要素還元主義化し、技術化し、研究資金源が外部資金化・競争資金化・重点化されたことの結果、資金源たる産業界あるいは国家の期待に応えることが最大の目的になり、研究倫理指針の重心が「患者・被験者保護」第一から研究の質を保証し、ひいては国家の威信を確保するための「研究の公正性（research integrity）確保」第一へと移されつつあることの象徴であると思えてならない。

9.「研究活動における不正行為への対応等に関するガイドライン」

　2006年に「研究活動の不正行為への対応のガイドラインについて──研究活動の不正行為に関する特別委員会報告書──」が「科学技術・学術審議会　研究活動の不正行為に関する特別委員会」から公表されている。それにも関わらず、それに屋上屋を重ねる形で2014年8月26日に「文部科学大臣決定」として「研究活動における不正行為への対応等に関するガイドライン」が公表され、これにもとづいて2014年9月19日「総合科学技術・イノベーション会議」は「研究不正行為への実効性ある対応に向けて（案）」を提出した。後の二つは、日本の医学研究に対する信頼を大きく揺るがした降圧剤ディオバン問題やSTAP細胞事件を受けて急遽決定・公表されたものだが、その核心を見ればこの三者に本質的な違いはないに等しいといってよい。しいて違いをいえば、2006年版では不正行為の責任をもっぱら研究者諸個人に帰していたが、2014年版および総合科学技術・イノベーション会議案ではそれを前提としつつも研究諸機関の監督責任を少々強調しているというところだろう。

　それら三者はともに研究上の不正行為防止を、個人単位であれ、研究機関単位であれ、科学コミュニティ単位であれ、研究者自身の自浄作用力の強化によって計ろうとしている。研究者が不正行為を行うのは研究倫理教育が不十分なるがゆ

えである。それは、上司、研究機関、科学コミュニティは各研究者に十分な研究倫理教育の機会を与えることができていないし、研究倫理教育のための充実したプログラムも不足しているからである。したがって、研究費配分機関はこのプログラム教育に十分な予算を配分し、教育プログラムの充実とそれにもとづく研究倫理教育の充実を急ぐ必要があるという考えである。

　しかし、外部資金、競争的資金を使用する研究の場合、現時点においても三重の厳しい倫理的審査を経なければならない。科研費など研究費申請書に対するピア・レビュー、各研究施設における研究倫理審査委員会および利益相反委員会の審査、学会発表あるいは論文掲載時の審査である。ひととおりの研究倫理教育を受け、それを身につけずしてこうした三重の倫理審査を通るはずがない。それにも関わらず研究不正が続発する理由は、これまでの研究倫理指針はギボンスのいうモード1的な研究、あるいはCUDOS的なエートスの下に行われ、単一専門分野における科学的合理性が求められるノーマルサイエンスには対応しているのだが、マンハッタン計画を嚆矢とするモード2的な研究、あるいはPLACE的なエートスにもとづく研究、つまり研究対象が多重専門分野に及び、科学的合理性に関する異分野間の調整を必要とし、結果が環境や一般の人の生活に直接降りかかり、科学的合理性のみならず社会的合理性をも求められるポスト・ノーマルサイエンスにはまったく対応できていない、ということなのではないだろうか。[18]それゆえ、ノーマルサイエンス的研究倫理教育をどれほど強化しようとも、ポスト・ノーマルサイエンスにおける研究不正を減少させることはできないのであって、抜本的な発想の転換が必要なのではないかと考えざるをえないのである。

　「世界で最もイノベーションが起こしやすい国」をモットーとする安倍首相の下、2014年9月19日に内閣府「第4回総合科学技術・イノベーション会議」が開かれ「平成27年度科学技術関係予算における重点化対象施策」が検討された。同会議は「国家存立のための科学技術基盤」、つまり震災からの復興・再生、エネルギーキャリア（水素社会）にもとづくグリーンイノベーション、そしてライフイノベーション等の実現をめざしている。ライフイノベーションの実現に向けて2013年には「健康・医療戦略室」、そしてその中核たるべき「健康・医療戦略推進本部」が内閣官房に設置され、2015年度は科学技術関係予算として約5兆円が概算要求されている。また2014年5月には「独立行政法人日本医療研究開発機構法」が公布・施行され、同法にもとづきこれまで主として基礎研究段階は文部科学省、臨床研究・治験段階は厚生労働省そして産業化に関わる研究開発は経済産業省とバラバラに行われていた研究資金提供を「医療分野の研究開発の特性に最適化された専門機関に医療分野の研究開発プログラムを集約し、基礎から実用化まで切れ目ない支援を実施できる独立行政法人」として「独立行政法人日本医療研究開発機構」が設置された。そして同機構が整備する環境および研究資金の下、「中核的な役割を担う機関として位置付けられ、医療分野の研究開発関連予算（国が定めた戦略にもとづくトップダウンの研究を行うために、研究者や研究機関に

配分される研究費等）」にもとづく研究を行うための「中核的な役割を担う機関」として「特定国立研究開発法人」が設置されることになった。2014年3月「文部科学大臣や科学技術大臣など4閣僚の間で合意が形成され、産業技術総合研究所（産総研）と理化学研究所（理研）が特定国立研究開発法人に指定される運び」となっていたことは周知のとおりである。

「科学技術立国」をぶち上げる内閣府の威勢のよさとは対照的に、科学技術開発の現場を担う重要拠点の一つである大学の現状は惨憺たるものである。大学が担う教育・研究の営みは、きわめて大雑把ないい方だが、国立大学法人の場合は①国立大学法人運営費交付金、②授業料などの自己収入等の基盤的経費、私立大学の場合は①授業料および②経常費補助金等の基盤的経費、③国公私立を問わない研究直接費、そして平成13年4月20日の「競争的資金に関する関係府省連絡会申し合わせ」によって研究費の30％を充てることが認められることになった「直接経費に対して一定比率で手当され、競争的資金による研究の実施に伴う研究機関の管理等に必要な経費として、被配分機関が使用する経費」であり「被配分機関の長の責任の下で」使用方針が作成される④研究間接費によって賄われている。しかし、人件費削減を筆頭にこの大学経営の中心的位置を占める基盤的経費が年々削減の一途をたどっているのである。

学術研究懇談会RU11の言葉を借りれば「研究の母体となる大学の経営も極めて苦しい状況です。経営を支える基盤的経費、すなわち国立大学法人運営費交付金・私立大学等経常費補助金は減り続け、国立大学法人全体ではわずか10年で15％もの削減を受け入れてきました。当然、大学の資金裁量を高める必要がありますが、国の資金は大学の研究と経営に独立に投入され、相互の融通性はほとんど考慮されていません。このため研究費（直接経費）を獲得しても大学の経営基盤の強化にはつながりにくい資金構造となっています。こうした状況が長期的に見て大学の研究・教育の基礎体力を奪っていくことは言を俟ちません（2013年5月22日「日本の国際競争力強化に研究大学が貢献するために（提言）――「研究」と「経営」を両立させる「間接経費」と「基盤的経費」――）」、という状況なのである。

年々の基盤的経費削減のため、大学の運営は今や破綻寸前で、現時点での破綻を避けるためには「国際的な連携・協力の下で、現に国内外の多数の優れた人材が雇用され、共同研究や人材交流等が活発に展開されているグローバルCOEプログラムや国際化拠点整備事業（グローバル30）」等の競争的資金によるプロジェクトに頼らざるをえないのであるが、これらは常に政策変更による廃止・縮小の危機にさらされているし、たとえ継続されるとしても、「研究直接費と間接費の用途峻別が厳しく、長期的には大学の基礎体力が次第に奪われていってしまう」という事態が進行しているのである。

こうした状況の下、博士課程に進学する学生も減少の一途をたどっている。博士課程を修了しても正規の職につけるのは大体半数だけで、将来の展望が極めて

厳しいからである。研究職につけたとしても、テニュア制度などのキャリア・パスの確立なしに短期的任期制が蔓延し、基盤的経費からの研究費はほとんどなく、研究を続けるためには外部資金を獲得しなければならず、研究というよりも「研究資金獲得研究」にいそしまなければならないような生活を送らざるをえない。短期的かつ実用的な研究成果を上げなければ、競争的外部資金を得ることができないし、つぎのポストも得られない。研究倫理教育の充実のための研究にしても、そのための研究費が配分されなければ誰もやる者はいないし、研究機関が監督責任を問われても、真摯に立ち向かうための資源はどこにもない。割烹着を身に着けてクッキングにいそしむのもきわめて自然な成り行きだ[21]。

　各研究者の基本的研究費を賄える程度には基盤的経費を拡充すること、研究倫理の根幹は、国威発揚にあるのではなく、被験者、患者ひいては一般の人たちへの危害防止、人権保護にあること、そして研究の公正性の確保はあくまでもそのための手段であると銘記すること、NBICを視野に入れたポスト・ノーマルサイエンスに対応した研究倫理を確立すること、これらなしに、こうした事態を改善することは不可能である。この現状を踏まえれば、現時点で単に既存の研究倫理の教育の充実・強化を説くことは、「木に縁りて魚を求む」ことになる。

【註】
（1）Glenn McGee, The Perfect Baby, 2nd ed. Lanham, 2000, Rowman & Littlefield, p.38.
（2）金森修『遺伝子改造』2005、勁草書房、pp.82-84。
（3）人生の内実については人間文化の設計的性格（価値の選択）に関する金森の以下の言葉を参照するべきだろう。「現在ならびに近未来の遺伝学の展開と、その文化的、社会的含意について思惟することによって、私は、ある本質的な事実に遭遇することになった。われわれ人間が存在するその仕方、そして人間の文化、社会的責任、家族や友人への情愛や友愛などを決めている重要な部分は、人間活動の外枠を確かに拘束はしているわれわれの生理学的所与の＜幾何学的なコピー＞ではないという事実にある。ほとんど弁証法的なやり方で、われわれが自然的な基体に深く根ざしているということを認識させるはずの可能的な契機が人間文化の＜設計的＞性格を確認させるための重要な契機に姿を変える」金森前掲書、p.110。
（4）ルネ・デュボスによれば、人の体型の規定因子には①遺伝、②環境（適応としての動的平衡の一）、③社会的因子の三つがあるという。『健康という幻想』田多井吉之介訳、1977、紀伊國屋書店。
（5）21st Century Nanotechnology Research and Development Act.
（6）マイケル・ギボンズ、小林信一監訳『現代社会と知の創造　モード論とは何か』1997、丸善ライブラリー、榎木英介『嘘と絶望の生命科学』2014、文春新書、金森修『科学の危機』2015、集英社新書。なお、筆者にはこの重要と評価されているギボンズの著書がよく理解できなかった。藤垣裕子が『専門知と公共性　科学技術社会論の構築に向けて』2003、東京大学出版会で展開している「科学的合理性」と「社会的合理性」を区別する観点の方がより現実に即した議論なのではないだろうか。
（7）阿部謹也『西洋中世の罪と罰 亡霊の社会史』2012、講談社学術文庫、羽仁五郎『都市の論理』1968、勁草書房。
（8）フランスの場合、国家枢要の人材としてのキャリア官僚、富国枢要の人材、強兵枢要の人材の養成を目的として設立されたのが、エコール・ポリテクニーク（国防省所管）、エコール・

ナショナル・ダドミニストラシオン（ENA、総理府所管）、エコール・ノルマル・シュペリュール（文部省所管）、サン・シール陸軍士官学校等のフランス独自の高等専門教育機関であるグランゼコールであり、大学とは系統が異なる。

（9）　明治以来の日本における理学部については、広重徹『近代科学再考』1979、朝日新聞社参照。

（10）　西田亮介は2015年4月12日付ブログ「ポリタス」で、「「無音」の統一地方選、早急に政治と民主主義を理解するための「道具立て」の導入を」を載せている。その中で西田は当時の文部省自身が著作者になり、1948年から1953年まで中学・高校で実際に使用された教科書『民主主義』を取り上げ、この教科書の学び直しこそが現在の日本の民主主義化に不可欠だと述べている。高橋源一郎は2015年4月30日の「朝日新聞」論壇時評「根本から考えるために」でこの西田のブログを取り上げ、この文部省著作教科書『民主主義』の「はしがき」にある次の一文を紹介している。「民主主義を単なる政治のやり方だと思うのは間違いである。民主主義の根本はもっと深いところにある。それはみんなの心の中にある。すべての人間を個人として尊厳な価値を持つものとして取り扱おうとする心、それが民主主義の根本精神である。」これは日本にも民主主義国家になる機会があったことを意味している。たしかに、この教科書が使われていた時代に小学生だった筆者は、先生たちや周りの大人たちから『これからは民主主義だぜ』という言葉をしょっちゅう聞かされていた。しかしながら我々は民主主義を身体化することはできなかったのである。それが1950年から53年まで続いた朝鮮戦争に象徴される東西対立の激化にもとづく「逆コース」が原因なのか、日本人のメンタリティが歴史を通してそもそも民主主義を受け付けない形に鍛造されてしまっているからなのか、両者の相乗効果なのかよくわからない。現在でも入手可能なこの教科書の精読は必要である。しかしそれだけではなく民主主義を身に着けることができなかった点に関する精密な分析も必要なのではないだろうか。

（11）　金森修は前掲『科学の危機』の中であるべき科学者像を求めて悪戦苦闘している。そして最後に（P.221）、あるべき科学者は「その人の作業様態」が「文化全体の膨らみが放つ馥郁とした感じをほのめかすものとなる人」であり、それは「実存者」というべきで、「生活者」といってはならないとの主張に行き着く。しかしこの「実存者」の内実を的確につかむことが更なる大仕事になるのではないだろうか。ぜひともその成果を示してほしい。

（12）　http://ja.wikipedia.org/wiki/%E8%87%A8%E5%BA%8A%E7%A0%94%E7%A9%B6

（13）　http://cbel.jp/modules/pico/guide.html

（14）　津田敏秀『医学と仮説　原因と結果の科学を考える』（2011、岩波書店）、同『医学的根拠とは何か』（2013、岩波書店）。

（15）　治療的研究と非治療的研究の区別は、2000年のエディンバラにおける改定の際にヘルシンキ宣言から削除された。

（16）　①および②は2015年4月1日施行の「人を対象とする医学系研究に関する倫理指針」に統合された。

（17）　日本医学会は「医療における遺伝学的検査・診断に関するガイドライン」を2011年2月に出している。

（18）　モード1、モード2についてはM.ギボンス、前掲書。ノーマルサイエンス、ポスト・ノーマルサイエンスについては金森『科学の危機』（前掲）、とくに第2章参照。

（19）　http://www.ru11.jp/blog/2013/05/22/539/

（20）　Ibid. なお、国立大学法人については、文部科学省科学技術政策研究所第1調査研究グループによる詳細な財務分析「国立大学法人の財務分析」が2008年1月に公表されている。p.19で次のように述べられている。「特に、第3期科学技術基本計画においては、大学における基盤的資金と競争的資金の有効な組合せに対する検討が必要な旨指摘されている。平成18事業年度競争的資金は37制度あり、その予算を見ると、委託費、補助金、運営費交付金の3つの種類が存在する。これらは、国立大学法人の財務諸表上では、損益計算書の受託研究収益、補助金収益、また附属明細書の科学研究費補助金明細にそれぞれ計上されている。科学研究費補

助金および補助金は、附属明細書からその種目を見ることができるが、受託研究収益は、その詳細を見ることができない。各国立大学法人の競争的資金取得額を、37制度ごとに抽出することは不可能である。このことから、本報告書においては、外部資金と科学研究費補助金を足し合わせたものを「外資金等」として抽出した。また、運営費交付金と施設費収益を足し合わせたものを「基盤的資金」とした。 http://www.ru11.jp/blog/2013/05/22/539/
(21) 大学院の現状については、榎木英介の前掲書が大いに参考になる。

【参考文献】
Stephen G. Post、生命倫理百科事典翻訳刊行委員会編、日本生命倫理学会編集協力『生命倫理百科事典』2007、丸善出版
文部科学省、ライフサイエンスの広場、生命倫理・安全に対する取り組み
 http://www.lifescience.mext.go.jp/bioethics/index.html
厚生労働省、研究に関する指針について
 http://www.mhlw.go.jp/stf/seisakunitsuite/bunya/hokabunya/kenkyujigyou/i-kenkyu/index.html
福岡県臨床研究倫理審査委員会ネットワーク
 http://www.med.kyushu-u.ac.jp/recnet_fukuoka/index.html
東京大学生命・医療倫理教育センター　http://cbel.jp/
池内了『科学・技術と現代社会　上・下』2014、みすず書房
山崎茂明『科学者の発表倫理　不正のない論文発表を考える』2013、丸善出版
日本学術振興会「科学の健全な発展のために」編集委員会編『科学の健全な発展のために　誠実な科学者の心得』2015、丸善出版
米国科学アカデミー編／池内了訳『科学者をめざす君たちへ　第3版』2010、化学同人
山脇直司編『科学・技術と社会倫理　その統合的思考を探る』2015、東京大学出版会
 web記事最終確認日はすべての項目について2015年6月30日

結章
三つの基本課題に対する理論モデルの提唱

森下 直貴

序章では、生命技術を含めた先端科学技術の倫理学にとって「**倫理問題**」として取り組むべき内容を浮かびあがらせ、それらを一つの根本問題と三つの基本課題に集約した。それがすなわち、過剰化する「国民の欲望」の自己統治であり、また、そこから派生する新たな共同関係の創出、科学技術の影響にともなうリスクをめぐる正義の対立の調整、人間・動物・ロボットの間（ならびに胚と成体との間）の分割線の再設定であった。

以上の根本問題と三つの基本課題に臨む際の視点は、これまた**序章**で説明したように、〈意味コミュニケーション〉論にもとづく〈外的刺激を変換して意味を解釈しつつ自己変容するシステム〉である。そしてこの〈**自己変容**〉こそは、以下の論述の全体を一貫して主導する鍵概念である。この章では、三つの基本課題に対して実践的に取り組むための理論モデルを提出する。これら三つのモデルを通路としてはじめて、おそらく根本問題への道も拓けることだろう。その要点をあらかじめ提示すれば以下のようになる。

まず、第1の課題に関しては、個々人のレベルを超えた集合体レベルにおいて、社会が社会自身に再帰的に関与するという観点を打ち出す。具体的には、高齢者「世代」を単位とする社会運動を通じて、高齢者世代が同世代や異世代へと再帰的に関与する〈**老成社会**〉モデルを提案する。種々の先端科学技術に期待されるのは、そのような多世代間の媒介的共助の補完である。

次に、第2の課題に関しては、専門家側あるいは反専門家側による一方的な「同化」でもなければ、普遍主義志向の公民の立場からの「合意」形成でもなく、むしろ対立の流動化による移動をめざした〈**両側並行**〉モデルが提唱される。このモデルにおける媒介者の役割は、対立し合う当事者と同一の平面上に立ちながら、傍ら・横・側面から助言を行うことによって、当事者たちの〈自己変容〉を促すことにある。

最後に、第3の課題に関しては、二つの観点（利害関心にもとづく実践的な観点とシステムオーダーの理論的な観点）を抽出し、人間システム同士の関係をさしあたりの手引きとしながら、両観点の比較を通じて四つの基本原理（**尊重・配慮・背後・準位**）モデルを導出する。

1. 新たな共同関係の創出：〈老成社会〉モデル

　第1の課題に対しては、序章の末尾で次のような方向づけをした。すなわち、実際性の次元における機能システムの相互連関からもたらされた効果・負荷の影響を通じて、個々人の欲望は際限のないほど煽り立てられ、すでに国民規模にまで拡大した過剰な欲望、つまりいわば「**国民の欲望**」になっている。そしてそのような過剰化は「トリレンマ」の状況をもたらし、政治システムと国家に対して過重な負荷を与えている。したがって「国民の欲望」を飼い馴らすためには、養生や自己責任論といった個人単位の工夫や対策ではもはや不十分であり、何らかの集合的なレベルの自己統治が求められている、と。[1] とすれば、その種の集合的な自己統治を担うのはいったい誰であろうか。

　その候補として考えられるのは、さしあたり家族や各種団体やとりわけ国家といった既存の組織であろう。しかし、それらはすでに実際性の次元における機能システムの相互連関のうちに、その担い手として組み込まれている。そのかぎり国民の欲望の過剰化には対応できない。次に考えられるのは、既存の組織ではないような「社会運動」である。1980年代以降の社会運動が追求してきたのは、一方では「ジェンダー」や「障害者」といった「弱者」の解放であり、他方ではグローバルな「環境」保全であった。しかし前者の場合、抑圧や無理解からの解放という目標じたいが「国民の欲望」を抑制するどころか、かえって過剰化を促進する結果をもたらしていた。また、後者の場合でも「国民の欲望」を抑制する可能性をもちながら、多様な立場に拡散した結果、凝集の核となる集合的な担い手を欠いていたといえよう。

　そうだとすれば、「国民の欲望」の自己統治という観点から、凝集の単位として考えられるのは何であろうか。その答えは「世代」、それも高齢者の世代である。世代を単位とする社会運動は人類史上これまで類例がないと思われる。しかもなんと、高齢者つまり老人の世代である。はたしてこのような目論見は実現するのであろうか。

　ここで日本社会における「格差」に注目してみよう。日本社会では（明治から戦前までを別として）戦後から今日に至るまで、階層間の格差がベースにあるとしても、その上で世代間の格差が相当に大きかったとされる。[2] もちろんこの見解には異論があり、いわゆる「下流老人」がいま増加していることも事実ではあるが、それでも世代間の格差に注目することは重要であろう。まず、高齢者世代のほうが若者世代よりも社会保障に関して優遇されている。また、医療機関を受診して医療費を押し上げるのはもっぱら高齢者世代である。さらに、人口構成の高齢化によって大量の高齢者が存命している中で、いわゆる団塊の世代（60歳代後半）のように、活動的で意欲的な高齢者の多数が健在である。以上を考慮するとき、ここに新たな「世代間倫理」が浮上していることに気づかされる。この新た

結章　三つの基本課題に対する理論モデルの提唱　　239

　な世代間倫理（つまり世代間のコミュニケーションの対立とこの再構造化）において問われているのは、環境倫理にいう現存世代と将来世代との間の格差というより、現存世代同士の間の格差である。そしてこれが延いては将来世代との間の格差につながることになる。

　高齢者や超高齢化社会に関する目下の政策の中心は、「自助」を軸とする自己責任論である。その中で高齢者に期待されているのは、①引退してつましく暮らしながら世話を受けるという旧来の受け身の生き方から、②自分の養生に心を配りながら余生を楽しむという自助的な生き方への転換である。例えば2002年に制定された「健康増進法」や、WHOが1980年代から提唱してきたいわゆる主体的健康論は、そのような自助的な生き方の路線上にある。こうした中で各種の養生法や多様なサプリメントが、マスメディアを通じて人々に垂れ流されることになる。あるいは抗加齢医療（アンチエイジング）のように、元気な長寿をめざしてデジタル化された医療技術が総動員される。

　しかし、国民レベルの過剰な欲望の無際限な膨張に対して、自助の上での長寿という政策や、個々人レベルの対策・工夫では限界がある。その種の政策・対策ではかえって欲望が駆り立てられるだけでなく、機能システムを担う組織から構造的に排除された人々の救済にもつながらない。とするなら、さらなる転換が必要となろう。それが新たな「共助」のあり方、すなわち、③高齢世代がこれまで培ってきた豊富な経験と技術を活かして社会に貢献することを通じて、健康を保つという「ほどほどに積極的な生き方」への転換である。具体的には、同世代で相互に支え合うだけでなく、保育や教育や産業や文化の面で現役世代を補助・補完するという働き方である。そこにはまた、包括的に排除される人々への援助も含まれる。そしてそのような「共助」をさらに支えて補完するためにこそ、先端科学技術が活用されてしかるべきであろう。

　ここで提案された③の生き方を学術のレベルで受けとめ直すとき、既存の「ジェロントロジー（老年学）」の大胆な組み換えが必要となってくる。人類は今日、日本社会を先頭にして「超高齢社会」に突入している。その中でジェロントロジー（老年学）が脚光を浴び、活況を呈している。近代社会に移行して以来、「老い」は人生の「余白」、「欄外」、「老残」等とみなされてきた。老いに対するそのような否定的な見方（エイジズム）を転換させ、肯定的な見方を積極的に弘めているのが、近年のジェロントロジー（老年学）である。これには大別して「老年医学」と「老人生活学」がある。しかしそのどちらも、残念ながら根本的な限界を抱えている。前者では「長寿」が壮年期の延長線上で捉えられているため、これでは従来のエイジズムと実質的に違わない。また後者では「人生の三分の一」に視線が固定され、人生全体と全体社会への接続が遮断されている。

　新たなジェロントロジー構築の成否はそのような限界の突破にかかっている。そのためには次の三つの視線が必要である。第一は、人生プロセスの後半から終盤に位置する老い（老人）が老い（老人）自身を再帰的に捉え直す、という意味

での〈老成〉の視線である。このような再帰によって、人生プロセス全体が不断に意味づけ直される。第二は、「認知症高齢者をとりまく困難な状況」に対する柔軟な視線である。高齢者の20～30％近くがいつかは認知症になるといわれる中で、認知症高齢者に関与する医療者や介護者、家族や行政担当者（地域包括ケア）の視線は、しばしば高齢者本人を一方的に固定して見がちになる。そこに潜在する対立構造に目を向け、これを解きほぐすような柔軟な発想と多彩な工夫が求められている。第三は、「全体社会そのものの老成」という視線である。近代社会が行き着いた先が、超高齢社会という名の「老いた社会」であるとすれば、この老いた社会が持続的に安定するためには、社会が再帰的に社会自身に向き直り、不断に老成する必要がある。

　以上の三つの視線が交錯するところに、新たなジェロントロジーとしての〈**老成学**〉が浮かび上がる。老成学の原点は認知症高齢者をとりまく潜在的な対立状況である。この対立を解きほぐすために、「身近な他者である同世代高齢者による媒介的共助」というモデルを設定してみよう。ここで〈**媒介的共助**〉とは、〈支えられつつ支える／支えつつ支えられる〉という、（超越的な外部の視点をもたない）共同性次元のコミュニケーションである。このような共助によって、既存の組織や社会運動、そしてとりわけ国家に依存することなく、多様化し弱体化した家族機能を補完することが可能となるだろう。そして、デジタル科学技術もそこに組み込まれることではじめて、その真価を発揮することだろう。

　ここで提案された〈媒介的共助〉モデルがさらに多世代間や社会全体へと拡大されるとき、高齢者世代がより若い世代（によって支えられつつ後者）を支えるような社会が浮上してくる。このように高齢者世代（の経験や知恵）による媒介的共助が全面的に行き渡る社会こそ、超高齢社会が自己を再帰的に捉え直した社会、すなわち〈**老成社会**〉である。老人のもつ経験と知恵が社会全体を構造的に活性化する〈老成社会〉では、種々の活動を通じて高齢者個々人の健康が保持されるだけでない。それにとどまらず、欲望の過剰化によって全体社会の再構造化がかかえこむトリレンマ（パラドックス）もまた、解消することはないとしても流動化し、新たなパラドックスへと移行することだろう。

2. リスクをめぐる正義の対立の調整：〈両側並行〉モデル

　人は一般に他者の視線の偏りはよく見えるが、その反面、自分自身の偏りについては見えないものである。これを裏からいえば、特定の個人が公平無私の視点をもつことはありえないことになる。ただし、特定の個人の視点の内部においても、外部との比較によって自己の偏りから一定の距離をとることは不可能ではない。**序章**の2.3で既述した思想上の四つの立場についても、同様のことを指摘できる。それらの偏り（盲点）をえぐり出すなら**図 結-1**のようになる。

　まず、①専門家・実務家の思想の盲点とは、啓蒙・啓発という名の（合理性への）

```
        統合性                    実際性
     普遍的公民の思想         専門家の思想
     合意への幻想           一方的同化
  ─────────────┼─────────────
     無差別者の思想         反専門家の思想
     同一性への原理的拒否      一方的同化
        超越性                    共同性
```

図 結-1　思想上の対立と盲点

一方的な同化である。それに対して、②反専門家・民衆の思想の盲点は、合理性に対する拒否と共同性の一方的な押しつけである。他方、両者とは一線を画している③普遍主義を志向する公民の思想では、公民（市民）や合意に関する理想主義的な幻想が盲点となる。そして反省的な距離をとる④無差別者の思想では、専門家・反専門家・公民（市民）に共通する同一性に対する原理的な拒否へのこだわりが、自分には見えない盲点となっている。

ここに見られるように、①②③に共通しているのは、「一致（agreement）」の視点からの「一致／不一致」の分割である。この一致の視点にとっては、「非一致（non-agreement）」との間の境界線は見えない。それに対して④では、たしかにその境界線は考慮されている。しかしこの無差別者の思想は、実際のコミュニケーション（社会システム）に影響を及ぼすことなく、たいていは頑固に外部に止まり続けている。今日、無差別者の思想が依拠する超越的・絶対的・特権的な外部の視点は消えてしまっている。唯一残っているのは「横からの相互的な観察」である。これは他者と同じ平面上に立ちながら、「観察する／観察される」関係の中で接続される相互観察である。したがって、思想という理念的コミュニケーションにおいても期待されるのは、視線の盲点をもつ同士が自己解釈を比較しつつ、相互に刺激を与え合うようなコミュニケーションということになる。

　倫理学は**序章**の**1.5**で説明したように、サードオーダーの水準にある再帰的構造化である。つまり、セカンドオーダーの再構造化に対して、同じく再構造化の水準に立ちながら相互反照的に観察するような視点を保つ。ところが従来の倫理学は、いずれもセカンドオーダーの水準に止まっており、サードオーダーの水準に至っていない。例えば、①自由主義や功利主義の道徳哲学であれ、②アリストテレスの徳倫理やヘーゲルの人倫や和辻倫理学の「間柄」であれ、③普遍主義的なカントの義務倫理学やハーバーマスの討議倫理学であれ、あるいは④宗教的または相対主義的な倫理学であれ、以上の指摘はすべて同様にあてはまるものと考えられる。それらのいずれであれ、理念の四象限構造のうちの一極に固執し、四

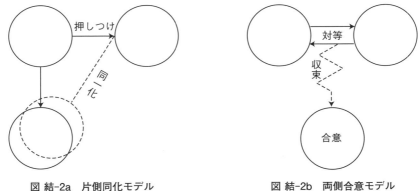

図 結-2a　片側同化モデル　　　図 結-2b　両側合意モデル

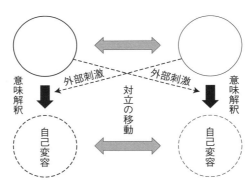

図 結-2c　両側並行モデル

象限連関のバランスが考慮されていない。[(5)]

　もちろん、対立の状況に実践的に関与するためには、思想の視線や倫理学の視点を何らかの理論モデルへと具体化する必要がある。そしてこれまで二つのモデルが提出されてきた。そこに新たにサードオーダーの相互観察的な再帰的視点を具体化した第三のモデルを付け加えることで、三者を比較してみよう。**図 結-2a、結-2b、結-2c**を見ていただきたい。

　一つ目は、対立する一方の側が他方の側を同化・吸収する〈**片側同化**〉モデルである。二つ目は、双方が相互に相手側を尊重しながら合意をめざす〈**両側合意**〉モデルである。この両者を思想上の立場にあてはめるなら、前者に適合するのは思想の①と②であり、後者に適合するのは思想の③になる。ただし、両モデルはともに「一致（agreement）」の視点にとらわれており、一致の背後の潜在性に対しては盲点をもっている。両モデルが抱えている強引な押しつけや幻想はそのような盲点に由来する。そしてその結果として、対立構図がかえって固定・増幅

図 結-3 媒介者の4タイプ

され、思想同士の分裂が長引くことになる。

　三つ目は〈両側並行〉モデルである。このモデルがめざすのは、一方的な押しつけや双方の合意といった幻想ではなく、それぞれの側の〈自己変容〉である。つまり、対立状況の最終的な解消というよりも、対立の流動化とこれによる新たな対立状況への移行（movement）である。前二者のモデルはこの三番目のモデルの極限的なケースとして位置づけられる。この〈両側並行〉モデルが前提にしているのは、外的刺激を変換し、自己解釈を通じて自己変容するシステムである。

　〈両側並行〉モデルの例証として、福知山線列車事故（2005年）をめぐる被害者遺族とJR西日本との対立ケースをとりあげてみよう。(6) 当初、被害者遺族側が責任者の徹底追及と事故原因の根本究明を求めたのに対して、JR西日本側は事故を運転手個人の責任とし、組織は無関係であると主張した。事故発生から10年間、両者は27回もの交渉をもったという。そしてその結果、交渉で得られたのは一方的な同化でもなければ、双方が満足する合意でもなく、たんなる対立の移動であった。とはいえ、この移動の意義を過小評価してはならない。被害者遺族側の一部は原因究明による再発防止を自分たちの責任・使命と考えるようになったし、他方のJR西日本側もヒューマンエラーの考慮不足や、組織内の連携不足をようやく認めるようになったからである。たしかに対立は移動しただけである。しかし、そこには双方の側の苦渋に満ちた再帰的な構造化（自己変容）が反映されている。

　ここで次の可能性を想像してみよう。もしかりに〈両側並行〉モデルに熟知した媒介者がその交渉の場にいたとすれば、対立の流動化と移行はもう少しスムーズに、つまり苦渋の度合いがより少なく、進んだのではなかろうか。

　一般に媒介者には次の四タイプがある。**図 結-3**を見ていただきたい。①中立者タイプは話し合いのテーブルを用意するが、自分は見守るだけであり、決定にいたる成り行きを当事者同士に放任する。その結果は対立が継続するか、消滅するかのいずれかである。②仲裁者タイプは話し合いのテーブルを用意した上で、調停するために仲裁案を提示する。これは部外者による強引な同一化とみなされ

る。③普遍主義の精神をもつ合意形成者タイプの場合、話し合いのテーブルを用意した上で、合意形成へ向けて介入し、誰もが納得する一致をめざす。ただし、全員の一致は実際にはほとんど実現不可能である。

以上のタイプに対して、〈両側並行〉モデルにおける媒介者は④**助言者**タイプである。この助言者は両側の当事者たちとは〈観察する／観察される〉関係に立ちながら、両当事者を横ないし傍らから観察する。そして双方に対して次の四条件を示唆して自己変容を促す。その四条件とは、

 流動性（mobility、対立の移動）
 相対性（relativity、四極連関性）
 盲点性（blindness、非一致の視点の欠如）
 事実性（facticity、真理性の条件)[7]

である。もちろん、助言内容はコンテクストの違いに応じて多様であるし、その示唆（外部刺激）をどのように受けとめるかもあくまで当事者に委ねられている。忘れてならないのは、観察している媒介者もまた、同一平面上の他者によって観察されていることである。とにかく特権的な視点はない。相互的で相対的な観察を通じてのみ個々の行為者たちは自己変容し、この自己変容の中でこれと連動して対立状況自体も変容するのである。

以上を要するに、科学技術（テクノロジー）のリスクをめぐる正義の対立そのものは、社会システムの構造としての倫理としては、セカンドオーダーの水準にある。この対立状況に対してサードオーダーの構造的反省としての倫理学は、具体的には〈両側並行〉モデルによる媒介として関与し、この媒介を通じて対立の流動化と移動をめざすのである。例えば、昨今の科学不正の横行を深刻に受けとめた科学技術振興機構は目下、「科学技術コミュニケーション」の研究に資金を提供し、対立の解決の実践例を集めようとしている[8]。本書があえて提言したいのは、深刻な対立は易々と解消したり解決されたりするものではないという、きわめて当たり前のことである。対立の解決ではなく、流動化を通じた対立の移動をこそめざすべきではなかろうか。

最後に、対立の流動化へ向けて実践的にもう一歩ふみこんでみよう。対立状況に巻き込まれているのは、実際には機能システムを担う個々の「組織」である。組織の構造的（すなわち倫理的）な対応は、**序章**の**1.5**で示したように、実際的・規範的・道徳的・理念的の四次元に沿って行われる。そのとき対応の仕方を大きく左右するのが、外部の組織や同業組織である[9]。対立の流動化にとって組織と組織の間のコミュニケーションは重要な意味をもっている。とすれば、組織同士のコミュニケーションに関与して対立状況を流動化させるために、助言者としての媒介者もまた組織化されている必要があろう。個々の対立状況に応じて立ち上がった助言者の一時的な組織が、特定の争点をめぐって論点を整理して提示する

際、序章や本章で説明してきた思想の連関構造の分析が、おそらくその理論的な支えとなることだろう。[10]

3. 人間・動物・ロボットおよび胚・成体の分割線：四原理モデル

3.1 実践的観点と理論的観点

　第3の課題において問われているのは、人間・動物・ロボットの間ならびに胚・成体の間の再区別化、つまりは分割線の再設定である。**序章**の**2.4**で説明したように、現在、科学技術のデジタル化という二値的一元化が急速に進行している。その中で注目されるのがロボットとともに「サイボーグ」（人造人間）である。サイボーグはもちろん人間（動物）ではある。しかし、機械とデジタル的に接続することによって新たに誕生した組織体でもある。このようなサイボーグを人間とロボットの間に挟むとき、後二者が連続的につながるような印象を与える。この印象はたんなる錯覚だろうか。それとも、両者は実際にも連続するのだろうか。その点を見極めるために、人間が〈もの〉たちに接触する原初的な場面に立ち戻って考えてみよう。

　〈もの〉と一口にいっても、システムである場合もあれば、そうでない場合もある。ものがシステムである場合にはオーダーの違いによって種々に区別される。いずれにせよ、種々の〈もの〉たちに取り囲まれる中で、人間というシステムは特定の〈もの〉に接触する。その際、その接触はどのように受けとめられ、意味づけられるのであろうか。

　出発点となるのは、「動くもの」は「生きもの」であり、しかも「自分（人間）」と類似したものであるという、ゆるやかな受けとめ方であろう。これはいわゆる〈擬人化〉であるが、むしろ〈擬自化〉のほうが適切かもしれない。ともかくここでは、相手（対象）を自分と同類とみなす心理機制（意味接続の回路）が働いている。ちなみに、この心理機制は、**序章**の**3.3.3**で指摘したように、ロボットを論じる哲学者が依拠する「みなし」観の源泉である。

　さて、それに続く段階では、擬人化ないし擬自化を下絵としつつ、その上に二つの分類の仕方が上書きされる。一方にあるのは利害関心にもとづく実践的観点からの分類の仕方であり、もう一方は認知的・理論的観点からの分類の仕方である。

　前者の実践的観点からする分類の仕方では、「仲間／仲間でない」という軸と「道具／道具でない」という軸が分割の基本である。ここで働いている心理（意味接続パターン）に対しては、〈擬友化〉と〈擬物化〉が相応しいかもしれない。実践的観点（と理論的観点の両方）の基底には、いうまでもなく「意味の基本構造」がある。実践的な分類の仕方に関していえば、どこから見ても「人間」の仲間として認められる場合、（〈実際性〉や〈共同性〉とともに〈統合性〉や〈超越性〉まで含めて）意味の四次元がすべて当てはめられる。それに対して「道具」とし

てのみ認められる場合には〈実際性〉の次元だけが割り振られ、あるいは「ペット」としてのみ受け取られる場合では〈共同性〉の次元だけで捉えられることになる。ちなみに、動物は種の違いに応じて道具か仲間かのどちらかに割り振られる。例えば牛は有益な道具になり、猫は愛すべき仲間に分類される。

他方、後者の理論的観点からする分類の仕方では、〈もの〉に関わる日常的・科学的なカテゴリー分けが動員される。社会学や生物学の伝統をふまえるなら、ものは「目的合理的」「価値合理的」「伝統的慣習的」「感情的」といった行為カテゴリーや、「特定機能的」「本能的」「刺激-反応的」といった行動カテゴリーによって捉えられる。その他、事物や生物の系統発生や組成に沿った分割線も用意されている。人間は日常的にも科学的にも、以上のような枠組みを用いて、そのつど接触する〈もの〉たちを分類している。そしてそれらの上に、**序章**の3.3.3で言及した倫理学の〈縦二分割〉や〈横二分割〉が乗っている。

これまた序章の末尾で言及したことだが、人間の心の内部では情動イメージの接続と記号の接続とが交錯・交流している。したがってその延長線上において、心の内部の意味接続では、実践的・情動な分類法と理論的・認知的な分類法が比較されることになる。例えば、私の横に寝そべっている「このもの」は、（理論的観点からは）動物（犬）やロボット（機械）に分類されるが、（実践的観点からは）私の人生の大切なコンパニオン（友）だというように。あるいは、倫理学の例を出すなら、カントが人類の道徳感情を考慮して「物件」である「動物」に対して「間接的な義務」を位置づけたり、功利主義者が親近度の「実際的な配慮」によって快不快の原理を補正したりすることも、そのような比較の帰結であるとみなすことができる。

二つの観点の交錯による比較の別例は、人工呼吸器によって生命システムが支えられている患者である。この場合の患者は一見すると普通の人間であるが、イメージと記号とを接続する自己意識システムが作動していないかぎり、理論的には機械につながれたサイボーグといえる。しかしそれにも関わらず、通常は「人間」として遇される。つまり、存在身分としては次節以降で論じるヒト胚に類似するとしても、患者はあくまで潜在的な個人とみなされるのである。このような配慮をもたらすのが実践的関心である。そして実践的関心を動機づけているのは対面的コミュニケーションの蓄積の重みである。「人間」でなければ「物体」であるという排中律（二分法）は、実践的観点ではしりぞけられる。

さて、以上の二つの分類の仕方のうちで、利害関心にもとづく実践的観点とこれを枠づけている意味の四次元構造は、人間が情動をもつ生物であるかぎり変わることなく安定している。それに対して理論的・認知的観点からの分類の仕方のほうは、時代的な制約の中で伝統的・慣習的な分割線を引きずりやすいといえる。例えば、近代社会の中で誕生した社会学の場合、「行為主体」としての「個人」という発想から抜け出すことは困難である。ただし視点のとり方次第では、それも大きく変動する可能性はある。今日、デジタル化（二値的一元化）が進行する

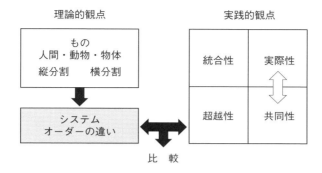

図 結-4　理論的観点と実践的観点の比較

中で解体しつつあるのは、まさに近代において常識化した理論的な分類法なのである。そこで新たに、そのような近代的な分類法に替えて序章で導入したシステムオーダーの観点を導入してみよう。ここまでの話の流れについては図 結-4を見ていただきたい。

3.2　新たな理論的観点：システム構造のオーダー

序章の1.3で論じたように、システムの構造には三つのオーダーがある。まず、刺激がそのまま反応に直結するような〈もの〉は、外部刺激の変換を最低条件とするシステムではない。そこには構造による自己調節、したがって内部性もしくは自己性が欠如している。次に、サーモスタットのように、ネガティヴ・フィードバック調整によって不断に一定の状態を維持する場合は、ファーストオーダーの構造をもつシステムといえる。ただし、ここでの構造は外部の制作者によって設定・導入され、機能的に固定されたままである。続いて、情動をともなうイメージ群を接続する生物は、たとえどんなに原初的なレベルにあろうと、構造自体を調整する再構造化によってポジティヴ・フィードバック調節を行うかぎり、セカンドオーダーの構造をもつ。同様に、再構造化を学習するサイバネティック機械もまた、セカンドオーダーのシステムといえる。ただし、この機械は（構成素である細胞を自己産出するオートポイエティックな）生物と違って、その初期設定が制作者によって外から導入され、設定された構造化も機能限定されている。[13]したがって、自己学習機能によるその再構造化にはおのずから限界がある。

　人間システムに目を向けよう。序章でも掲げた**図 結-5**に示すように、人間は三重のサブシステムからなるシステムである。三重のサブシステムとは、すなわち、(1)生体分子を接続する生命システム（セカンドオーダー）、(2)情動イメージを接続する動物システム（セカンドオーダー）、(3)イメージと記号を接続する自己意識システム（サードオーダー）である。これらのサブシステムは、それぞれの構造を相互に接続し合い、そこにゆるやかなハイパー構造（あるいは間-

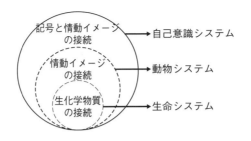

図 結-5　人間システムのサブシステム

構造）を形成している（この点は第4章の**3**で詳述している）。

　サブシステムのうち、中心に位置するのは、情動イメージを接続する動物システムである。このシステムでは情動連関が結節点となって、生体分子の接続回路（とりわけ脳神経のシナプス結合）と記号の接続回路とが交錯し交流する。ちなみに、神経心理学者のダマシオは、情動（衝動）ネットワークにおいて成立する同一性を「原自己」と命名している。ただし、人間（ホモ・サピエンス）の人間たるゆえんは、これまた既述のとおり、情動イメージを接続するセカンドオーダーの構造に、記号を接続するセカンドオーダーの構造が接続されている点にある。ここに立ち現れるのがサードオーダーの自己意識システムである。

　説明をさらに加える。ファーストオーダーの構造の下では、名詞や動詞といった事物や事態を直接に指し示す記号が接続される。それに対してセカンドオーダーの構造化では、指示代名詞・再帰代名詞・関係副詞といった再帰的な記号が接続される。したがって人間システムでは、イメージ接続と記号接続の二つのセカンドオーダーの構造が相互に参照し合って接続することになる。この相互参照する双構造化がサードオーダーの構造である。いわゆる「**自己意識**」とはそのような双的構造化における相互参照の接続を意味している。

　続いて、システム構造のオーダーの違いが生じるプロセスに目を向けよう。システムは不断に変化する環境（外的刺激の連関）に対して、手探りの偶発的な対応を迫られる。個々の接続を不能にするトラブルに対処してそれらを安定的に接続させるべく、構造は自ら断続的に複合化する。そして複合化を推し進めた先に構造の高階化が生じる。こうしてシステムの自己変容から三つのオーダー水準のシステムが生成する。例えば、セカンドオーダー水準の構造を共通の土台にしつつ、その上に人間とその他の動物のように高階化の水準が異なってくる。

　人間のサードオーダーシステムに変化がないかぎり、機械とデジタル結合されたサイボーグといえども、同じ人間であることには変わりない。それに対してロボットは、人間によって設計され、外部から制御されるセカンドオーダーの構造化をもつシステム（機械体）である。このようなロボット同士が独自の進化をへ

てサードオーダーの水準に達することがあるだろうか。序章の当該箇所で紹介したロボット学の成果をふまえて理論的に予測するなら、その鍵を握っているのは、人類の進化と同様の経路をたどってロボット同士が意味解釈を共有する可能性であろう。そのような意味解釈の共有が現実化し、その延長線上でロボットを制作するロボットが登場したとき、これはあくまで理論上の話ではあるが、非生命的・非生物的なサードオーダーシステムが誕生することになろう。

3.3　比較：尊重の原理と配慮の原理

さて、ここからいよいよ、実践的観点とシステムオーダーの理論的観点とを比較することから、〈もの〉たちを分割するための原理を導出することにしよう。まずはさしあたり、人間同士の接触の場合を手引きにする。ただし、これはあくまで身近な手引きであり、論全体の範例ではないという点に留意していただきたい。

人間同士、すなわち、〈区別を変換して意味解釈しつつ自己変容する〉システム同士のコミュニケーションにおいて、第一の原理となるのは「相互尊重」である。なぜかといえば、人間が上述のようにして自己変容するかぎり、他者である相手が当人に対して強引に介入したとしても、当人の〈自己変容〉そのものを強制することはできないからである。もちろん変容を強要することはできるが、それは〈**自己変容**〉ではない。自己変容はあくまで自己解釈にもとづく決意によって生じる。そのような事情が双方の側に成り立つというが、相互尊重を第一の原理とさせる理由である。

もとより、この相互尊重という見地そのものは決して目新しいものではない。従来の倫理学、例えばカントの倫理学においてもそれは原理の位置を占めているし、実践的関心から見ても優先的に位置づけられる。とすれば、それらと本書との違いはどこにあるのか。その答えはまさに理由づけ、つまり意味づけという接続の仕方にある。本書で着目している〈自己変容〉による理由づけは、例えば「人間の尊厳」のように、特殊な文化の中で歴史的に形成されてきた理由づけとは異なる。「人間の尊厳」は西洋世界の人間観の伝統をあまりに深く引き継いでいるため、動物やロボットの地位を考慮するだけの柔軟さに欠けている。この言葉が今日の日本社会において一人歩きしているだけに、その点の指摘は重要であろう。

人間同士のコミュニケーションを手引きにするかぎり、「相互尊重」が第一原理の位置を占めるのは当然であるとしても、あらかじめ注意したように、人間は普遍的な範例ではない。システムにおける区別変換・意味解釈・自己変容のうち、記号による意味解釈という人間に固有のプロセスがなくとも、（外的刺激の）区別変換を通じた自己変容は生じる。たとえそれが一方的（な片思い）だとしても、尊重を差し向けるべき相手はサードオーダーシステムには限定されない。セカンドオーダーのシステムである動物やロボットに対しても相互尊重ではないが、尊重それ自体を差し向けることはできる。〈自己変容〉に着目するかぎり、人間と

人間の間の相互尊重は、人間と動物やロボットとの間に成り立つ「尊重」という大前提の上に付加されたもの、ということになろう。それゆえ、近未来のデジタル時代の倫理学の第一原理としてふさわしいのは、〈自己変容〉システムに対する〈尊重〉である。尊重するとは、自己変容そのものと自己変容するシステムをそのまま受け容れるということである。

　続いて第二原理に進もう。人間システムの場合、解釈するのは自己意識システムの思考（記号の接続）である。その思考の変容は生物の行動、つまり動物システムを通じて具体的に表現される。そして思考の解釈と行動の変容の基盤にあるのは生命システムである。したがって第二原理は、システムの自己変容の条件である思考・行動・生命を害さないということになる。第二原理に関して従来の倫理学は自律や快苦の感情といった理由をもち出してきた。それに対して本書が採用するのは、〈自己変容〉が成り立つための条件という理由づけである。この条件は具体的には、生命への危害や、行動の自由の妨害、思考の自由への強制にかかわる。第二原理が求めるのはそれらの条件に対する〈配慮〉である。人間同士を手引きとするかぎり、第二原理は〈相互配慮〉になる。

　とはいえ、ここでも第一原理と同様の考慮が必要である。システムの自己変容を害さないという要請は、狭義の意味解釈を行う人間システムに対してだけではなく、広義の区別変換を行って自己変容するシステムのすべてに対しても、等しく妥当するはずである。とすれば、第一原理と同様にここでも、自己変容するシステムに対する配慮の優先順位は人間の場合とは逆転することになる。すなわち、人間の場合が思想＞行動＞生存の順序だとすれば、自己変容するシステムにとっては生存＞行動＞思考の順序になる。ここでも人間の場合は範例にならない。むしろ、人間同士の間の相互配慮は普遍的な配慮という土台に上に積み上げられ、付加された特殊形態なのである。

3.4　価値システムと非システムの価値：背後の原理

　価値づけるとは、構造（つまり倫理）の観点から尊重と配慮をめぐって優先度の序列を設定し、それに沿って〈もの〉たちを分割することである。実際の価値づけは、システムオーダーの理論的な差異（高階化）の上に、人間システムや社会システムに内在する実践的関心による差別化が加わってはじめて具体化する。つまり、理論上の差異は実践的な差別化を通じて具体的に価値づけされる。そこに形成される価値の序列では、システムとしての〈もの〉は、システムであるかぎりオーダーの違いに関わらず、尊重と配慮を受けとることになる。価値をもつのはあくまで内部に構造をもって自己変容するシステムだからである。そしてシステムが高階化するにつれて、尊重と配慮の度合いが高まっていく。

　しかし以上の枠組みでは、物体や自然物のように〈システムでないもの〉は価値をもたないことになるが、はたしてそれでいいのだろうか。システムの外部にはシステムもあれば、非システムもある。非システムとしてのものにはいかなる

価値もないのだろうか。ここでシステムの潜在的な外部とその価値について考えてみたい。

序章の1.3で説明したように、システムとその外部とは同時に成り立つ。システムは外部からの刺激なしには成り立たない。外的刺激が変換されて単純化された同一の区別が接続される中から、一定の接続パターンとしての構造が形成され、これによって個々の接続が方向づけられるとき、そこにシステムが成立する。システムの自己変容はあくまで内部的に起こる。しかし、そのためのきっかけとなる刺激は外部からくる。刺激があれば必ず自己変容するわけではないにせよ、外部の刺激（影響）なしにはそもそも自己変容は起こらない。このようにシステムの自己変容にとって外部は必要条件なのである。

以上をふまえるなら、非システムである物体・自然物、そしてその集合である自然環境は、システムそのものの存立と自己変容にとって必要条件としての、したがっていわば潜在的な背後としての価値をもつことになる。この潜在的背後性こそ第三の原理であり、これを〈**背後**の原理〉と呼んでおこう。システムを支える背後の原理という土台の上に、システムに対する普遍的な尊重と配慮が据えられることになる。なお、システムの外部としての何ものか（これをさしあたり自然と呼ぶ）と、その外部がシステムの内部に取り込まれて意味づけられた「自然」とは異なる。システムは自己の外部（潜在性）を内部の外部（可能性）としてしか意味づけられない。ただしそうではあっても、その限界内において外部を観察・言及しつつ自己変容のきっかけにすることができるのである。

なお、ここで**動物**の価値についても触れておきたい。歴史的に見れば、動物に対する尊重と配慮は実用的価値にもとづく虐待防止から、共同的価値に重きを置いた動物福祉をへて、動物の権利（統合的価値）の主張にまで広がっている。このような動向と呼応して動物倫理学にも三つの立場がある（第7章を見よ）。一番目は「動物＝機械＝物体」という見方をする理性主義の立場である。ここでは動物に対する尊重はないが、間接義務としての配慮が求められる。二番目は快苦の感覚すなわち生への利害関心の共通性に注目して、人間と同等の尊重を求める功利主義の立場である。ただし、この立場にあっても上述のように、配慮に関しては人間による実践的関心や「理性の段階」という点を考慮する。そして三番目が人間と同等の尊重と配慮を動物に認める立場である。ただし、この立場が理性ではなく、生命そのものに価値の源泉を求めるとすれば、動物以外の生物（植物）の処遇が問題になってくるだろう。

以上のような動物倫理学の立場とは別の見方も成り立つ。それは人間と同等な権利の主張というより、上述したシステムオーダーの観点と実践的観点とを組み合わせて、尊重と配慮の配分を相対的に捉える立場である。中村によれば、日本人は古来、同等のもの同士の交流とも霊魂の無差別化ともいえるような、呪術的・土着仏教的な枠組みの中で生き物たちに接してきた。それに対して欧米人の多くは、キリスト教に由来する上／下という見地からなかなか抜け出すことができな

い。例えばクジラ（イルカ）をめぐる文化摩擦にうかがえるように、動物の保護活動をしている人々の間でも、クジラ（イルカ）＞魚という（知能に基づいた痛みの感受性を規準とする）序列観をうかがい知ることができよう。

3.5　胚と成体：準位の原理

　今度は人間や動物の胚と成体の分割線に話を転じよう。「胚」の話題は広くとれば、ヒト由来の生物資源の利用全般に関わってくる。昨今では国内各地の研究拠点に「バイオバンク」が設立され、各種の幹細胞や、血液、組織、臓器、身体の一部が保管・管理されるようになっている。そこにはまた試料と合わせて、各種の情報データも集約されている（第11章を見よ）。そうした中でヒト由来の生物資源は、物体に準じるのか、それとも生物に準じて扱うのが相応しいのか、あるいは情報データは人格に準じて扱うべきなのか、といった問題が提起されている。欧米でとりわけ議論を呼び起こしているのは、胚（受精卵の次の段階）の倫理的な地位についてである。胚はいまだ生物の成体をなしていないが、適切な条件下におかれるなら成体へと分化・成長する潜在性を有している。もとよりその分化・成長の経路は環境の影響に左右されるため、正常な成体にたどり着けない場合もしばしば生じる。とすれば、そのような胚に対しても、成体と同等の尊重と配慮を与えてよいものだろうか。

　胚の倫理的地位をめぐってはドイツの議論が精緻にして執拗である。まずはそこでの議論を手引きにしてみよう。(17)ドイツにおける議論を主導しているのは次の二つの観点である。その一つは「人間の尊厳」にもとづく「尊厳保護」である。人格は道徳的主体の資格をもつ。それに加えて法的な人格まで有するのは成人に限定される。このような枠組みでは、将来的に人格となるかぎりの「胚」もまた尊厳をもち、保護の対象になる。もう一つは「生命保護」である。これは人格としての尊厳をもたなくても、生命があるかぎり保護されるべきだとする考えである。(18)ちなみに、表面的に見るなら、前者の「尊厳保護」は3.3で導出した〈尊重原理〉に対応し、また後者の「生命保護」も同じく〈配慮原理〉に対応しているように見える。しかし、何度も強調しているように、重要なのは理由づけである。その点でいえば、ドイツの二つの観点と本書の観点とは決定的に異なる。

　さて、二つの観点をめぐる議論上の立場は、以下に示すようにAからDの四つに分かれる。まず、「人間の尊厳」が胚に対しても適用されるか否かに関しては、①受精の段階から「尊厳保護」が適用されるとする立場と、②段階的に保護が強まるとする立場がある。①はさらに、A「尊厳保護」も「生命保護」も胚の時点で最初からあるとする絶対的立場（これは単一の生命体としての成体から逆推理する）と、B 比較考量の余地があるとする立場（「尊厳保護」を厳格に適用するが、生存母胎条件が整わない場合でのみ「生命保護」を適用しない）に分かれる。他方、②もまた、C 高度の「生命保護」の立場（初期胚には「尊厳保護」を拒否するが、人格への潜在性をもつから強い意味での「生存保護」を必要とする）と、

D「生命保護」も段階的とする立場（出生へと定められている胚はそれ以外の胚より地位が高い）とに二分される。

　以上のようなドイツの議論は、キリスト教の伝統の外部にいる人間の目には、少なくとも次の3点に関して不十分なものに映る。まず、議論で問題とされているのはヒト胚だけである。ヒト以外の胚を議論に加えるなら、その種の枠組みでは対応できないだろう。次に、人類であるというたんなる事実が倫理上の根拠とされている点である。しかしこれでは価値に関する理由づけとしては説得力をもたない。とりわけ疑問とされるのは3点目、エピジェネティクな発生の論理が欠如していることである。たしかに段階の考え方はあるが、そこに経路依存性や偶発性が組み込まれていない。

　以上のような難点を考慮するかぎり、ドイツ流の枠組みとは別に、正位に対する〈準位〉という見方を新たに導入する必要があろう。胚は適切な条件下ではやがて生物（動物）の成体になるが、現時点ではその途上にあるから「準生物（動物）」である。ヒト胚も同様にいずれは人間個体になるが、現時点ではその途上にあるから「準人間」である。〈準位〉にあるかぎり、正位に比べると尊重と配慮の程度は劣るとしても、けっして零ではない。むしろ、準じて大切に扱われるべきだということになる。要するにこの〈準位〉こそ、デジタル時代の倫理学における第四原理だということになる。

　ただし、ヒト胚は「準人間」ではあるが、関係者の実践的関心にも依存するかぎり、場合によっては「準生物（動物）」と同等の地位に切り替えられることもある。それは例えば、親の保護意志の消滅の上で研究・医療目的のために提供される場合である。そのとき胚は人間個体への経路をとらないから、「準生物」として扱われることになろう。

　本節の全体をまとめよう。人間・動物・ロボット・物体ならびに胚・成体をめぐって新たな分割線を引き直すという第3の課題は、以上の四つの原理の導出をもってひとまず答えられたことになる。四つの原理は〈意味コミュニケーション〉にもとづく〈自己変容システム〉という視点から一貫して導かれた。こうしてここに姿を現しているのは、デジタル宇宙における人間の地位を指定する新たな哲学的人間学である。

【註】
（1）この意味でフーコーの自己統治論では不十分である。知の考古学から生権力論をへて生政治＝自己統治論へといたるフーコーの軌跡については、檜垣達哉『フーコー講義』（河出書房新社、2010年）が参考になる。
（2）この点はピケティ『21世紀の資本論』（原著2013年、山形浩生他訳、みすず書房、2014年）の見立てに反する。
（3）正確にいえば、日本の戦後における高齢者福祉の柱は、自助（貯蓄）＋共助（家族）＋公助（年金）である。このうち家族機能の弱体化と貧困な社会保障のため、自助しか頼るものがないというのが実情だろう。
（4）例えば中世の日本社会では老人は「神＝翁」と見られていた。黒田日出男『境界の中世

象徴の中世』（東京大学出版会、1986年）、228頁を見よ。
（5）倫理学の諸理論の検討については、別に一書が必要であるためここでは割愛する。
（6）NHKクローズアップ現代「いのちをめぐる対話～福知山線事故遺族とJR西日本の10年」2015年4月20日放送。
（7）序章を受けていえば、「事実」は「現象的区別」に関する「命題」として複雑に構成されている。この点は、歴史的事実（「従軍慰安婦強制連行」）でも、実験的事実（「STAP細胞」）でも同様である。理系的な表現をすれば、事実とは「観察、装置、言語、仮説/理論」の関数であり、仮説/理論とは「以前の事実/経験、以前の理論、観点、思想」の関数である。このように多変数から複雑に構成されて多レベルをもつとはいえ、また観察自体が関心・視点に左右されるとはいえ、コミュニケーション（とりわけ議論）の土台は、あくまで「事実」同士の整合的連関にある。「推定」という「事実」もその上にも成り立つ。なお、チャルマーズ『改訂新版 科学論の展開』（高田紀代志・佐野正博訳、恒星社厚生閣、2013年）でも、同趣旨のことが主張されている。
（8）科学技術振興機構のウェブサイト。
（9）組織はとくに同業組織をモデルやライバルとみなし、トラブルへの対応を決める場合が多い。これに関してはジラールの「欲望の三角形」理論が示唆的である。ジラール『欲望の現象学』（古田幸男訳、法政大学出版局、1971年）を見よ。
（10）松本のセクター論は重要な一歩であるが、論点整理のためには本章の2で提示したような思想（イデオロギー）の構造分析を組み込む必要があろう。松本三和夫『テクノサイエンス・リスクと社会学』（東京大学出版会、2009年）、とくに302頁を見よ。ちなみに、本章の2に関しては、次の論文で詳述しているのでご覧いただきたい。森下直貴「倫理学の視点からのリスク論」、『臨床環境医学』23巻2号、75－84、2014年。
（11）C・レヴィ＝ストロース『野生の思考』（原著1962年、大橋保夫訳、みすず書房、1976年）を見よ。
（12）これらはウェーバー、デュルケーム、パーソンズの分析枠組みである。富永健一『思想としての社会学』（新曜社、2008年）に詳しい。
（13）「オートポイエーシス」の概念については、H.R.マトゥラーナ・F.J.ヴァレラ『オートポイエーシス』（原著1980年、河本英夫訳、国文社、1991年）を見よ。
（14）ダマシオ『感じる脳』（講談社、2003年）を見よ。
（15）システムの進化についてはルーマン『社会の社会Ⅰ・Ⅱ』（原著1997年、馬場靖雄他訳、法政大学出版局、2009年）、第三章を見よ。
（16）中村禎里『日本人の動物観』（ビイングネットプレス、2006年）。なお、人類主義の立場にたつハーバーマスは、社会的な関与の程度を考慮し、動物の倫理的地位は人間より劣るが、動物に対しても直接義務があるとする。『人間の将来とバイオエシックス』（原著2001年、三島憲一訳、法政大学出版局、2004年、新装版2012年）を見よ。ちなみに、「ドイツ基本法」第20条aには「自然環境と動物の保護は将来世代の責任である」と謳われている。これについては科学技術倫理学文献E、第Ⅱ部第3章、とくに156頁を見よ。
（17）前掲文献E、第Ⅲ部第3章頁。
（18）「尊厳保護」と「生命保護」という二分法は、「人格／物件」に二分するカントの倫理学に由来するが、その淵源をたどればローマ法にまで遡る。

索　引

英字

ES 細胞 …………………………… 205, 228
iPS 細胞 …………………………… 205, 228
Moral Bioenhancement（MBE）
　　　　……… 91, 108, 109, 142, 144, 145
NBIC ………………………………… 19, 216
WHO の健康定義 ……………………… 57, 58

〔あ〕

アノマリー ………………………………… 79
アンチエイジング ……………… 20, 84, 239

〔い〕

異常（abnormal） ……………………… 26, 75
1 次予防 …………………………………… 34
遺伝的因子 ………………………………… 37
意味 …………………………………… 5, 72
意味コミュニケーション ……… vi, 12, 237
意味コミュニケーションシステム …… 109
意味の基本構造 …………………………… 6
意味の再構成 ……………………………… 63
医療 ………………………… 15, 26, 57, 102
医療化 ………………………………… 20, 57, 59
医療システム ………………………… 15, 26

〔え〕

エンハンスメント（Enhancement）
　　　　………… 59, 73, 81, 90, 133, 149

〔お〕

オキシトシン ……………………… 90, 105, 108

〔か〕

介入 ……………………………………… 92, 98
加害者 ………………………………… 132, 146
科学技術 ………………………………… iii, 13
科学技術システム ……………………… 17, 19
科学技術倫理学 …………………… iii, vii, 21
科学的 …………………………………… 194, 201
科学的合理性 …………………………… 232
科学的手続き主義 ……………………… 186
確率論的病因論 ………………………… 46
過少医療 ………………………………… 57
過剰医療 ………………………………… 57
片側同化モデル ………………………… 242
価値 ……………………………………… 75, 77
可能性 …………………………………… 6
環境的因子 ……………………………… 37
環境リスク ……………………………… 184
間接的な介入 …………………………… 98
カント倫理学 …………………………… 28

緩和ケア ……………………………… 59, 63

〔き〕
技術 ………………………………… 13〜15, 165
技術化 ………………………………… 102
機能システム ……………………… v, 15, 96
教育・治療的アプローチ ……………… 137
境界線 ………………………………… 5, 17
共感 …………………………………… 90, 101
共助 …………………………………… 239
共同性 ……………………… 6, 14, 23, 102, 169
去勢 …………………………………… 104, 107

〔く〕
偶発性 ………………………………… 98, 103
区別 …………………………………… 5

〔け〕
刑罰 …………………………………… 132
研究対象者 …………………………… 230
研究倫理 ……………………………… 218, 234
健康 ……………………………… 25, 57, 61, 72
健康生成論 …………………………… 61
現実性 ………………………………… 6
限定性 ………………………………… 6
権利論 ………………………………… 150

〔こ〕
公衆衛生学的アプローチ …………… 137, 145
構造 ……………………………… 2, 4, 14, 95
構造化 ………………………………… 2, 4, 8
功利主義 ……………………………… 29, 150, 251
功利主義倫理学 ……………………… 28

高齢化 ………………………………… 144
高齢者 ……………………… 136, 167, 238
互換構造 ……………………………… 97
国民の欲望 …………………………… 26, 238
心 ……………………………………… 112, 114
個人の道徳 …………………………… 2, 109
個別化医療 …………………………… 37
コミュニケーション ………………… 2, 4, 27
根本問題 ……………………………… 25

〔さ〕
再限定性 ……………………………… 6
再構造化 ……………………………… 8
サイコパス ………………… 112, 118, 144
サイボーグ ………………… 69, 245, 248
サイボーグ化 ………… 20, 22, 69, 90, 173
サイボーグ技術 ……………………… 65
殺人 …………………………………… 142
殺人率 ………………………………… 138
3次予防 ……………………………… 35

〔し〕
ジェロントロジー（老年学） ……… 239
自己意識 ……………………………… 248
自己意識システム …………………… 9, 247
自己内対話のコミュニケーション …… 96
自己変容 ……………………………… 3, 237, 249
自己変容システム …………………… vii
システム ……………………………… 7, 245
システム／外部（環境） …………… 7
システム倫理学 ……………………… vii
思想 …………………………………… 18, 28
実際性 ……………………… 6, 14, 23, 102

実践的観点	245
自発性（の自由）	94, 103, 105, 106, 124, 126
社会	10
社会システム	10, 95
社会性生物	78
社会制度	127
社会性動物	92
社会的健康	65
社会的合理性	232
社会的リスク	200
社会（の）倫理	2, 109
自由意志	103, 112, 120, 122
受刑者	134
首尾一貫性感覚	62
準位	237, 253
情報環境のネットワーク化	20
助言者	244
自律（の自由）	60, 94, 103, 105, 106, 124, 125, 172
人格	112, 114, 128
進化論	78
シンギュラリティ	172
人工知能	30, 160, 171
身体（physical）エンハンスメント	90
身体的健康	64
診断のフラクタル化	47

〔す〕

スポーツ	86

〔せ〕

正位	253
生活習慣病	40
正常（normal）	26, 75
精神鑑定	115
精神障害	118
精神障害者	112
精神的健康	64
生物医学（Biomedicine）	73
生物医学テクノロジー	73
生命	78
生命システム	9, 247
生命の萌芽	212
生命保護	208, 252
生命倫理	vi, 1, 22
責任	114, 115, 127, 201
責任能力	114
先制医療	34, 35, 59
全体社会	v, 16, 96
先端科学技術	iii
全能性（Totipotenz）	206, 208

〔そ〕

組織	16, 244
組織内コミュニケーション	96
素朴実証主義	185
尊重（の原理）	237, 250

〔た〕

対面的コミュニケーション	96
達成（アチーブメント）	85
縦二分割	28, 246
多能性（Pluripotency）	207, 209

〔ち〕

治験	221

超越性	6, 14, 24, 102	ドーピング	85, 149, 153
懲罰	132	トリレンマ	24, 27, 240
懲罰的アプローチ	137		
直接的介入	99	〔な〕	
治療	26, 36, 83	ナラティヴ（物語り）	63

〔つ〕

通常医療	36

〔て〕

定式（formulation）	63	2次予防	35
デジタル医療化	v, 20, 26	人間観	29
デジタル化	iii, vi, 19, 28	人間システム	9, 96, 247
デジタルサイボーグ化	vi	人間性	100, 101
デジタルネット化	vi	人間の尊厳	43, 69, 128, 223, 249, 252
転換構造	97	認知（cognitive）エンハンスメント	74, 90, 133

〔に〕

〔の〕

		脳（脳神経）	67, 90, 103, 112
		脳神経科学	112

〔と〕

道具	165, 169	脳神経倫理	90
統合科学技術	19, 216	脳神経倫理学	82, 109, 112, 113, 128
統合性	6, 14, 24, 102	脳と心の関係	113
同情	90, 101		
道徳（モラル）	vi, 1, 15, 96, 108	〔は〕	
道徳教育	91, 99, 107, 108, 136	パーソナリティ障害	117
道徳心理	90, 100, 107	パーソナリティ障害者	112
道徳性	90, 94, 133, 142	胚	252
道徳的主体	114	媒介者	243, 244
道徳的・法的アプローチ	137	媒介的共助	240
道徳哲学	1	背後（の原理）	237, 251
道徳脳（モラルブレイン）	121	ハイ・リスク戦略	42
動物	149, 227, 228, 251	配慮（の原理）	237, 250
動物システム	9, 247	発症前診断	35, 40
動物倫理学	150, 251		

犯罪 ……………………………………… 114
犯罪者 …………………………………… 132
反社会性パーソナリティ障害者 ……… 117
万能性 …………………………………… 207

〔ひ〕
被害者 ……………………………… 132, 146
被験者 ……………………………… 230, 231
一つの根本問題 ……………………… vi, 237
ヒューマノイド・ロボット …… 30, 160, 161
病気 ………………………………… 26, 61, 72
病理的なもの ……………………………… 79

〔ふ〕
復元力 …………………………………… 61
分割線 …………………………… 5, 17, 245
文化的相対主義 ………………………… 185

〔へ〕
平均値 …………………………………… 75
ペット …………………………………… 149
ベネフィット・コスト ………………… 196
変換構造 …………………………… 97, 109

〔ほ〕
暴力予防プログラム …………………… 137
ポピュレーション戦略 …………………… 42

〔み〕
未決定性 …………………………… 98, 103
三つのオーダー ……………… 8, 12, 21, 247
三つの基本課題 …………………… vi, 25, 237
未病 ……………………………… 36, 37, 46

未病の既病化 …………………………… 42

〔め〕
メタボリック・シンドローム …………… 44
メディアシステム ……………………… 17

〔も〕
もの ………………………………… 5, 7, 245
モラル（道徳）…………………… 81, 109
モラルエンハンスメント（ME）
 ………… 91, 92, 109, 133, 149, 155
モラル・バイオエンハンスメント（MBE）
 ……………………… 91, 92, 133, 145

〔や〕
薬物治療 ………………………………… 132

〔よ〕
欲望 ……………………………………… 175
予見的介入 ………………………… 36, 46
横二分割 …………………………… 29, 246
予防 ……………………………………… 34
予防医学（医療）………………… 26, 34
予防的介入 ……………………………… 36

〔り〕
リスク ……………………………… 27, 184
リスク管理（マネジメント）……… 184, 185
リスク・コミュニケーション … 184, 185, 198
リスク評価（アセスメント）……… 184, 185
利他主義 …………………………… 78, 92
利他性 …………………………………… 143
リタリン ………………… 82, 90, 104, 108

両側合意モデル …………………………… 242
両側並行 ……………………………………… 243
両側並行モデル …………………………… 237
理論的観点 ………………………………… 246
臨床研究 …………………………………… 221
倫理 ………………………… vi, 1, 11, 95, 127
倫理学 ………………… vii, 1, 22, 25, 122, 241
倫理問題（ELSI）…………… 12, 22, 23, 237

〔れ〕
レジリアンス（復元力）…………………… 61

〔ろ〕
老化 ……………………………………………… 84
老成 …………………………………………… 240
老成学 ………………………………………… 240
老成社会 ………………………………… 237, 240
ロボット ………………… 30, 65, 160, 245, 248
ロボット技術 ………………………………… 69

■執筆者紹介■ （※執筆順、〔　〕内は執筆担当章）

森下直貴（もりした・なおき）【編者】　浜松医科大学医学部（総合人間科学講座）教授。1953年生れ。東京大学大学院人文社会系研究科博士課程単位取得退学。専門は倫理学、生命倫理学、形而上学、近代日本思想史。著書に『死の選択』窓社、『健康への欲望と〈安らぎ〉』青木書店、『生命倫理学の基本構図（シリーズ生命倫理学第1巻）』（共編）丸善出版、『〈昭和思想〉新論』（共著）文理閣、『「生きるに値しない命」とは誰のことか』（共訳）窓社、『臓器交換社会』（共訳）青木書店など〔序章・4章・結章〕

　　　　　　　　　　　　*　　　　*　　　　*

村岡　潔（むらおか・きよし）　佛教大学・医学概論(医学哲学)教授。内科医。1949年生れ。日本医科大学卒。同大救急医療センター、東京労災病院脳外科等、10年余の臨床経験後、大阪大学医学部大学院（中川米造教授）を経て現職。医学哲学倫理学会および生命倫理学会評議員。関心領域は高度先端医療・先制医療の医療思想およびプラセーボ論・治癒論、隠謀社会学。主著（分担執筆）に『健康不安と過剰医療の時代』『先端医療の社会学』『よくわかる医療社会学』『不妊と男性』など〔1章〕

松田　純（まつだ・じゅん）　静岡大学特任教授・放送大学客員教授。東北大学大学院文学研究科博士課程単位修得退学。博士（文学）。著書に『遺伝子技術の進展と人間の未来——ドイツ生命環境倫理学に学ぶ』知泉書館、『遺伝子と医療（シリーズ生命倫理学第11巻）』（共編）、『薬学生のための医療倫理』（分担執筆）丸善出版、『こんなときどうする？　在宅医療と介護——ケースで学ぶ倫理と法』『薬剤師のモラルディレンマ』（共編）南山堂、『科学技術研究の倫理入門』（監訳）知泉書館など〔2章〕

美馬達哉（みま・たつや）　立命館大学先端総合学術研究科教授。1966年生れ。京都大学大学院医学研究科博士課程修了。医学博士。著書に『〈病〉のスペクタクル——生権力の政治学』『脳のエシックス——脳神経倫理学入門』人文書院、『リスク化される身体——現代医学と統治のテクノロジー』青土社、『生を治める術としての近代医療——フーコー『監獄の誕生』を読み直す』現代書館など〔3章〕

久保田進一（くぼた・しんいち）　金沢大学大学教育開発・支援センター特任助教。1967年生れ。名古屋大学大学院文学研究科博士後期課程修了。博士（文学）。翻訳書に『治療を超えて——バイオテクノロジーと幸福の追求　大統領生命倫理評議会報告書』（レオン・R・カス編著、第4章「不老の身体」翻訳担当）青木書店、『哲学原理』（デカルト、共訳）ちくま学芸文庫など〔5章〕

稲垣惠一（いながき・けいいち）　静岡文化芸術大学非常勤講師。1971年生れ。名古屋大学大学院文学研究科博士後期課程修了。博士（文学）。主要論文に「理論理性の限界内における理性の不可欠性」『カント哲学と科学（日本カント研究4）』理想社、「カント倫理学のケア倫理学的読解への一考察——クーゼの安楽死容認論を手がかりに」Nagoya Journal of Philosophy, Vol.7、「アレントと生殖技術——複数性の技術的復権は可能

か？」『哲学フォーラム』第9号、名古屋大学大学院文学研究科哲学研究室編。訳書に『治療を超えて——バイオテクノロジーと幸福の追求 大統領生命倫理評議会報告書』（分担翻訳）など多数〔6章〕

三谷竜彦（みたに・たつひこ）　岐阜大学・南山大学等非常勤講師。1973年生れ。名古屋大学大学院文学研究科博士後期課程修了。博士（文学）。著書に『新版増補 生命倫理事典』（分担執筆）太陽出版など多数。論文に「経済のあり方の変化に伴う生命感覚および他者感覚の衰弱——その克服のための一試論」『名古屋大学哲学論集』第8号、「犬・猫の殺処分数を減少させるために」『哲学と現代』第26号など多数〔7章〕

粟屋　剛（あわや・つよし）　岡山大学大学院医歯薬学総合研究科教授。1950年生れ。九州大学理学部ほか卒。生命倫理および医事法専攻。1990年代初頭からインド、フィリピン、中国などで、臓器売買や死刑囚移植に関する諸種の社会調査を行う。臓器売買についてはその概要を『人体部品ビジネス——「臓器」商品化時代の現実』講談社選書メチエにまとめている。死刑囚移植については1998年、アメリカ連邦議会（下院）公聴会にて証言および意見陳述を行う。著書・論文多数。2013年岡山大学ベストレクチャー賞受賞　〔8章〕

霜田　求（しもだ・もとむ）　京都女子大学現代社会学部教授。1960年生れ。大阪大学大学院文学研究科博士後期課程単位取得退学。著書に『生命倫理と医療倫理 改訂3版』（共編）金芳堂、『医療と生命（シリーズ「人間論の21世紀的課題」）』（共著）ナカニシヤ出版、『生命と環境の倫理』（分担執筆）放送大学教育振興会、『先端医療（シリーズ生命倫理学第12巻）』（共編）丸善出版など〔9章〕

大林雅之（おおばやし・まさゆき）　東洋英和女学院大学人間科学部教授。1950年生れ。上智大学大学院理工学研究科生物科学専攻博士後期課程単位取得満期退学。著書に『新しいバイオエシックスに向かって——生命・科学・倫理』北樹出版、『バイオエシックス教育のために』メディカ出版、『生命の淵——バイオエシックスの歴史・哲学・課題』東信堂、『ケースブック医療倫理』（共編）医学書院、『ケースで学ぶ医療福祉の倫理』（共編）医学書院、『高齢者・難病患者・障害者の医療福祉（シリーズ生命倫理学第8巻）』（共編）丸善出版など多数〔10章〕

倉持　武（くらもち・たけし）　元松本歯科大学教授。1942年生れ。名古屋大学大学院文学研究科博士課程単位取得退学。 著書に『脳死移植のあしもと——哲学者の出番です』 松本歯科大学出版会、From New Medical Ethics To Integrative Bioethics, Pergamena, Zagreb（共著）、『シリーズ生命倫理学・全20巻』編集幹事、『脳死・移植医療（シリーズ生命倫理学第3巻）』（共編）丸善出版、『治療を越えて——バイオテクノロジーと幸福の追求 大統領生命倫理評議会報告書』（監訳）青木書店など〔11章〕

生命と科学技術の倫理学
デジタル時代の身体・脳・心・社会

平成28年1月31日　発　　行
平成28年6月30日　第3刷発行

編　者　森　下　直　貴

発行者　池　田　和　博

発行所　丸善出版株式会社

〒101-0051 東京都千代田区神田神保町二丁目17番
編集：電話（03）3512-3264／FAX（03）3512-3272
営業：電話（03）3512-3256／FAX（03）3512-3270
http://pub.maruzen.co.jp/

© Naoki Morishita, 2016

組版印刷・製本／壮光舎印刷株式会社

ISBN 978-4-621-30017-6 C3040　　　　　Printed in Japan

JCOPY 〈(社)出版者著作権管理機構 委託出版物〉

本書の無断複写は著作権法上での例外を除き禁じられています．複写される場合は，そのつど事前に，(社)出版者著作権管理機構（電話03-3513-6969，FAX03-3513-6979，e-mail：info@jcopy.or.jp）の許諾を得てください．